U0228043

生命科学辅导丛书

名师点拨之生态学
（第二版）

沈显生　编著

科学出版社

北　京

内 容 简 介

  本书由中国科学技术大学沈显生教授编著,围绕生物与环境、种群生态学、群落生态学、生态系统生态学和应用生态学等相关知识系统剖析与深度练习,内容包括学习要求、知识导图、内容概要、重要概念和难点解疑,并附有大量野外拍摄的原创性图片。同时,本书编写了大量的生态学试题,其测试范围不仅包括生态学的基本概念和基本原理,还涉及与生态学有关的日常生活和生产实践中的应用思考题,以供参考。书末另附有10套生态学模拟试题,并附有部分参考答案与提示。

  本书可作为生态学、生物学、环境科学、农学和林学等专业本科生或研究生的生态学教学辅导书,同时对相关专业的高校教师和中学教师也具有参考价值。

图书在版编目(CIP)数据

名师点拨之生态学 / 沈显生编著. —2 版. —北京:科学出版社,2018.8
 (生命科学辅导丛书)
 ISBN 978-7-03-058351-2

 Ⅰ. ①名⋯ Ⅱ. ①沈⋯ Ⅲ. ①生态学–高等学校–教学参考资料
Ⅳ. ①Q14

 中国版本图书馆 CIP 数据核字(2018)第 164786 号

责任编辑:刘 畅 / 责任校对:严 娜
责任印制:师艳茹 / 封面设计:铭轩堂

科 学 出 版 社 出版
北京东黄城根北街 16 号
邮政编码:100717
http://www.sciencep.com

保定市中画美凯印刷有限公司 印刷
科学出版社发行 各地新华书店经销
*
2008 年 9 月第 一 版 开本:720×1000 1/16
2018 年 8 月第 二 版 印张:20
2018 年 8 月第一次印刷
字数:403 000
定价:69.00 元
(如有印装质量问题,我社负责调换)

第二版前言

自 1985 年至今，我讲授生态学已有 30 余年了，参与野外考察和野外教学实习近百次，尤其是自 2005 年以来，每年都带学生赴西双版纳热带雨林实习，不但开阔了视野，而且增长了知识。本人长期坚持"学所以治己，教所以治人"的治学信念，为了提高自己的业务水平，除了深入钻研教材和认真备课外，我还大量阅读参考书，如 C. 达尔文、R. 道金斯、E.W. 迈尔、S. 琼斯、J.A. 科因、S.J. 古尔德、N.H. 巴顿和 E.O. 威尔逊等一些著名科学家有关生物进化方面的名著。随着不断地学习和知识的增长，进化论的知识体系在我的脑海里逐渐形成。在教学内容上，我便将生态学与进化论融为一体了。正如杜布赞斯基的名言："离开了进化的观点，任何生物学问题都将是毫无意义的。"

实际上，生态学与进化论是不可分割的，两者的根本区别是研究生物学事件的时间尺度不同。若从短暂的小时间尺度分析生物与环境的关系，则属于生态过程的问题，而从历史的大时间尺度研究生物与环境的关系则是进化历程的问题。

生态学和进化论的现象及问题往往是十分复杂的，有一些问题随着分子生物学的发展获得了圆满的解释，但仍有许多问题需要生物学家和生态学家继续深入探索。像在教学过程中，我和学生经常谈及的一些问题，西番莲的叶片是如何"模仿"其他植物叶形的，啄木鸟的舌头是如何进化的，根瘤中的豆血红蛋白是如何起源的，等等。因此，生命世界充满着无穷的奥秘，尤其是生物与环境相互作用的本质问题。

本书第一版于 2008 年在科学出版社出版，因其内容精炼，形式新颖，图文并茂，所选的许多应用思考题灵活生动，不仅具科学性和趣味性，而且在教学上具较高的实用性和创新性，深受师生们的青睐。

现将该书重新修订，在各章内容和结构上，增加了知识导图和难点解疑两个部分，新增了一些探究性试题，并补充了部分内容和最新的学科研究进展。因篇幅所限，本书仍不能对所有的试题都列出参考答案或提示，希望读者理解。有时候，提出问题比回答问题更重要，至少能让你去思考某些有趣的生态学问题。然而，对于有些生态学现象难以找到一个标准答案，甚至在不同社会发展时期或不同文化背景和观念下，人们对同一个生态学现象或问题会有不同的认识。本书中的难点解疑部分主要是根据本人 30 余年来的教学心得体会所写，虽然有些观点可能略微偏颇，仅供参考，但这部分内容是一般教材中所没有的，颇值得一读。

另外，我的《生态学简明教程》于 2012 年在中国科学技术大学出版社出版后，已入选"十二五"普通高等教育本科国家级规划教材（第二批）。2015 年，特别感谢中国科学技术大学教务处将《生态学简明教程》的教材建设列为校级教学研究项目，得益于此，本人有机会在西双版纳的旱季，专门对热带雨林再进行一次野外考察，收获颇多，使本书又增加了许多原创性的野外资料与图片。因此，本书可作为《生态学简明教程》的配套教辅用书。

值得一提的是，中国科学技术大学生命科学学院的几位同学，他们在使用本书的过程中发现了一些问题，并能及时与本人交流，特别是 2010 级的刘志恒和 2012 级的李济安这两位同学对本书进行了非常仔细认真的研读，并指出了一些不妥之处，在此一并致谢。此外，还要感谢科学出版社的编辑及其他工作人员为本书的出版所付出的努力。

谨以此书，向中国科学技术大学成立 60 周年献礼。

沈显生

2018 年 2 月 28 日

于中国科学技术大学

第一版前言

目前，生态学越来越受到了人们的关注和重视。这是因为它不仅是一门理论性较强的基础学科，也是一门应用领域十分广泛的应用学科。纵观当今各个学科的发展，或多或少地都与生态学有着一定的联系与交叉。因此，向在校的大学生们普及生态学，使他们拓展知识面、了解生态学原理、掌握生态学辩证法、树立可持续发展观，其意义是不言而喻的。

编写本书是出于两个目的：一是因为目前我国各高校大多都开设了生态学课程，有些学校甚至对非生物学专业的本科生也开设了此课程，本书能够帮助大家学习生态学和课后复习，同时也能够帮助报考研究生的同学找到较系统的复习资料；二是由于本人教授生态学近 20 年，对教学工作也应该作一个阶段性总结，顺便将多年来所收集到的各种珍贵的教学素材集中整理出来，供大家分享，共同交流，以深入探讨生态学问题。

本书的内容虽然十分简要，但条理清楚，重点突出，试题的题型多样，图片生动，素材丰富，特别是很多试题生动灵活，趣味性和科学性强，有些试题直接来源于生产实践，并具有较高的难度，非常有利于培养学生的思维能力和解决问题的能力。由于篇幅所限，不能够对所有的试题都列出参考答案，为了帮助初学者，将本书中的判断是非题和单项选择题的参考答案列于书后，仅供参考。其他类型的试题，如名词解释、填空题和简答题，请查找相关教材以寻求答案。至于分析思考题和应用题，难度较大，希望读者能够耐心钻研，运用生态学原理分析问题和解决问题。为了方便大家使用，本书中的部分思考题和应用题的答案在每个章节的末尾做了提示，仅供参考。

最后，感谢曾为本书提供了照片的同行和老师们，也感谢本书所引用图片的原作者们。

由于本人专业水平所限，书中的错误或不足之处在所难免，希望广大读者提出批评。

谨以此书向中国科学技术大学 50 周年华诞（1958.9～2008.9）献礼，并表示衷心的祝贺。

沈显生

2008 年 7 月 7 日

于中国科学技术大学

目　　录

第二版前言

第一版前言

第一章　绪论 ·· 1

【知识导图】 ··· 1

【内容概要】 ··· 1

【重要概念】 ·· 11

【难点解疑】 ·· 11

【试题精选】 ·· 19

【参考答案】 ·· 21

第二章　生物与环境 ·· 22

【知识导图】 ·· 22

【内容概要】 ·· 23

【重要概念】 ·· 56

【难点解疑】 ·· 58

【试题精选】 ·· 61

【参考答案】 ·· 86

第三章　种群生态学 ·· 90

【知识导图】 ·· 90

【内容概要】 ·· 91

【重要概念】 ·· 127

【难点解疑】 ·· 128

【试题精选】 ·· 133

【参考答案】 ·· 148

第四章　群落生态学 ·· 151

【知识导图】 ·· 151

【内容概要】 ·· 152

【重要概念】 ·· 171

【难点解疑】 ·· 173

【试题精选】 ·· 178

【参考答案】 ·· 189

第五章　生态系统生态学 ……………………………………………………… 194

　　【知识导图】 …………………………………………………………… 194

　　【内容概要】 …………………………………………………………… 195

　　【重要概念】 …………………………………………………………… 211

　　【难点解疑】 …………………………………………………………… 212

　　【试题精选】 …………………………………………………………… 214

　　【参考答案】 …………………………………………………………… 221

第六章　应用生态学 ………………………………………………………… 224

　　【知识导图】 …………………………………………………………… 224

　　【内容概要】 …………………………………………………………… 224

　　【重要概念】 …………………………………………………………… 258

　　【难点解疑】 …………………………………………………………… 260

　　【试题精选】 …………………………………………………………… 264

　　【参考答案】 …………………………………………………………… 270

主要参考文献 ………………………………………………………………… 273

附录　生态学模拟试题汇编 ………………………………………………… 275

生态学模拟试题部分参考答案与提示 ……………………………………… 303

第一章 绪 论

学习要求：掌握生态学的定义；了解生态学的国内外发展简史；熟悉生态学的研究对象、任务、目标和方法，以及生态学的最新发展趋势和研究热点领域；理解生态学的理论精髓与核心思想，即适应与进化、系统与反馈。

【知识导图】

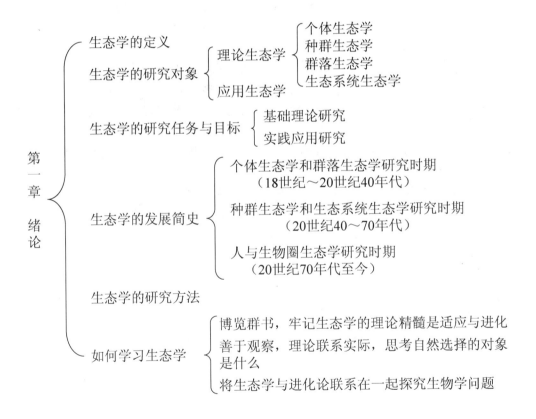

【内容概要】

一、生态学的定义

关于生态学的定义有许多不同的表述方式，因为在生态学的不同发展时期，不同学者所强调的研究内容不同。一般认为，生态学（ecology）是研究生物与环境之间及生物与生物之间相互作用规律的学科。英文 ecology 和希腊文 *oikos* 是同义语，由瑞典主办的一个著名刊物的名称就是 *Oikos*（生态学）。在生物与环境及生物与生物之间存在着相互依存、相互制约、协同进化的关系，可形成结构与功能相统一的各个层次的生态学系统。生态学的理论精髓是什么？那就是生物的适应与进化。

生物的适应（adaptation）是指生物生活在不同的或逆境的生态环境中，会在形态结构、生理活动或行为习性等方面发生改变。虽然环境对生物会形成生存压力，淘汰或塑造着生物，即自然选择，但生物也会通过调整代谢途径，改变形态结构和能量分配的策略，保持与生态环境的相互作用以获得适应。适应既是一个过程，又是一个阶段性的结果，适应往往是可逆的。生物的适应可发生在不同的生命层次上。生物的进化（evolution）是指在生物与生态环境长期相互作用的过程中，生物的形态结构、生理功能和遗传组成随时间延续而最终发生了不可逆的改变。虽然环境对生物的作用发生在基因、个体和种群等多个水平上，但生物进化的基本单元是种群。

生态学的核心思想是什么？毫无疑问，是系统（综合）与反馈（平衡），它存在于生命的任何层次。因为生态学的实质是协调生物与环境及个体与群体间的辩证关系，即综合与平衡是对立的统一。生态学家通过观察和实验的方法从不同的视角研究自然，了解生物栖息地在时间和空间尺度上的变化规律和特征，以及其对生物的影响过程，即认识研究对象，理解生态过程。生物体是生态学研究的最直接、最具体的对象，是一个最基本的生态学系统。人类是生物圈中重要的组成部分，然而当今人类对于自然界的破坏力和影响程度已经上升为生态学研究的焦点问题。

生态学运用了地理学、物理学、化学、数学和经济学的原理和定律，综合了生物学中的生理学、遗传学、进化论和行为学的原理与法则，研究生物和环境的相互作用规律，形成了一门联系广泛的综合性的学科。生态学已经跨出生物学和地学的门槛，成为一门独立的学科。2011 年 3 月，国务院学位委员会办公室正式发文将生态学晋升为一级学科（学科代码 0713），与生物学和地学并列，并在生态学学科设置了 3 个研究方向，即基础生态学、生态工程与技术、生态规划与管理。2018 年 6 月，国务院学位委员会办公室对生态学科的二级学科方向重新作了划分，分为 7 个方向，即动物生态学、植物生态学、微生物生态学、生态系统生态学、景观生态学、修复生态学和可持续发展生态学。

二、生态学的研究对象

生态学按照研究对象的性质可分为理论生态学和应用生态学。

1）理论生态学：从其研究对象的层次看，包括分子、细胞、器官、生物个体、种群、群落、生态系统和生物圈各层次，而且形成了相应的各个分支学科，如分子生态学、个体生态学、种群生态学、群落生态学、生态系统生态学等。其中，我们把个体生态学、种群生态学、群落生态学、生态系统生态学合称为普通生态学，或理论生态学。生态学的理论基础具有整体观、系统观、层次观和进化观的显著特点。

目前，最具代表性的且发展迅速的生态学分支学科是分子生态学和种群生态学。按照研究对象的数量划分，可将其分为个体生态学和群体生态学。

2）应用生态学：门类繁多，可根据研究具体对象、生物类群、环境特点、交叉学科等进行划分，从而出现了许多应用生态学的分支学科，如城市生态学、农业生态学、森林生态学……植物生态学、鸟类生态学、鱼类生态学、昆虫生态学……河口生态学、湖泊生态学、极地生态学……化学生态学、数学生态学、经济生态学、社会生态学、社会生物学……

三、生态学的研究任务与目标

1. 在理论生态学方面

1）分子生态学是应用分子生物学的研究手段，从分子代谢和分子遗传水平揭示生物有机体与环境相互作用的本质和规律，以揭开生物进化的分子机理。

2）个体生态学在于揭示生物有机体与环境的作用规律，探讨生物有机体的适应机制。通过人工创造最佳的生长环境，发挥生物个体的生长潜能，以获得单个有机体的最大产量。

3）种群生态学是在掌握了种群与环境的关系，以及种群内部个体之间的关系基础之上，可以通过人工控制最佳种群大小、密度和生长条件，以充分发挥生物和环境的潜能，提高群体的整体产量（即单位面积/体积的最大产量）。同时，种群生态学需探讨种群的进化机制。

4）群落生态学旨在研究各种群之间的关系，以及各个种群与环境的关系，通过改善群落的结构与组成等，以提高群落的生产力。

5）生态系统生态学在于揭示系统中的物质流、能量流和信息流的特点和规律，人们可以对自然的或人工的生态系统进行管理和改造，以实现生态系统的良性循环，为人类提供更多更优质的服务。

6）全球生态学则是从更大的尺度上研究生物圈的物质流、能量流和信息流的特点和作用规律，以维持全球的生态平衡与可持续发展。（严格地说，全球生态学已不仅仅属于生态学的研究范畴，也属于地球科学和社会科学的研究领域。）

2. 在应用生态学方面

生态学的基本原理与其他相关应用学科结合起来，或应用到一些相关研究领域和生产实践中，便可解决一些生产实践中的具体问题。应用生态学的各分支学科都有自己的明确任务，它们不仅发展迅速，而且作用显著，已经为人类的社会发展和进步做出了重要贡献。我们不能仅学习理论生态学，更应该将生态学的理论与实践结合起来，去解决实际问题。

例如，1958年，我国制定的农业"八字宪法"——"土、肥、水、种、密、保、管、工"中除了"工"字外，其余的7个字都与生态学有关系。当前，人类在发展中遇到诸多问题，如资源短缺、能源危机、人口爆炸、粮食不足、环境污染、疾病猥獭等，除了需要工程技术领域的巨大进步外，在很大程度上还将要依靠生命科学尤其是应用生态学的发展，才能有效地加以解决。

再如，我国在应用生态学方面的一个成功范例是有效解决了黄河断流的问题。黄河在 1972 年首次出现断流，当年断流 19 d。自 1985 年以后，几乎年年断流，并且断流时间一般逐年延长，见表 1-1。

表 1-1　1989～1997 年黄河断流情况一览表

年份	断流天数
1989	17
1991	16
1992	83
1993	60
1994	74
1995	122
1996	136
1997	226

由于当时的黄河中上游地区过度地开发利用水资源，从黄河提水量占黄河总水量的 50%～60%，这些水主要用于农业灌溉。这些地区气候干燥，蒸发量大，农田灌溉的水变成了气态水后随大气运动带出黄河流域，不能形成降水再次返回黄河。因此，黄河中上游地区无节制地用水导致下游无水可用。1996 年，山东省由黄河断流造成的农业损失达 90 多亿元，这还不包括缺水造成的工业损失，同时也带来海水入侵等生态问题。面对黄河流域生态环境受到严重破坏的问题，1998 年 12 月，《光明日报》曾发表了一篇题"'四江'扬水进'两湖'"的文章，建议国家尽快采取工程措施，将金沙江、怒江、澜沧江、雅鲁藏布江（"四江"）的水抽提翻过巴颜喀拉山脉而进入黄河源头的鄂陵湖和扎陵湖，以解决黄河断流问题。该文在社会上引起了一定的反响。

笔者也十分关注黄河断流问题，同时更担心"四江"提水后能否彻底解决问题，并对"四江"流域可能带来哪些不良后果进行了分析。在查阅了大量的有关资料后，从黄河流域的自然环境特点、古植被、农业区划、断流的生态成因等方面进行了分析，1999 年 1 月 26 日，笔者在《光明日报》发表了一篇题为"减少黄河中上游农业灌溉用水"的文章，报社编辑部特地加了编者按语，当日的中央人民广播电台的报纸摘要栏目也播发了此文。

此文强调在黄河全流域大力保护和营造植被，以加强水源涵养，减少水土流失，调节气候，增加降水，这是解决断流的生态学措施，也是根本措施。同时，中上游地区限制或缩减耗水大的种植业规模，适量发展畜牧业，大力发展各类经济林和生态林。中上游地区节约的水源可用于下游发展农业，因为下游土地肥沃，经济效益较高。过去那种上游地区因灌溉增产，而下游地区因缺水减产的局面，从整体上来讲得不偿失。此外，还必须在全流域范围内实行水资源共享，合理调配，做到社会效益和生态效益兼顾，把经济效益在黄河流域内进行宏观调控和重新分配。要实行谁受益谁补偿的政策，下游地区对中上游地区要给予经济补偿，使得中上游的生态效益也能转化为经济效益。改变那种"君住黄河头，我住黄河尾，你在前面发大财，我在后面受穷罪"的不合理局面。

2000年3月9日，国家林业局、国家计划生育委员会（现为国家卫生和计划生育委员会）和国家财政部联合发布《关于开展2000年长江上游、黄河上中游地区退耕还林（草）试点示范工作的通知》，及时拿钱补贴上游地区的生态建设，通过实行退耕还林（草），按照"退一还二、还三"，以林（草）换粮的办法，最终彻底解决了黄河断流的问题。同时，黄河中上游的三门峡、刘家峡、小浪底等水库都已经投入使用，正在发挥蓄洪和调控的能力。所以，一般情况下，今后黄河下游不会再出现断流的现象。

四、生态学的发展简史

关于生物与环境的关系这种朴素的生态学思想萌芽于古希腊时期，当时人们把构成宇宙的4种基本元素定义为火、气、土、水，对应于草药的4种药性，即热、冷、干、湿。Aristotle（公元前384～前322）是第一位哲学家兼博物学家，一生著书近百部，留存至今约30部，如《动物史》《动物解剖》《动物的部位》《动物的运动》《动物的世代》等，他非常善于观察和研究各种动物。例如，《动物史》中记载："当雌性乌贼被鱼叉刺中时，雄性乌贼会留下来帮助它；而当雄性乌贼被鱼叉刺中时，雌性乌贼则会逃之夭夭。"这可算得上是动物行为学最早的观察研究。

同样，古希腊的Theophrastus（公元前372～前288）为亚里士多德的学生，是一名名副其实的博物学家，其名下有227本专著，涉及诸多领域。其中《植物调查》和《植物的成因》包含数卷，是最重要的著作，甚至决定了植物学这门学科的形成，因此他获得了"植物学之父"的称号。

古罗马时代的Dioskorides（公元40～90）是一位随军医生，通过收集第一手资料，编写了《药物论》（共6卷），共介绍超过1000种药物，主要来自植物。该书被翻译成多种语言，经过抄写复制和后来的印刷，使用超出欧洲本土范围，传播到非洲、西亚和印度等地。在其后的1500多年中，该书奠定了西方药物知识的基础，是一部经久不衰的博物学著作。所以，他被认为是"药物学和草药学之父"。

意大利的博物学家Aldrovandi（1522～1605）通过对实物的观察和解剖编写了《自然史》（共9卷），包括动物、植物和矿物。他在书中写道："对于未曾亲眼看到并进行内部和外部解剖的东西，我从来都没有描述过。"

法国博物学家Gessner（1516～1565）曾编辑或写作过60多本书，最著名的是《动物史》，共5卷（1551～1558），书中每个条目均包括名称与俗名考证、分布、外形特征与习性、性格、可食性、食用方法、药用价值、文献学共8个部分，这套书的出版代表了现代动物学的开端。

英国的植物学家 Ray（1627～1705），在《植物新方法》（1682）一书中将植物分为乔木、灌木和草本，并通过解剖和鉴定种子结构，定义了单子叶植物和双子叶植物。在《植物史》（共 3 卷）（1686～1704）中将超过 1.8 万种植物分为 125 个类群。此外，他对动物、地质和宗教都有研究，并出版过许多专著，被誉为"英国的亚里士多德"。

在 17～18 世纪的诸多博物学家中，值得一提的是德国的 Merian（1647～1717），她也是一名插图画家，痴迷于昆虫生命的多样性研究，用毕生精力观察昆虫变态，在 1679 年出版了《不可思议的毛虫变态》，于 1683 年和去世后又出版了 2 个分册。1699 年她赴南美洲考察，并出版了《苏里南昆虫变态》。她的精美插图常将昆虫不同发育阶段绘在一起，还时常绘有一些捕食者，描述了简单的食物链。她的代表作《不可思议的毛虫变态》成为昆虫学发展史上重要的里程碑。

1735 年，法国昆虫学家 Reaumur 在其著作《昆虫自然史》（共 6 卷）中介绍了在昆虫发育过程中的积温问题。直到 1855 年，Candolle 才首次将积温的概念应用到植物生理学中。积温定律仍是当今个体生态学的基本原理之一，并在科学研究和生产实践中得到应用。另外，法国的 Buffon（1707～1788）于 1749 年在其《生命律》（共 44 卷）中，比较详细地描述了生物与环境的关系，属于地植物学知识范畴。在他的《自然史》（共 15 册）中，提出了生物对环境适应的进化思想。

瑞典的一名医生和博物学家 Linnaeus（1707～1778）对生物学的贡献是创立了双名法，以及出版了《植物种志》（1753），彻底解决了生物分类的"同物异名"和"同名异物"的问题。此外，他还建立了植物分类系统和分类等级，在《自然系统》（1735）中使用雄蕊数目和结构来确定纲，以雌蕊的数目和结构来确定目，分类等级只有界、纲、目、属和种 5 级。因为他相信种不变，缺乏进化思想，所以他的分类系统遭到一些人的反对。后来，法国的 Adanson（1727～1806）出版了《植物科志》（1763～1764），才使得植物分类系统日臻完善。接着，法国的 Jussieu（1748～1836）一家三代都曾在皇家植物园任职，他的祖父和三个兄弟都曾是法国皇家科学院的成员。他出版了《按照自然秩序记录的巴黎花园植物属志》（简称《植物属志》，1789），该书记述了 1754 属，隶属 100 科，其中 76 科名沿用至今。他根据植物性状连续性和从属性原则，先将植物分为无子叶植物、单子叶植物和双子叶植物三大类，各类群再进一步细分，从而建立了初步的自然分类系统。此外，植物学大师 Linnaeus 对动物分类也做出了重要贡献，他将无脊椎动物统称为蠕虫，其中的昆虫分类交给了他的学生 Fabricius（1745～1808）。Fabricius 不负老师的期望，命名了 1 万多个新物种（Linnaeus 当时只命名了约 3000 种），尽管这个巨大的数字只约占如今昆虫总数的 1%，但他富有开创性的工作能力，提出以昆虫口器作为主要分类依据（Linnaeus 是以昆虫翅膀为依据），并出版了《系统昆虫学》《昆虫属志》《昆虫种志》《尾数昆虫》等许多著作，被称为昆虫系统学的奠基人。

1768～1779 年，英国探险家 Cook（1728～1779）曾进行了 3 次环球航行，比

Darwin 的环球航行早 80 多年，博物学家 Banks（1743～1820）于 1768～1771 年随 Cook 一起环球航行，到达了南太平洋，考察了澳大利亚和新西兰，采集植物、动物和矿物标本，在收集的 3 万件植物标本中，鉴定出 1400 种为新物种。此外，Banks 自己也进行过 2 次远航考察，他为英国皇家植物园引种工作立下了汗马功劳，考察所获藏品都保存在伦敦历史自然博物馆。

法国的 Lamarck 为 Buffon 的学生，服兵役期间自学植物学，1778 年编写出版了《法国全境植物志》；1809 年又公开出版了《动物学哲学》，提出了"器官用进废退，获得性遗传"的生物进化学说，他非常强调环境对生物的影响。后来，Lamarck 开始研究蠕虫，创立了无脊椎动物术语，将其分为 7 纲，并沿用至今，他被誉为"无脊椎动物学之父"。

1803 年，Malthus 出版了《论人口的原理》，书中论述了食物资源按算术级数增长，而人口按几何级数增长，据此提出控制人口增长的观点。这属于种群生态学的研究领域，但当时他的观点没有引起人们的足够重视。实际上，早在 1781 年，Fabricius 就出版了 88 页的小册子《论人口增长与丹麦的关系》，遗憾的是 Malthus 没看到过这本书。

1799 年，德国的 Humboldt（1769～1859）赴南美洲考察探险，1804 年回到欧洲时，共收集到 6 万件植物标本，其中 3000 个物种是新物种。后来他出版了《植物地理杂文》《赤道地区之旅的个人叙述》和《宇宙》等巨著，描述了植物的分布和形态变化与地理环境间的关系，被誉为植物地理学的奠基人。受《赤道地区之旅的个人叙述》一书的鼓舞，英国的年轻人 Wallace（1823～1913）于 1848 年赴南美洲考察，4 年后因感染疟疾乘船返回途中，遭遇船只失火，标本全部被烧毁，只抢回了日记和部分绘图。回到英国后，他经受住了常人难以承受的打击，在时任皇家地理学会主席的帮助下，再次启程赴马来群岛进行了为期 8 年的考察探险。他除了和 Darwin 于 1858 年 7 月 1 日在林奈学会联合发表自然选择学说外，还提出了巴厘岛和龙目岛之间为亚洲和澳洲动物区系的分界线，后来称为华莱士线。因此，他被人们称为"生物地理学之父"。

1859 年，英国 Darwin（1809～1882）的《物种起源》出版，当时震撼了整个科学界和宗教界，对人们的认识论和世界观是一种思想解放，影响极其深远。其中提出了"生存斗争，优胜劣汰"的自然选择理论，以及"物种渐变，万物共祖"的进化观点。后来，在修订版的前言中提到，他参考了像亚里士多德、洪堡、拉马克和他的祖父〔Darwin（1731～1802）是一位医生，知识非常渊博，出版了长诗《植物园》，以及《动物生理学》，他在书中陈述了生物进化的观点，指出"食物、性欲和安全"是生物的三大基本需求，也是生存斗争存在的根源〕等 34 位前辈的工作。达尔文非常勤奋，除了在地质学方面重要贡献外，又陆续出版了《兰花受精》《攀缘植物》《植物的运动能力》《论食虫植物》《同种花的不同形式》《人类的由来和性选择》和《人类和动物的表情》等著作，这些都对生态学的形成产生了积极的作用。

在他去世的前一年还出版了《蚯蚓的运动与腐殖土形成》，真可谓"春蚕到死丝方尽"。达尔文去世后下葬在威斯敏斯特大教堂，与大科学家牛顿长眠在一起。

1866 年，Haeckel（1834～1919）在《普通形态学》中首次提出生态学一词，标志着生态学的诞生。生态学专门研究生物与环境的关系，涉及生物学的动物学、植物学、遗传学、生理学，以及古生物学、气象学、地质学和生物地理学等学科。如前所述，生态学的出现不是偶然的，长期以来国外已经储备了丰富的生态学思想，并积累了大量的研究基础和实践经验，许多科学家都曾为生态学的诞生做出了贡献。尤其是在个体生态学和群落生态学方面，已经形成初步的理论基础。

1866～1895 年，主要是个体生态学的研究时期。从 1895 年 Warming 的 *Plantesamfund* 发表到 20 世纪 40 年代，植物群落学（植物社会学、植物地理学）发展较快，形成了世界上极具影响力的植物生态学四大研究学派：①法瑞学派，从植物地理学出发，研究阿尔卑斯山植物群落，强调特征种的作用，重视群落外貌特征，系统研究群落分类；代表性专著是 Rubel 的《地植物学研究方法》（1923）和 Braun-Blanquet 的《植物社会学》（1928）。②北欧学派，以瑞典乌普萨拉（Uppsala）大学的 Du Rietz 为代表，关注群落结构的研究。③英美学派，以美国 Clements 和英国 Tansley 为首，重视研究群落与环境的关系，强调群落演替，提出顶级群落概念；代表性专著是 Clements 的《植物的演替》（1916），Tansley 的《实用植物生态学》（1923），以及 Clements 和 Weaver 的《植物生态学》（1929）。④俄国学派，注重研究群落与土壤的关系，建立了完整的群落分类系统，以建群种命名群丛，重视植被图的绘制；代表性专著是 Cykaye 的《植物群落学》（1908）和《生物地理群落学与植物群落学》（1945）。

1935 年，英国学者 Tansley 提出了生态系统的概念，从此生态学进入了一个新的发展时期，以生态系统生态学为标志。自 20 世纪 60 年代以来，随着人们对人口和资源问题的关注，种群生态学得到了迅速的发展。20 世纪 80 年代以后，生态学与其他学科交叉和渗透，是应用生态学的大发展时期。自 20 世纪 90 年代开始，随着研究尺度的进一步扩大和生物技术在生态学中的应用，迎来了景观生态学、全球生态学和分子生态学的诞生。

此外，生态学的发展史也可以简洁地划分为三个时期：个体生态学和群落生态学研究时期（18 世纪～20 世纪 40 年代）；种群生态学和生态系统生态学研究时期（20 世纪 40～70 年代）；人与生物圈（可持续发展）生态学研究时期（20 世纪 70 年代至今）。

纵观生态学的发展史，尽管生态学诞生于国外，并具有系统的发展过程，但我国劳动人民在长期的生产过程中也积累了丰富的实践经验，观察到大量的生态学现象，形成了朴素的生态学思想。我国先秦时期的《诗经》和《尔雅》中记载了 200 种植物，以及许多动物的行为，如"螟蛉有子，蜾蠃负之"和"维鹊有巢，维鸠居之"。东汉时期的《神农本草经》中记载了 365 种植物。晋代嵇含所著的《南方草木状》描述了 80 种南方植物。南北朝时期的陶弘景所著的《本草经集注》记载了 650 多种植物。

特别值得一提的是北魏时期贾思勰所著的《齐民要术》（10卷，共92篇），内容相当丰富，涉及面极广，包括各种农作物的栽培、各种经济林木的经营，以及各种野生植物的利用等；同时，书中还详细介绍了各种家禽、家畜、鱼、蚕等的饲养和疾病防治。因此，《齐民要术》是研究我国古代农业发展史的最重要文献之一。《齐民要术》的重要性包括以下三个方面。

1）贾思勰建立了较为完整的农业科学体系，对以实用为特点的农学各个类别做出了合理的归类。同时还论述了种植学、林学及各种养殖学。

2）《齐民要术》详尽探讨了抗旱保墒的问题。另外，他还论证了如何恢复、提高土壤肥力的办法，主要是轮换作物品种，并总结了作物的栽培及轮作套种的一些模式，明确提出从事农业生产的原则应该是因时、因地、因作物品种而异，不能整齐划一。

3）《齐民要术》提出了选育良种的重要性及生物和环境的相互关系问题。贾思勰认为，种子的优劣对作物的产量和质量有举足轻重的影响，并根据成熟期、植株高度、产量、质量、抗逆性等特性逐一进行分析研究；同时，他还论述了如何保持种子的纯正，播种前和播种后应如何进行田间管理，以及长出苗壮健康幼苗的方法。

南宋时期的《全芳备祖》被称为我国最早的植物学词典。明代的李时珍所著《本草纲目》（52卷，1552～1578），记载了植物1173种，并且多数都有生境的记录。明代徐光启编著的《农政全书》（60卷，1639）是继《齐民要术》之后再次对我国农业生产活动进行的全面总结。

综上所述，我国古代劳动人民在长期农业生产活动中为生态学思想的形成与发展也做出了一些重要贡献。此外，在我国古代，人们通过对自然生态规律的研究，提出了元气论、道统论、阴阳理论、天人合一理论、三才理论、四象理论、五行理论和八卦理论，并创立了中国园林生态学、中国风水生态学、生态艺术与生态美学，最终形成了具中国特色的中国生态学。《中国生态学》一书于2003年由兰州大学出版社出版。

五、生态学的研究方法

生态学的研究对象包括生物与环境两大客体，其研究方法就是围绕这两大客体开展的。主要的研究方法如下。

1）环境科学的研究方法，包括化学的和物理的研究方法，以及同位素示踪分析的方法。

2）生物学的研究方法，包括分子生物学、生理学和免疫学等方法。

3）原地观察、定位观测、受控实验。其中，野外观察方法是最原始和最基本的研究方法，在生态学迅猛发展的今天，实地观测的方法仍具有重要性。

4）生物统计学的方法，以及数学建模、人工模拟、数量分析与排序等研究方法。

5）大范围的研究尺度（空间和时间）的观测与数据分析方法，包括遥感、航拍与卫星扫描等先进技术（RS），地理信息系统技术（GIS），全球定位系统技术（GPS）。过去的经典生态学研究方法属于中尺度研究，以区别于细胞与分子层面的微观研究。因此，生态学研究的尺度可分为三个层次，即大尺度、中尺度和微观尺度。

值得一提的是，在生态学研究中，依据所研究对象的层次或观察研究范围的不同，尺度包括空间尺度和时间尺度，我们需应用特定的生态学原理，才可获得生态学研究的结果。

六、如何学习生态学

生态学是一门基础学科，它是各种应用生态学分支学科的理论基础。学习生态学有什么意义？学什么？怎么学？

笔者认为，一个懂生态学的人和一个不懂生态学的人，他们在看问题和解决问题的时候，态度立场、思想观念、价值观和方法论，以及预测事物发展趋势方面存在明显的差别。我们学习生态学，要掌握生态学的基本原理和规律，了解和掌握生态学的研究方法，学习生态学的科学思想，能够运用生态学知识提出生态学问题，并能解决实际问题。同学习研究方法相比，掌握生态学的基本原理和科学思想更为重要。因为对生态学研究方法的学习与掌握不需要生态学专业知识，而深刻领会生态学的原理和思想却需要牢固扎实的生态学知识，并会终身受益。同时，思想指导我们的行为，而行为决定我们的习惯。学习生态学的具体要求如下。

1）选择一本好的教材是重要的，但是，不能忽略参考书的作用。因为每一本教材往往都有自己的编写特点。教材的意义是让你系统地学习生态学，而参考书则是让你全面地了解生态学。

2）要经常浏览与生态学有关的网站，或上网搜索与生态学相关的新闻焦点事件、图片资料，以及从各种媒体上关注重大的生态工程和生态安全问题，并给予积极的思考和评价。

3）由于生态学涉及知识面广，需要阅读一些生物学、生理学、遗传学、分子生物学、进化论、地学、农学、林学和气象学等方面的书籍。其中最主要的是植物学、动物学、微生物学和进化论，这些基础学科的知识对于提高分析问题和解决问题的能力、拓展思路大有好处。

4）树立唯物主义世界观，要善于观察周围的事物，理论联系实际，善于思考问题，学会灵活运用唯物辩证法，培养学习生态学的兴趣和敏锐的观察能力。切记"处处留心皆学问"这句至理名言。事实上，许多生态学知识就蕴藏在我们的日常生活中。

5）除了学习生态学的基本知识，掌握生态学基本原理以外，更重要的是要形成一种生态学的思想方法，树立可持续发展的理念和价值观，培养保护环境的意识和热爱大自然的情怀，以此来规范自己的行为和养成节约俭朴的生活习惯。

【重要概念】

1）生态学——一门研究生物有机体、种群或群落与其环境之间，以及生物个体或种群之间相互作用和相互适应与进化规律的学科。

2）理论生态学——从生物个体、种群和群落的各个不同生命层次揭示出它们与环境间的作用规律的学科，以形成生态学原理和法则的科学理论体系。

3）应用生态学——将生态学的基本原理和方法应用于特定的生产领域或同其他学科相结合，形成具有实际应用前景的应用学科或交叉学科。

4）生物的进化——生物在较大的时间尺度内，其形态结构、生理功能、行为习性和遗传组成发生改变的过程。生物进化的基本单元是种群。

5）生物的适应——生物对栖息地特定生态环境的影响做出积极的响应，包括形态、结构、生理、行为或习性等方面的改变。

【难点解疑】

本章作为生态学的开篇绪论，一般来说不存在相关知识的难点问题。但就如何学好生态学，领悟生态学的本质，其实是不容易的。为了帮助读者更好地掌握生态学原理，理解生态学的思想精髓，在学习后续各章内容时，建议关注以下 7 个问题。

1. 生态学研究的对象只有两大客体

生态学研究的客体只有两个，即生物与环境。生态学有多个分支学科，而每个分支学科所研究的仍然是这两大客体，只不过这两大客体的对象和尺度各不相同。生命活动的层次，有分子、细胞、器官、个体、种群、群落和生态系统，而它们所处的环境尺度、环境因子种类、环境性质都不同。因此，分子生态学、个体生态学、种群生态学和群落生态学等的研究对象和研究方法等都是不同的。

目前，虽然还没有细胞生态学和器官生态学，但是细胞和器官的确都有自己的环境，并且它们与环境时刻发生着相互作用。比如，单细胞生物所处的环境（外环境），与多细胞生物体中的细胞所处的环境（内环境，即组织液）是明显不同的，目前，已出现对单细胞生物学的研究。

近些年来，通过普及生态学知识，尤其是开展宣传保护生物多样性的活动，人们对生态学研究的一个客体——生物，有了充分的认识，并给予相当的重视。但是，相比之下，人们对生态学研究的另一个客体——环境，却重视不够。当前，我们需要十分重视环境教育，让人们知道环境是一种资源，人类在不断地加剧使用和消耗环境资源，而环境污染会发生在不同的环境尺度上，其危害又作用于不同的生命层次上。因此，普及环境教育刻不容缓。

2. 生态学与进化论的关系是密不可分的

在学习生态学时，除了需要生理学、遗传学、解剖学、形态学、行为学、地理学和气象学等知识外，还不能仅停留在生态学自身的问题上，而需要联系到生物进化的问题。因为生态学是研究生物与环境相互作用规律，探究生物对环境的适应机制。而生物的进化是研究大时间尺度的生物系统发生，包括生物的基因突变、遗传重组与隔离对生物种群的影响，以及环境对生物的选择作用。所以，生态学关注的是现代的小时间尺度的生物与环境的互作问题，强调生态作用的过程；而进化论关注的是历史的大时间尺度的生物与环境的互作问题，强调选择和适应作用的结果。

在生态学中，生物的表观性状有的可遗传，如生态型，而有的则不能够遗传，如环境饰变。因此，对于生态学的一些现象或问题，往往要从进化论的角度去思考，才能得到比较满意的解释。正如 E.迈尔所说："进化是生物学中最重要的概念。如果不考虑进化的话，对生物学中任何为什么的问题都无法得出确切的答案。"所以，生物的进化是生物学的灵魂，也是生态学的灵魂。

同样，生物学的问题只有放在生态学和进化论的共同视野里，才能更加显示其无穷的奥秘与魅力。例如，哺乳动物淀粉酶基因的拷贝数的差异与食物类别有关系。黑猩猩的淀粉酶基因只有 1 个，而人类的淀粉酶基因有 2～15 个拷贝，平均 6 个拷贝。研究发现，长期生活在农业种植区的人们有 9～15 个淀粉酶基因拷贝数，而长期生活在畜牧区的人们则有 2～5 个淀粉酶基因拷贝数。所以，淀粉酶基因数量的变化既是环境作用的问题，又是适应性进化的问题。这似乎与拉马克的获得性遗传有相似之处，这种环境的长期影响属于表观遗传学（epigenetics）的研究范畴。

3. 表观遗传学的深入研究或许为拉马克学说带来新的曙光

随着当今表观遗传学的深入发展，揭开 DNA 遗传与非 DNA 遗传之间的联系已为期不远。可以预言，细胞内的 DNA 遗传与非 DNA 遗传绝不是相互独立的水火不容的两套系统；尽管一些表观遗传性状只能维持几代（一般是 3 代），但在环境的连续作用下情况就不同了，必将对 DNA 遗传产生影响。像栽培作物的新基因起源就是例证。事实上，DNA 控制生物表型的过程非常复杂，不是碱基序列的简单对应，而是通过外在的细胞和环境间相互作用，以及内部的 DNA 甲基化和 tsRNA 及其 RNA 修饰等来共同决定生物的表型，在这样的历史过程中一个物种的基因组才得以发展壮大。干细胞研究证实，虽然在细胞的重编程和分化过程中，表观遗传机制的作用到底有多大尚不是很清楚，但似乎细胞的命运是由表观遗传机制所掌控的。最新研究报道，动物的精细胞中不仅包含 DNA，还包含可改变后代新陈代谢的 RNA 片段。在未来，或许能够证明获得性遗传的分子机制，它将成为达尔文自然选择理论的一个重要补充，届时人们可能要重新认识和评价拉马克的进化学说，希望会客观公正、实事求是地对待这位很了不起的科学家。

拉马克（Lamarck，1744～1829）出生于法国一个没落贵族家庭，是家中最小的孩子，排行第十，17 岁参军，22 岁退役后成为一名银行职员，通过自学成才，1778 年编写出版了《法国全境植物志》，首创物种鉴定的二歧式检索表，由此闻名于世，并到皇家植物园工作。此后专攻无脊椎动物的研究，1801 年出版了《无脊椎动物分类系统》，他被称作"无脊椎动物学之父"。1809 年出版了《动物学哲学》，根据环境对生物的后天影响，提出"器官用进废退，获得性遗传"的进化学说，强调后天环境作用的累积效应，并首次提出"渐变论"观点。但是，拉马克误信了"生命自发形成论"，以至于提出错误的"平行演化"假说。然而，达尔文在《物种起源》第 6 版中，几乎全盘接受了拉马克"器官用进废退，获得性遗传"的渐变论思想。人们分析达尔文对于自然选择的解释从第 1 版到第 6 版逐渐发生一些微妙变化的原因，一方面，首版发行后，自然选择曾遭到一些人质疑，由于没有遗传学理论的支持，引用拉马克理论是不得已的事情；另一方面，可能他对自己环球航行所观察的一些事例进行深入剖析后，有了定向选择的意识。俄国的植物育种学家米丘林运用拉马克的"获得性遗传"学说，通过定向培育和气候驯化等手段，曾培育出 300多个果树新品种，并因此获列宁勋章（后因米丘林的科研成果被政治家和野心家李森科所盗用，出现所谓的"李森科-米丘林学派"，从此人们便忌讳再提米丘林的研究工作）。

　　然而，德国著名动物学家魏斯曼（Weismann，1834～1914）却对"获得性遗传"概念产生了严重的曲解，竟然利用连续 22 代切断尾巴的老鼠进行交配，希望获得无尾老鼠的荒唐实验来批驳拉马克进化学说。无独有偶，1976 年，道金斯（Dawkins）在《自私的基因》中竟然也持这种态度。他说："失去一条腿的竹节虫，繁殖的后代仍是六条腿"，以此来批驳拉马克的"获得性遗传"。甚至到了 1996 年，道金斯在《盲眼钟表匠》中写道，他家的瘸腿狗可能是邻居家因车祸失去一条腿的母狗所生，以此讥讽拉马克进化学说。令人非常遗憾的是，这些"伟人"竟把"获得性"与"获得性状"或"致残性状"混为一谈，对于生物的表型会受到其生活环境的影响这个概念一无所知，今天的遗传学关于表型的表达式是：P（表型）= G（基因型）+ E（环境）+ EG（基因与环境互作）。像生活在马德拉岛上的昆虫翅膀遭到大风的定向选择而退化，就是后天环境长期作用的结果，导致了基因沉默。事实上，"用进废退"已成为基本的生物学法则，是生态学关于能量分配的基本原则，像海鞘成体的脑退化，以及指猴的中指或无名指特别发达等。同样，近些年来，国内外的一些学者通过"环境诱导""抗性锻炼"和"逆境胁迫"等手段获得了大量的作物新品种。例如，在隔离的极端逆境条件下驯化生物。逆境是指恶劣但不致死的环境，在长期隔离的逆境环境下生物会产生进化。当前的逆境生物学研究已成为新的热点，这难道不是与拉马克的后天环境对生物有机体的影响即"获得性遗传"学说有着某些微妙的关联吗？

　　4. 自然选择作用对象的生命层次
　　自然选择的知识产权属于达尔文和华莱士（Wallace，1823～1913）所共有。

到目前为止，自然选择到底作用于哪一个生命层次上，尚未取得共识。毫无疑问，自然选择是生物进化尤其是微进化的主要动力之一。那么，选择的对象到底是谁？众说纷纭。根据《物种起源》，达尔文认为生物个体是自然选择的对象。而《遗传学和物种起源》的作者认为，种群是自然选择的具体对象。《自私的基因》的作者把基因作为自然选择的对象，每一个现存的物种的所有基因都起源于几个祖先基因。然而，他在《地球上最伟大的表演》一书中却强调，自然选择并不直接作用于基因，而是选择它们的"代理人"——生物个体。因为一个基因的存活与机体的存活是紧密相连的。最近，《生物自主进化论》的作者认为，细胞是自然选择的对象，提出细胞的潜思维才是生物进化的根本机制。虽然该书观点新颖，但有些问题值得商榷。但就从人们公认的"细胞是生命的结构与功能的基本单位"这个观点出发，认为自然选择的对象就是细胞也未尝不可。但目前的问题是，大家普遍认为自然选择只有一个生命层次，难道自然选择就不能发生在其他的不同生命层次上吗？它或许与生命的负熵定律一样，对所有生命层次都起作用。从生物基因传递的过程看，包括生殖和生长发育两个过程。生殖是基因的纵向传递（先天性遗传），而生长发育是基因的横向传递（后天性遗传，或获得性遗传）。这两个过程都受到环境的选择作用，尤其是胚胎发育和青壮年时期的生长发育（包括性选择）对进化也有积极的作用。

5. 生物是否有低级和高级之分

一个人们经常争论的问题是，单细胞生物与多细胞生物哪一个适应环境的能力更强大？或者说，生物有低级和高级之分吗？

我们知道，原核细胞诞生于 35 亿～38 亿年前，而真核细胞出现在 15 亿～18 亿年前，多细胞生物大约在 5 亿年前出现。由于多细胞生物具有细胞协同分工的能力，营养和生殖由不同的细胞完成，在适应环境方面出现了神经调节、激素调节、免疫调节和行为调节，并出现不同的专有器官，最终导致多细胞生物分布最广，适应能力最强。但是，随着不同类型的古细菌的发现，最能够适应极其特殊环境的生物恰恰不是多细胞生物。从耐盐、耐热、抗硫化氢和抗甲烷的能力方面看，难道不是单细胞更具有适应性吗？单细胞生物因具有进化历程悠久、生命周期短、分裂繁殖快、个体小、数量多和突变概率高等特点，一旦某个新基因开始表达，细胞会即刻响应，无需细胞间协同，遇到不良环境立即形成各种休眠孢子，适应能力很强。同样，多细胞生物适应环境的能力也很强，比如，缓步动物门的水熊虫（因生于水中和含水的土壤及苔藓地被层，具 8 条带爪的粗腿，胖得像熊而得名），最小的长 0.5 mm（如 *Echiniscus parvulus*），最大的长 1.4 mm（如 *Macrobiotus bufelandi*），分布于海水和淡水里，可深达海下 4000 m，高达山顶 6000 m，共约 750 种，见图 1-1。水熊虫适应恶劣环境的能力极强，可在低温（−80℃）、干燥、缺氧、变渗（或在乙醇中）、辐射（或太空辐射）等环境中进行脱水隐生，最长的可隐生长达 120 年而复活。研究发现，水熊虫的细胞可合成一种特殊的水溶性蛋白质，脱水后像透明玻璃保护着细胞。水熊虫通过基因水平转移获得约 6000 个外源基因（占总基因组的 17.5%），这些基因大多来自细菌和古细菌，也包括植物和真菌等生物。难道说水熊虫在适应环境方面不高级吗？一般来说，单细胞生物主要受营养状况和环境的影响，而多细胞生物主要受激素的种类和水平，以及环境和发育阶段的影响。因此，在学习生态学时，要时刻关注不同生命层次的生物对环境的主动适应策略和机制，以及生活环境对生物所施加的无情的选择作用。

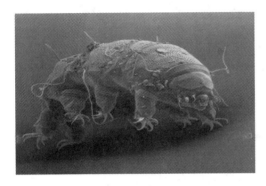

图 1-1　水熊虫的电镜扫描照片（右图的背景是苔藓植物的叶片，为单层细胞）
（图片引自 https://baike.baidu.com）

扫一扫　看彩图

至于生物到底有无低级和高级之分，从生物适应环境的能力看，它们都是平等的。如果从哲学的观点看，也不应该有低级和高级之分，它们也是平等的。但从解剖学、分类学和进化生物学的观点来看，生物的确是有低级和高级之分的。例如，脊椎动物肯定比无脊椎动物高级。生物进化的总趋势，在结构和功能上，毫无疑问是由简单到复杂、由低级到高级的进化过程。

然而，最新研究发现，某些单细胞浮游生物像 *Erythropsidinium* sp.、*Warnowia* sp. 和 *Nematodinium* sp.等，为了能够准确地捕食（异养兼自养，既属于浮游植物，又属于浮游动物），发育出具透镜型眼睛，这非常令人惊奇。这些眼睛还有角膜、晶状体和视网膜类似的结构（图 1-2）。按照我们所知道的，单细胞的鞭毛藻类在分类上也属于原生动物门的鞭毛纲类群，它们往往具有眼点，仅起到感光作用，像裸藻和衣藻等。可是在海洋中像某些甲藻类单细胞浮游植物，竟然在单细胞生物体上发育出高度复杂的晶状体眼睛。过去，人们认为这种甲藻的眼点是一团脂质体。奇怪的是，生物体仅为一个真核细胞，怎么会发育出一个复杂的"器官"呢？通过对其演化和起源进行研究发现，它们的"角膜"来自线粒体，"晶状体"是胶质体，而它们类似"视网膜"的结构则由质体构成的一个交织的网络组成，最初来自一个次生红藻的内共生体。也就是说，真核单细胞内部的半自主细胞器通过分裂可以形成新的"器官"，并且是一个由原核细胞（细胞器）组成的"器官"。由此可见，我们真不能低估单细胞生物的进化潜力。

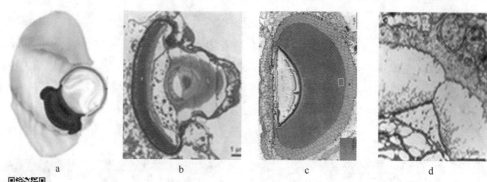

图 1-2　单细胞浮游植物（动物）眼睛结构的电子显微镜照片
（Lecun et al.，2015）

a. 单细胞生物体的显微形态结构示意图；b. 眼睛的纵切面；c. 眼睛的晶状体纵切面；d. 眼睛角膜纵切面

扫一扫　看彩图

不仅如此，请看图 1-2，这样的眼睛结构只有在软体动物和脊椎动物中才有，怎么会在单细胞生物中出现类似的结构呢？这种眼睛的出现，说明它们需要有选择地捕食微型猎物，需要成像。而成像的原理或机制就必须符合自然法则，即像脊椎动物眼睛一样的原理。今天的分子遗传学发现，所有动物的眼、单眼、复眼和透镜型眼睛都是由 *pax6* 基因控制的，试问，在系统关系非常疏远的单细胞动物、软体动物和脊椎动物中却分别进化出类似的"高级"眼睛，这是自然选择或自然法则作用的结果，还是"聪明"的基因组"设计"并"制造"出来的呢？

6. 突变是否是随机的

在生物的进化过程中，突变是一个必要条件，是属于真正的创造力量，是自然选择的基础。突变与自然选择的合作，结果就是生物的进化。那么，突变是随机的吗？亦或是中性的？关于突变随机性问题，要考虑 3 个方面的情况。首先，任何一个物种的基因组里，并不是每个基因都可能突变；不同的基因，突变率不同。其次，突变不是自发性的，而是受外部和内部环境的作用引起的，尤其是生物体内环境（包括细胞内环境）对突变的影响十分重要。事实上，DNA 通过与细胞和环境的相互作用来决定表型。再者，在 DNA 上朝向某一方向突变率一般会比反方向的突变率高，即存在所谓的"突变压力"。所以，突变有时候不是随机的，环境的胁迫作用可能存在定向突变。例如，拉马克曾提出"高等动物的意志和欲望可促进进化"，冯德培（1982）所编的《简明生物学辞典》（上海辞书出版社）对此给予了批驳。然而，在性选择中，定向突变似乎有所体现，如雄性宽眼蝇的两眼间的距离大小作为雄性竞争胜负标准而受到定向的性选择。令人遗憾的是，截至目前，还没有人对动物的视觉信号对进化所产生的影响给予清晰的解释。例如，动物通过视觉获得的信号刺激，经过大脑后，是如何影响激素调节、细胞内环境变化和胚胎发育的？最终通过主动（定向）突变实现了拟态，如贝氏拟态和米勒拟态，以及枯叶蝶和青凤蝶的拟态（见本书种群生态学习题中应用题第 33 题）。

至于中性突变理论，其含义是一个基因的突变形式和未突变形式对生物生存的

作用而言是相同的。由于中性突变是指不会影响蛋白质生物学功能的突变（发生在
DNA 非结构域的突变），或属于同义突变，即没有适应价值的突变。所以，中性突变
也可以说不属于真正意义的突变，中性突变似乎等于不存在，因为自然选择发现不
了它们，无法对其产生选择作用。但对于分子钟来说，中性突变却是有意义的。另
外，还有些突变是致死的。因此，从进化上看，突变可分为 4 类，即有益突变、有
害突变、中性突变和致死突变。其中前两者对生物的进化都有积极的意义。

关于突变的可逆性问题，单突变是可以逆转的，但由多个突变的累积效应是无
法逆转的。

对于突变的效应问题，一般认为，自然界里没有"飞跃"。物种的分化与形成是
一个由量变到质变的过程，根据种群遗传学理论，在各种隔离机制作用下，种群间
基因库的基因（型）频率发生差异，最终导致生殖隔离。在种群分化经过亚种到新
种的过程中，的确是一个突变累积的量变过程，其中每次的突变都可看作渐变。但
是，除了渐变外，进化过程中必定还有一些较大尺度的突变（不连续的大突变），当
然不能称为"飞跃"，因为"飞跃"一词会让人想入非非。如果从一枚鸟卵中孵化出
一只兔子，那才是"飞跃"。在生物的进化中出现一些大尺度变异，或没有过渡性状
的变异，可能是由染色体畸变，或由同源框（*Hox*）基因（被看作胚胎发育的开关基
因）突变引起的。从今天的分子生物学研究可以发现，如果同源框基因发生突变就
不是微弱的渐变效应了，如果蝇的触角变成附肢。另外，人们对 DNA 的信息还没有
完全掌握，仅知道其第 1 套信息即 64 个密码子的意义；对于 DNA 的第 2 套信息才
刚刚了解一部分，即基因的调控信息。我想，DNA 必定还隐藏了更高级别的信息，
因为从协同进化角度来看，两个种群间的互利共生的相互适应过程，似乎它们的细
胞都能"读懂"对方的基因信息，只有这样才能做到相互"投其所好"。

最后关于突变发生速率的问题，根据分子钟理论，突变发生是匀速的。但根据
对生物进化历史的研究发现，生物的进化速率是有快有慢的，走走停停，我们分别
将这种不等速进化现象称为疾变与渐变、速变与稳态或间断与平衡。从物种形成方
式来看，疾变与渐变（速变与稳态）的异速进化是有道理的。因为一个新物种刚刚
形成后需要扩大分布区，增加种群数量，这个时期由于环境的均匀性应该是遗传上
的稳定时期。随着时间的推移，新物种可能随着分布区的扩大而隔离为若干种群，
基因交流开始受阻，在新环境的诱导下新一轮的突变又开始积累了。如果按照分子
钟理论，一个物种从诞生到分化出另一（些）新种，基因组从来就没有消停过，一
直是处在变动之中的。另外，根据不同类型蛋白质的重要性，其突变率也不同（如
组蛋白比较稳定）；同样，同一个蛋白质的不同功能区域的突变率也不同（如结构域
或功能域比较稳定）。当然，分子钟理论是相对的，因为同一种蛋白质在不同环境下，
因水分和热量的差异，进化速率会有区别。对此问题，尚有待研究。

7. 生物的进化是否有方向性

近些年来，人们开始关注生物的进化到底是否有方向性的问题。有些学者提出

生物的进化没有方向性，进化并没有一个设定的目标，并建议将生物的进化改译为生物的演化。因为汉字"进"有进步之意，"演"有连续之意，考虑到一些生物的退化也是进化，故将"evolution"改译为演化觉得更为合适。但是，人们却承认自然选择是有方向性的。为什么说生物的进化是没有方向性的，而自然选择是有方向性的呢？在生命诞生的 35 亿～38 亿年以来，裸蕨类和苔藓植物是登陆者先锋，它们大约在志留纪（4.35 亿年前）登陆（在 7 亿～8 亿年前海藻出现固着器不是属于登陆，而是由悬浮或漂浮状态生活变为固着水底生活的需要），而两栖类动物是在泥盆纪（3.9 亿年前）登陆。也就是说，在大约 30 亿年的时间里生命演化一直在海洋中发生和发展着，随着动植物的登陆成功，获得了飞速的发展。至于微生物的登陆时间无法考证，因为它们从水生状态到气生状态，再到陆生状态可能是一个非常连续的过程。

生物进化的主要动力是自然选择对生物的塑造作用，通俗地说，有什么样的环境就会出现相适应的生物（占领生态位），无论生物类群的高低，只要能在这种环境里生存，就必须接受该环境的改造，这就是环境（自然）选择的方向性。

纵观地球现存的生物门类，无论是植物还是动物，在陆地上进化级别最高级的类群（被子植物和哺乳动物），都可在海洋或湖泊中找到它们的踪迹。因此，生物进化的另一个动力是生物主动适应环境，开拓环境，因为环境也是资源，它们尽可能占领生态位（生态灶或生态龛），从不浪费环境资源。例如，世界上第一大科的菊科植物几乎都是草本植物，分布极广，但在南太平洋的圣赫勒拿岛上有树紫菀和树堆心菊，在远离非洲西岸的马德拉岛上有树雏菊和树莴苣，这些菊科的乔木可高达 5～7 m，说明只有在没有乔木树种生长的孤立岛屿上，菊科植物的生态位才能得到释放。而如今广布世界各地的菊科草本植物的习性，应该是被迫无奈的激烈竞争的结果。由此可知，在菊科植物中，木本习性是原始的。同样，从天空、海洋、湖泊、陆地、土壤、洞穴和深海热液口等环境资源来看，生物的适应性进化是辐射状的，是多维的，进化没有方向性。

由此可见，自然选择和生物的适应是同一事物的正反两个方面，所有的适应现象均源于自然选择。难怪有人指责"自然选择"与"生物的适应"是同义反复的过程。自然选择是一道门槛，在正常环境下它是维持物种或种群的稳定，淘汰两端；如果在极端环境（过干或过湿）下它将淘汰一端，促进物种或种群向另一端进化。自然选择是严酷的，只决定生物的生死大权，它不能帮助生物出"主意"或改变对策。而生物的适应是生命本能的体现，所谓的生命力就是生物想要活下去的希望和毅力。通常，生物不去冒险，向着中央最优环境发展；当遇到极端环境，要么规避这种环境，要么积极对付这种环境，这是生物体内基因组的"智慧"所在，即在形态和生理等方面产生变化去适应环境，生物是主动"塑造"自身以"迎合"环境特点。按照这样思路，人们就很容易理解海洋中属于不同门类的鲨鱼、海豚和鱼龙（古代水生爬行类）三者在体形上极其相似的道理（趋同进化）。尽管我们对生物的形态适应比较容易理解，但其结构适应的发育过程和环境因子作用的分子机理非常复杂。

【试题精选】

一、名词解释

1. 生态学　　　　　2. *oikos*　　　　　3. 个体生态学

4. 种群生态学　　　5. 理论生态学　　　6. 应用生态学

7. MAB 计划　　　　8. IBP 计划　　　　9. 生物圈

10. 研究尺度　　　　11. 生物的进化

二、填空题

1. 生态学发展简史可分_____、_____、_____三个时期。

2. 根据普通生态学研究对象的组织层次，可将理论生态学划分为_____、_____、_____、_____4 个分支学科。

3. 生态学（ecology）一词是由_____在_____年提出的。

4. 植物群落学在 20 世纪中期曾得到了迅速的发展，当时所形成的四大学派分别是：_____、_____、_____和_____。

5. 我国的农业"八字宪法"的具体内容是：__、__、__、__、__、__、__、__。

6. 生态学的理论精髓是_____。

7. 生态学最基本的研究方法是_____。

8. 在研究我国古代农业生产发展史方面最重要的一部文献是_____。

三、简答题

1. 现代生态学发展的主要趋势是什么？

2. 生态学研究对象的特殊性是什么？

3. 生态学研究的任务是什么？

4. 生态学的研究方法有哪些？

5. 生态学的理论基础是什么？

6. 生态学的分支学科是如何划分的？

7. 为什么我国要把生态学晋升为一级学科？共设置了哪几个研究方向？

四、分析思考题

1. 生态学研究为什么要特别关注研究尺度？研究尺度与研究对象之间是一回事吗？

2. 中国古代具有极其丰富的生态学思想，并且已有大量的有关生态学的实践活动，所以有学者提出了中国式的"中国生态学"。对此你有什么新的见解？

3. 联合国教育、科学及文化组织早在 1980 年就提出要在全世界范围普及生态学知识，做到家喻户晓，其意义是什么？

4. 当今，人类活动对环境的影响已经上升为生态学研究的焦点和热点问题，为什么？

5. 生态学与进化论这两门学科之间有什么联系？

【参考答案】

一、名词解释

（答案大部分略）

7. MAB 计划——Man and Biosphere Programme，人与生物圈计划。

8. IBP 计划——International Biosphere Programme，国际生物圈计划；注意与 IGBP 计划——International Geosphere-Biosphere Programme，国际地圈-生物圈计划的区分。

10. 研究尺度——某个具体研究对象的界面大小，或某个生态事件或生态过程发生的范围和时间。现代生态学所应用的尺度有空间尺度、时间尺度、组织（organization）尺度。

二、填空题

（答案略）

三、简答题

（答案略）

四、分析思考题

（答案与提示大部分略）

3.（提示）生态学理论是可持续发展理念的思想基础。当今世界发展面临的主要问题是环境、资源与人口的问题。

5.（提示）两门学科相互渗透和交融，因为生态学需要研究生物的适应与进化，而进化论需要研究自然选择和物种的适应性进化。

第二章　生物与环境

学习要求：本章需要掌握生物与环境相互作用的基本规律和原理，以及不同尺度下的环境概念；熟悉生态因子的类型、特征和属性；把握生态因子作用机制的分析原则；了解各相关生态因子的生态作用和生物适应的生态类型，以及表型组的概念；理解个体生态学的精髓是生物对环境的适应与进化，以及生物适应的机制与规律。

【知识导图】

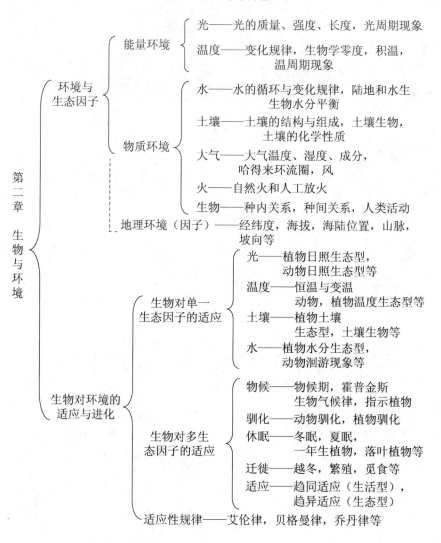

【内容概要】

一、生态环境与生态因子的概念

（一）生态环境

自然环境是指未经人工改造而天然存在的环境，是客观存在的各种自然因素的总和。它主要是指地球的五大圈，即大气圈、水圈、土圈、岩石圈和生物圈。凡是组成自然环境的各个要素，均称为环境因子。人工环境是由人为设置与控制的边界面围合成的空间环境，如人工温室。

生态环境是指在一定的地域空间范围内，对生物有机体的栖息、活动、生长发育、繁殖及分布等产生影响的各种环境因子的总和。它包括四大生命要素，即阳光、大气、水和土壤。总之，生态环境始终影响和塑造着生物，而生物则主动地适应并改善着生态环境，两者相互作用、相互促进、协同发展。

生境是指位于生物有机体周边具体地段上的各种环境因子的组合。我们要注意区分生境与生态环境这两个生态学概念的尺度差别。正如气象学上的大气候、地方气候和小气候一样，它们存在着空间尺度的差别，大气候是大尺度空间的因素（如大气环流和地理纬度等）变化引起的气候；地方气候是较大范围内的因素（如地形、河流和植被等）变化引起的局部气候；小气候是发生在距地表 1.5～2 m 的小尺度变化（正如气象观测站的百叶箱距地面高度是 1.83 m）引起的气候。我们可将生境看作小气候。

（二）生态因子

我们把组成生态环境的各个环境因子，称为生态因子。生态因子一般都属于环境因子，而环境因子不一定都是生态因子。每个生态因子都具一定的强度、质量和性能特征，称为生态因子的三要素。在生态学上，分析某一个生态因子的作用机理时，需要紧密围绕这三个要素进行思考与分析。

生态因子通常分为非生物因子和生物因子两大类。非生物因子包括水分、温度、光、土壤、pH 及大气等；生物因子包括同种生物或其他生物所产生的影响。在生物因子中，前者主要构成种内关系，而后者主要构成种间关系。

生态因子按照性质划分为 5 类：①气候因子，如光、温度、大气、水分等；②土壤因子，如土壤结构、质地、pH 等；③地理因子，如地形、海拔、坡向、坡度等；④生物因子，如共生、寄生、捕食及竞争等其他生物的影响；⑤人为因子，指人类社会生产活动对生物所产生的影响。

（三）分析生态因子的原则

1) 综合性作用原则(这是基本原则,在自然界中很少仅有单个生态因子发挥作用的)。

2）主导因子作用原则（分析并寻找关键性因子，各因子间是非等价的）。

3）阶段性作用原则（生物的不同发育时期，需要不同的主导因子）。

4）非替代性原则（作为一种生态因子，在生物的生长发育过程中一定是不可缺少的）。

5）可调剂性原则（如果某一因子的强度不够，将影响生物的生长发育时，可通过增强别的因子来弥补某因子的不足）。

6）周期性作用原则（是指生态因子的作用伴随着生物的生活周期而发挥作用）。

7）直接作用与间接作用原则（通过分析，寻找出各个因子间的因果关系，某一因子的变化可立即改变另一个因子的变化，往往是通过后者直接作用于生物有机体的）。

8）限制性因子作用原则（在生物的生长发育中起瓶颈作用的因子，即短板效应）。

以上各项原则，我们在分析生物与环境发生相互作用的时候，要逐一进行思考和分析，这是生态学非常重要的分析问题的方法，称为生态学辩证法。

二、光

（一）光的基本属性

1. 光的性质

太阳光是电磁波，以辐射的形式投向地面，波长集中在 150～4000 nm。其中，150～380 nm 为紫外光，380～760 nm 为可见光，760～4000 nm 为红外光。紫外线是指 290～380 nm 这段辐射谱。电磁波的波长与能量成反比。

由于大气层对太阳辐射具有吸收、反射和散射的作用，到达地表的有效辐射量只有 47%。太阳高度角（光线与地平线之间的夹角）对太阳辐射强度和辐射波谱组成的影响很大，在同一地点，其辐射强度随太阳高度角的增大而增大，短波光成分随太阳高度角的增大而增多。

2. 光照强度

光照强度在地球表面有空间和时间上的变化规律。在赤道，太阳光射程最短，光照强度最大；随着纬度的增加，太阳高度角变小，太阳光斜射的射程较长，光照强度相应减弱。光照强度随着海拔的升高而增强，这是由海拔升高，大气层厚度随之减少及空气密度随之降低所致。坡向和坡度也影响光照强度。在北半球温带地区，由于太阳位置偏南，南坡接受的光照要比北坡多。光照强度对植物的生态作用主要表现在：促进叶绿体的发育和器官的形成，增强光合作用，提高果实品质等。光照强度对动物的影响也是明显的，甚至是复杂的，可以影响到动物活动规律，以及动物的视觉和醒觉等。

3. 光照质量

由于大气层对太阳光的吸收和散射具有选择性，因此，当太阳光通过大气层后，不仅辐射强度减弱，光谱成分即光照质量也发生了变化。随太阳高度角的增大，紫外线和可见光所占比例随之增大；反之，随着太阳高度角变小，长波光成分的比例增加。光照质量在空间上的变化规律是低纬度处短波光多，高纬度处长波光多。随海拔升高，短光波也随之增多。在季节上的变化是夏季短波光较多，冬季长波光较多。在一天中，中午短波光增多，早晚长波光增多。不同的光谱成分，对植物的生态作用存在着明显差异。不同的光可影响植物的形态建成。例如，红光能促进某些种子发芽，而远红光则抑制其发芽。红光有利于碳水化合物的形成；蓝光有利于蛋白质的形成；蓝紫光及紫外线可促进花青素的形成，并抑制节间的伸长。许多脊椎动物感受可见光波的范围与人接近，但昆虫所感受的可见光波范围却向短光波偏移，它们所看见花的颜色与我们人眼所见略有差别。昆虫具趋光性，尤其是紫外光。另外，昆虫还有趋色性，喜欢趋黄色。

4. 光照长度

一天中太阳光可照射的时数，称为日照长度，或称为昼长。昼长有空间和时间的变化规律。日照时间 = 可照时间 + 曙暮光时间（在早晨和傍晚，由分子散射光线照亮地面的光称为曙暮光，是植物可利用的光）。曙暮光时间随纬度的增加而增大，为 0.5～3.5 h。地球上不同纬度地区的日照长度的变化各不相同，具有季节性的周期性变化，见表 2-1。

表 2-1　不同纬度地区日照的最长日和最短日（日照长度）对照表

纬度/（°）	最长日	最短日
0	12:00	12:00
10	12:35	11:25
20	13:13	10:47
30	13:56	10:04
40	14:51	9:09
50	16:09	7:51
60	18:30	5:30
65	21:09	2:51
66.5	24:00	0:00

在北半球，日照时间最长的是夏至的日长，日照时间最短的是冬至的日长。这种最长日和最短日的日照时间的差值，称为日照年变幅。纬度越低，最长日和最短日的光照时间之差越小。在一定的纬度范围内，随着纬度的增加，日照年变幅的差值越来越大。但在北极地区，夏季全是白天，冬季全是夜晚；南极则相反。在日照时间上，春分和秋分的当日，除极地外，全球各地都是昼夜平分的。在北半球，夏半年（春分 3 月 21 日至秋分 9 月 23 日，186 d）昼长夜短，冬半年（9 月 23 日至来年 3 月 21 日，179 d）昼短夜长。

（二）生物对光的生态适应

1. 水体环境的光照情况

当阳光射入水体后，其强度和成分均发生变化。水体中光照情况，除了与水质状况有关外，水体对光的吸收、散射和反射也会改变水体环境的光照情况。水体主要吸收长波光，如红外光、红光和橙光（光能变为热能），可反射 420～550 nm 的蓝绿光，而短波光因能量高，可透入较深的水体中，如紫光、绿光和蓝光，其中蓝光穿透最深。在比较浅的水体中，沉水植物是绿色的，而在很深的水下沉水植物常是墨绿色（深绿色）的。海洋中的红藻门和褐藻门植物因含有各自特殊的色素，可生长在较深的水体中。沉水植物在体色、形态和结构上都是非常适应水下环境的。

2. 群落内部的光照情况

一个发育成熟的森林群落，林冠可吸收 70%的光，反射 20%的光，只有 10%的光可透射到林冠下层。根据当地阳光资源状况，不同群落在时间、种类组成、林冠结构方面都存在差异。落叶林和常绿林对光照条件的适应策略明显不同。在群落内部，各种植物会以不同方式适应光照强度和光周期变化规律。

在热带雨林中，由于林冠的郁闭度大，林冠下面光线弱，许多藤本植物沿着高大的树干向上攀爬，以获得更多的阳光。例如，阴生植物天南星科的石柑子（*Pothos chinensis*）是一种纤细的藤本植物（图 2-1a），叶为单身复叶，互生，喜攀爬在树干上，由于树林内光线太弱，为了获得更大的光合面积，除了茎干变绿以外，叶轴（柄）具宽大的绿色叶翅，叶轴的面积几乎等同于或大于叶片的面积。那么，阳生植物又是如何利用光照的呢？葡萄科的爬墙虎（*Parthenocissus heterophylla*）属于阳生植物，在夏日仔细观察墙上的爬墙虎，发现叶片排列有序，非常均匀，像房屋的瓦片一样整齐。但在落叶后发现（爬墙虎的叶为单身复叶，叶片先落，叶轴后

a   b

图 2-1　石柑子和爬墙虎的单身复叶对光照条件的适应

扫一扫　看彩图

a. 树干上的石柑子（沈显生于 2006 年摄于西双版纳）；b. 墙上爬墙虎的叶轴
（沈显生摄于 2014 年）

落，以便让叶轴基部形成木栓层覆盖在叶痕上，有利于茎干保水），其茎干排列不均匀，叶轴（柄）是 2～4 枚成簇着生于短枝上（图 2-1b）。原来爬墙虎通过叶轴的长度和角度对叶片进行位置调节，把叶片排列均匀，互相不重叠，以最大有效的叶面积利用阳光。

3. 光周期现象

光周期有日周期和年周期。随季节而变化的日照长度控制植物开花期的现象，称为光周期现象。根据光周期现象，我们把植物分为以下 4 类。

1）长日照植物：小麦和豌豆等，花芽诱导需要日照时间长于黑暗时间的昼夜节律。

2）短日照植物：向日葵和棉花等，花芽诱导需要日照时间短于黑暗时间的昼夜节律。

3）中日照植物：甘蔗和瓜叶菊等，花芽诱导需要日照时间与黑暗时间相等的昼夜节律。

4）中间型（日中型）植物：黄瓜、玉米和四季豆等，花芽诱导与昼夜节律几乎无关。

临界暗期是指植物开花所必需的最短的（对于短日照植物）或最长的（对于长日照植物）黑暗时间。短日照植物只有超过某一临界暗期时，才能够开花；长日照植物只有短于某一临界暗期时，才能够开花。在白天，通过短暂的遮光实验，不影响长日条件下的长日照植物的开花节律。然而，在夜晚，通过短暂的红光闪光实验，却能使得在短日条件下的长日照植物开花。

对于种子植物开花时间决定机制的研究已有 100 多年了，这是一个富有挑战性的问题。曾经有开花素假说、营养物质转移假说和多因子控制模型等，但对光周期作用的分子机制至今尚未解决。我们已经知道，感受光周期的部位在叶片，而发生响应的部位是芽。植物感受光的物质是光受体，分为光敏色素、隐花色素、紫外光 B 类受体三类，其中光敏色素又有 5 种。通过对模式生物拟南芥突变体的研究，发现控制开花的基因分为两类，即开花决定基因和花器官决定基因。其中位于芽的决定开花基因的表达，是由叶片中感受光周期的基因和形成昼夜节律的基因等多个基因表达后形成的所谓成花素的信号所启动的。因此，开花是受环境因子、基因和植物细胞营养状况综合因素决定的一个复杂的代谢网络系统调控的。

4. 以光照强度为主导因子的植物生态类型

从生态习性上可将陆生植物分为：阳性植物、阴性植物和耐阴植物。从生理代谢上又可分为：C_3 植物、C_4 植物和 CAM 植物。C_3 植物和 C_4 植物对光照强度的耐受幅度是不同的，C_3 植物比 C_4 植物更加能够忍耐弱光环境，而 C_4 植物比 C_3 植物更加适应于强光环境（图 2-2）。

5. 光周期与动物的季节节律

许多动物的繁殖与光周期有关，主要集中在春季和秋季进行繁殖交配方面。动

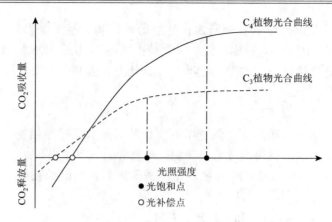

图 2-2　C_3 植物和 C_4 植物对光照强度的耐受幅度

物的迁徙与光周期有密切关系。动物的换羽和换毛与光周期直接相关，有的一年换 1 次，而有的则需要换 2 次。另外，昆虫的滞育现象也与光周期有关。

6. 光与动物的昼夜节律

许多动物的活动规律与光的日节律有关，这些动物可分为昼出性动物和夜出性动物。

另外，月周期对动物的行为也有影响，月周期是指月亮的一个朔望月周期。绝大多数海洋生物主要受潮汐周期影响。潮汐是在一天之内发生两次涨潮和两次退潮现象，一次涨潮和退潮的周期是 12 h 25 min，总周期是 24 h 50 min。潮汐对生活于浅海的海洋生物的日节律会产生明显的影响。

同样，人体的生物钟也受昼夜节律的影响。不仅如此，如果经常昼夜颠倒，肠道菌群也会吃不消，如梭菌目、乳杆菌目和拟杆菌目的细菌群发生种群数量变化，影响微生物的群落结构和代谢活动。

三、温度

（一）地表热量的来源与变化规律

1. 地表热量的来源

太阳辐射使地表增温，产生了气温、土温和水温的变化。太阳辐射（S）穿过大气层后，只有约 47% 到达地面。地面增温后，产生地面辐射（Ee），使接近地表的气团增温（图 2-3）。当接近地表的气团增温后，便向四周传递热量，其中有一部分热量会再次传向地面，称为大气逆辐射（Ea）。另外，高空气团因截留了部分太阳辐射能增温后，产生的大气散射（S'）也可使地面增温。

地面热量收支（R）公式为

$$R = (S + S' + Ea) - [(S + S')\alpha + Ee]$$

式中，α 为反射率。

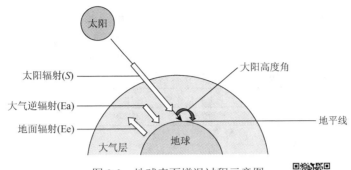

图 2-3　地球表面增温过程示意图

扫一扫　看彩图

2. 地表气温的变化规律

地表的温度变化可分为节律性变温和非节律性变温。前者有时间和空间上的变化，后者指极端温度，它们对生物的生长发育都有着十分重要的生态学意义。

（1）年变化

全球年平均气温 14.6℃，北半球 15.3℃，南半球 13.4℃。在北半球，随着纬度增加，太阳辐射量减少，温度逐渐降低。纬度每增加 1°，年平均气温下降约 0.5℃。因此，从赤道到极地，可以划分为热带、亚热带、温带和寒带。最热月（7 月）平均气温 10℃的等温线，为寒带和温带的分界线；最冷月（1 月）平均气温 18℃的等温线，为热带和温带的分界线。在某地，最热月的平均气温与最冷月的平均气温的差值，称为气温年较差（气温年变幅）。一般来说，在一定的纬度范围内，从赤道向两极的纬度越高，气温年较差越大；超过一定的纬度后，反而变小。

（2）日变化

某地一天当中的最高温和最低温之间的差值，称为日较差。日较差随纬度的增加而增加，这种现象夏季比冬季明显，见表 2-2。一般来说，随海拔每上升 100 m，干燥空气的气温下降 1℃，而湿空气的气温下降 0.5～0.6℃，这是气团上升后膨胀所致。

表 2-2　我国南北几个代表性城市或区气温日较差　　（单位：℃）

城市或区	1997 年 8 月 10 日		2003 年 11 月 10 日	
	气温	日较差	气温	日较差
哈尔滨	18～34	16	−8～4	12
北京	19～33	14	−4～8	12
南京	25～34	9	3～10	7
广州	26～32	6	11～17	6
南沙	28～32	4	26～32	6

值得注意的是，地形对温度的影响是非常明显的。例如，太原市位于太行山和

吕梁山之间，它的气温与位于其北面的石家庄和其南面的郑州相比，气温明显偏低，且日较差大，见表 2-3。

表 2-3　太原市与其南北邻近城市的气温日较差比较　　　　　　（单位：℃）

城市	1998 年 11 月 8 日		2014 年 5 月 26 日	
	气温	日较差	气温	日较差
石家庄	9～19	10	18～35	17
太原	0～21	21	11～31	20
郑州	11～19	8	19～33	14

影响气温变化的因素还有海陆位置、坡向、山脉走向和地形。在峡谷地带或较深的盆地，具有逆增温现象，这种逆增温现象与某些高山山顶的逆增温现象不同。它是指由夜晚冷气团下沉到地面，而把热气团抬升至空中引起的冷湖现象。

（3）季节变化

温度的季节变化，是由地球绕太阳公转引起太阳高度角的变化引起的。在一年中，根据气候的冷暖、昼夜长短的节律性变化，可分为春、夏、秋、冬四季。我国是按候温（5 d 为一候，一年分七十二候，取 5 d 的平均温度为候温）来划分季节的，候温 10～22℃为春秋季，10℃以下为冬季，22℃以上为夏季。5 d 的平均温（候温值）如果达到某个季节的温度标准，取 5 d 的首日作为该季节的起点。由于我国各地的纬度、海拔、地形、海陆位置及大气环流等条件的不同，各地四季时间的长短差别很大，见表 2-4。气温的昼夜变化，是在日出前最低，在午后 13:00～14:00 最高。昼夜温差是随纬度的增加、海拔的增加和距离海洋变远而增大的。

表 2-4　我国几个典型地带的城市四季时间的比较

城市	春始日期	春季天数	夏始日期	夏季天数	秋始日期	秋季天数	冬始日期	冬季天数
黑河	5 月 11 日	125					9 月 13 日	240
上海	3 月 27 日	75	6 月 10 日	105	9 月 23 日	60	11 月 22 日	125
广州	11 月 1 日	170	4 月 20 日	195				
昆明	1 月 31 日	315					12 月 12 日	50

3. 土壤温度的变化规律

土壤温度有年变化和日变化，土壤温度自地表向下是逐渐降低的。土壤温度发生变化的地层厚度是有限的，1 m 以下的土壤温度无昼夜变化；在 25～30 m 及其以下则无季节变化。土壤温度的变化滞后于气温，但土温比气温高 2～5℃。

从全年看，土壤温度是恒定的。但是，从昼夜变化看，在夏半年的白天和黑夜之间，地面热量收支是有节余的，所以地面处于增温的过程；而在冬半年的白天和黑夜之间，地面热量收支是盈亏的，所以地面处于降温的过程（图 2-4）。

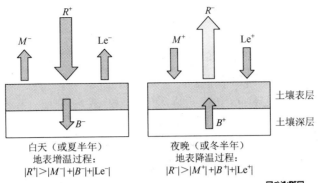

扫一扫 看彩图

图 2-4 土壤热量收支情况示意图

由于地面热量（R）存在着吸收（节余）与释放（盈亏），地表与土壤深处存在热量交换（B），地表与大气也存在热量交换（M），地表水分蒸发与凝结也影响地温的变化（Le）。所以，地面热量平衡如下。

白天（或夏半年）地表热量收支：$R^+ + B^- + M^- + \mathrm{Le}^- > 0$。

夜晚（或冬半年）地表热量收支：$R^- + B^+ + M^+ + \mathrm{Le}^+ < 0$。

根据上述公式，就可以理解地表温度的变化规律。同时，根据此公式也可以解释地窖里的温度为什么会是冬暖夏凉的。地热（温）资源是可更新的天然能源。2014年新建成的合肥高铁南站率先使用地源热泵技术为候车室空调系统提供能源。先将大量的地埋管安装在地下几十米深处，在夏天将候车室的热空气泵入地下，再将地埋管中的冷空气泵入室内降温；在冬季将候车室内的冷空气泵入地下，再将地埋管中的热空气泵入室内增温。这样大大节约了能源。

4. 水体温度的变化规律

水体温度的变化规律是：变温幅度小，变温时间滞后，水温分层。在湖泊中，湖泊的表层水和底层水在一年中的春季和秋季要上下对流交换两次。因为水的相对密度在4℃时最大。在夏季，水温自水体表面向下是逐渐降低的，但在距水体表面一定的深度范围内，水温下降特别迅速，把这个深度范围的水体叫斜温层（变温层）。在斜温层以下，水温变化缓慢。

海水的温度昼夜变化不超过 4℃，15 m 以下无昼夜变化。温带海洋水温年较差为 10～15℃，赤道和两极的海洋水温年较差不超过 5℃，在 140 m 以下无季节变化。

（二）温度对生物的生态作用与生物的适应

1. 积温

任何一种生物的生命活动所需要的温度，都有一定的幅度，分为最低温度、最适温度和最高温度，相对应的温度值则称生物生长的"三基点"。不同生物的"三基点"是不一样的。例如，水稻的"三基点"分别是 10～12℃、25～32℃、38～40℃。

而冬小麦的"三基点"则分别为 3~5℃、20~25℃、30~35℃。最低温度对生物的生长发育和分布起着限制作用。当温度低于一定值时，某种生物在生理上就将受到伤害，只要高于这一温度时，某种生物就能生长发育，这一温度阈值称发育起点温度，也称生物学零度。不同生物的生物学零度是不同的。

积温是指在一个特定时间内的温度累积值。在一定时间内，凡是高于物理学 0℃的日平均温累积值，称活动积温。某一地区一年时间内的活动积温，是该地区农业生产的重要资源，应据此制定农业耕作制度。

有效积温是指在一定时间范围内，当日平均温超过某种生物的生物学零度时，该阶段内的日平均温与生物学零度之差的累积值。不同生物的生物学零度是不同的，各个生物的生活史或某个发育阶段，其有效积温都是不同的。例如，水稻（中稻）的有效积温为 2300~3000℃（>10℃积温）；冬小麦则为 1600~2100℃（>3℃积温）。在实验控温条件下，计算积温非常方便，因为温度是恒定的，只需用温度值乘以天数即可。而在自然温度条件下，因为每天的温度都不同，必须将各日的平均温减去生物学零度，把其差值累加起来，才是有效积温。

法国的雷米尔（Reaumur）在 1735 年从变温动物生长发育过程中，总结出的在恒温条件下有效积温的计算方法如下。

$$K = N(T - T_0)$$

式中，K 为有效积温，不同物种的生活史或某发育阶段各自都有其恒定值，所以是个固定常数（℃）；N 为发育所需天数（d）；T 为当地平均温度（℃）；T_0 为某物种的生物学零度（℃），也是个常数。不同物种的生活周期或某发育阶段所需要的有效积温是恒定值，这称为积温定律。

根据积温定律，发育速度（V）是发育期的天数（N）的倒数，即 $V = 1/N$。温度与发育速度的关系则为

$$T = KV + T_0$$

例如，地中海果蝇在 26℃条件下，20 d 内完成生长发育，而在 19.5℃时则需 41.7 d。求其生长发育的生物学零度和有效积温。

$$20(26 - T_0) = 41.7(19.5 - T_0)$$
$$T_0 = 13.5℃$$
$$K = 20(26 - 13.5) = 250℃$$

地中海果蝇发育期的天数与发育温度为双曲线关系，而发育温度与发育速度为线性关系，见图 2-5。

如果我们不是在控温的实验条件下，或者不能获得某阶段的日平均温度，而此时，需要求出在自然条件下某种生物发育周期或发育阶段的有效积温，则可以用以下公式计算。

$$K = \sum_{i=1}^{N} (T_i - T_0)$$

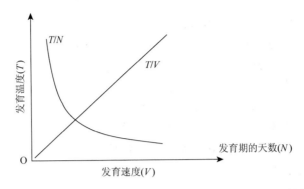

图 2-5　地中海果蝇发育期的天数、发育速度与温度的关系

式中，N 为发育期的天数；T_i 为大于该种生物学零度的日平均温度；K 为有效积温；T_0 为生物学零度。

有效积温在农业生产、植物保护及防治病虫害等方面具有重要的实际意义。目前，由于世界气候变暖，农业生产已受明显影响。例如，江淮地区的冬小麦在春节前常出现旺苗现象，这直接影响小麦产量。根据积温定律，该地区的冬小麦播种期应推迟 5～7 d，可有效防止旺苗现象发生，从而保证小麦产量。

2. 温周期现象

植物在生长发育过程中对昼夜交替变温的反应，称为温周期现象。它是植物对长期适应原产地的日温变化节律的反映。昼夜变温是节律变温，它有利于植物的生长（在适当的变化幅度内），种子的萌发、提高发芽率，植物开花结实，提高产品的品质。此外，变温影响形态［紫罗兰（Matthiola incana）的叶片在恒温时为全缘的，变温时则有缺刻］，变温与生态分布也有关系（郁金香喜变温，但红杉却喜恒温）。

二年生植物在营养生长时期需要经过一定时间的低温刺激后，才能转为生殖生长，这种现象称为春化作用。如果这些植物不经过春化处理，其开花时间可推迟几周或几个月。在不同植物或不同品种之间，春化作用所需要的温度和时间是不同的，这种特性是稳定遗传的。举例如下。

冬小麦：春性品种（低温 0～12℃，时间 5～15 d）；弱冬性品种（0～7℃，15～30 d）；冬性品种（0～7℃，30～35 d）；强冬性品种（0～3℃，50～60 d）。在我国冬小麦产区，从南向北，小麦品种依次为春性、弱冬性、冬性、强冬性。

春化作用的感受部位和效应部位都在茎端，从发生反应开始到发生效应的时间间隔很长，所以，春化作用有一个缓慢的量变过程，代谢过程具严格的顺序性和多步骤性。春化作用产生的生理效应可一直保留在茎端组织中，细胞有丝分裂不受影响，但会因减数分裂而消失，所以春化作用效果不遗传。另外，春化作用产生的生理效应也可被随之而来的高温所解除，称为脱春化作用。

3. 物候与物候学

生物长期适应原产地的温度和水分的季节性变化规律，形成了与此相适应的发育节律，这种生物的生长、发育和繁殖等活动对季节变化的反应称为物候。某种生物的各个发育阶段，称为物候阶段或物候期。专门研究生命活动现象与季节变化关系与规律的科学，称为物候学。

在物候学研究中，最著名的是霍普金斯生物气候律，是由美国物候学家 A. D. Hopkins 在长期研究了北美洲的物候现象后得出的一个重要的生态学定律。在其他因素相同的条件下，北美洲温带地区，纬度每向北移动 1°，或经度每向西移动 5°，或海拔每上升 400 英尺（1 英尺 = 0.3048 m），相同生物的某物候期在春季要延迟 4 d；在秋季则相反，提前 4 d。

在英国南部的诺尔福克小镇，马绍姆（Mashomum）家族的祖孙五代人在 1741～1935 年，连续 195 年观察他们家房屋前面的 7 棵乔木树种的物候期，后来通过生态学家马加莱的整理，发现物候也是有周期的，平均为 12.2 年。同时发现，物候的迟与早和太阳黑子活动有关，并与当地各年 1～5 月的降水和月平均温度有密切关系。

由于我国的地形复杂，物候的变化规律不整齐。例如，北纬 21°（湛江市）至北纬 26°（贵阳市至福州市一线），南北纬度相距 5°，桃花的物候期相差 50 d，每个纬度差 10 d。其他地区，物候的等候线都是呈马蹄形弯曲的。因为我国冬季南北的温差很大，而在夏季，其南北的温差相差无几。

1976 年 6 月 3 日，我国物候学创始人竺可桢教授在四川省阿坝藏族羌族自治州考察，早晨他从阿坝藏族羌族自治州政府出发，乘汽车下山，晚上到达灌县（现为都江堰市）。他当天沿途观察了当地小麦的物候期，所观察的现象很好地说明了物候期与海拔的密切关系（图 2-6）。

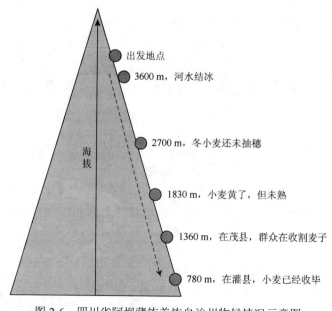

图 2-6　四川省阿坝藏族羌族自治州物候情况示意图

物候的指示和预报作用：当某种植物的物候期与某种农作物的播种期或收割期相一致时，该植物就可称为某作物的指示植物。如果提前观察某植物的物候期，可预知在一定时间后便是某作物的播种期或收割期，该植物可称为某作物的预报植物。

我国古代黄河流域的劳动人民创造了二十四节气（节气即时节和气候），这对于及时指示农时起到了重要作用，是劳动人民长期生产经验的积累和智慧的结晶。对于生态学工作者来说，掌握二十四节气的时间、节气的含义和谚语都是重要的。下面是按照阳历排列的二十四节气的顺序（各节气的时间较固定，不同年份最多前后相差1～2 d）。

Jan. 6 小寒/21 大寒；Feb. 5 立春/19 雨水；Mar. 5 惊蛰/20 春分；Apr. 5 清明/20 谷雨；May 5 立夏/21 小满；June 6 芒种/21 夏至；July 7 小暑/23 大暑；Aug. 7 立秋/23 处暑；Sep. 8 白露/23 秋分；Oct. 8 寒露/23 霜降；Nov. 7 立冬/22 小雪；Dec. 7 大雪/21 冬至。二十四节气歌是：春雨惊春清谷天，夏满芒夏暑相连。秋处露秋寒霜降，冬雪雪冬小大寒。每月两节不变更，最多相差一两天。上半年来六、廿一，下半年是八、廿三。

从阳历看，各节气的时间是比较固定的。但是，从农历看，节气是有早有迟的。同节气相比，物候能更加准确地反映出每年的温度变化情况。长期的物候观测资料对于科学研究和生产实践都具有重要的现实意义。因此，物候学广泛应用于农业生产、良种繁育、物种保护、生物学、生态学和气象学等方面。

4. 极端温度的作用

温度过低或过高，都会对生物产生伤害，甚至造成死亡。不同的生物所能生存的温度范围比较宽，为-20～110℃。低温对生物的伤害有寒害、霜害、冻害。寒害（冷害）是指低于生物学零度的温度对喜温植物的伤害。霜害是指由于霜的出现所产生的伤害。有时候空气干燥，夜晚气温下降到物理学零度时水汽仍未饱和，没有冰霜形成，则气温继续下降，使得植物幼嫩部位结冰受到伤害，称黑霜。冻害是指由于植物组织结冰对生物产生的伤害。低温生物学（cryobiology）专门研究低温对生命活动的影响，而低温生物医学研究的是在-196～<37℃条件下保存细胞与组织（器官）的方法与技术。

同样，高温也会对生物产生严重伤害。极端低温和极端高温都会引起生物的死亡，是限制生物分布的主要因素之一。各种生物对极端低温和极端高温都有各自致死的温度临界点，各种生物的致死临界点不同。许多昆虫只有在超冷状态下才能够死亡，各种昆虫的临界点温度差异较大。而有些昆虫高温致死的温度临界点范围非常小。

例如，蜜蜂的巢往往会受到胡蜂的侵扰，单只胡蜂首先来到蜜蜂巢进行"探视"和"踩点"，然后回去领来更多的胡蜂进行攻击。蜜蜂的中国亚种和日本亚种这两种蜜蜂种群，对胡蜂"探子"所采取的行动是不同的。中华蜜蜂对胡蜂"探子"的入侵感到惊慌，大多采取躲避的方法，这样，胡蜂在巢里为所欲为，会蜇死一些蜜蜂，引起一片骚乱后便离去。但是，日本蜜蜂对胡蜂"探子"的入侵采取群起而攻之的策略，许多蜜蜂把胡蜂团团包围起来，利用蜜蜂的体温向蜂群内部进行加温，当蜂群中心温度达到 43℃时，胡蜂便死亡，而日本蜜蜂的致死临界温度是 43.5℃，它们利用这 0.5℃的温度差就可以制服胡蜂的侵扰。

5. 影响生物分布的温度条件

年平均温度、最冷月和最热月的平均温度、极端温度、日平均温度的累积值，都是影响生物分布的重要因素。极端高温是限制北方物种向南方分布的因素，有些北方植物在南方因缺乏低温的春化作用，或缺乏长的光周期，而影响生殖生长。极端低温是限制南方物种向北方分布的因素，它直接影响到喜温植物的成活问题。

6. 引种与驯化

植物的生育期，包括了由种子萌发到抽穗（开花）的整个发育过程。生育期的长短对植物的产量（或结实数）有直接的影响。生育期的长短变化，主要是因为它是由不可变的生长期和可变的生长期所组成的，而后者往往受温度或日照调节（图 2-7）。一个地方的活动积温是恒定的，无霜期的天数也比较固定，某种植物的生育期是相对固定的，所以，播种期的迟与早对作物产量有较大影响。

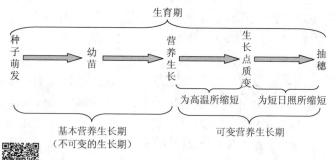

图 2-7　短日照植物生育期的组分结构示意图

引种是将外地的优良动植物品种引进本地，经过试验成功后可大面积推广。驯化是将野生的动植物引入人工环境条件下，提供良好的环境或胁迫环境，或有目的地改变环境因子，促进其生理代谢和遗传表现型向着一定的方向发生改变，培育成新品种。例如，关于抗旱胁迫和盐胁迫的育种方法，其实质就是驯化。所以，引种和驯化是两个完全不同的概念。

（1）引种的原理和原则

引种工作既要有明确的目的，也要有一定的条件和要求。引种的原理是依据生物的生态幅（价）具有可塑性，即生物对新环境的适应性。引种所必须坚持的原则，是气候相似性原则。

（2）引种的经验

根据长期引种工作总结出的经验是：草本植物比木本植物容易引种成功。因为草本植物生长期短，接触新环境的频率快。另外，北种南引要比南种北引更容易成活。

（3）引种的规律

1）短日作物的引种（以秋季收获的玉米为例，环境特点是南北温差大）：

南种北引——生育期延长——引早熟品种，感光性弱；

北种南引——生育期缩短——引晚熟品种，感光性强。

2）长日作物的引种（以夏季收割的冬小麦为例，环境特点是南北温度相差无几）：

南种北引——生育期缩短——引晚熟品种，感光性强；

北种南引——生育期延长——引早熟品种，感光性弱。

3）海拔对引种的影响（主要是温度的作用）：

由高向低引——生育期缩短——引晚熟品种；

由低向高引——生育期延长——引早熟品种。

在农业和林业生产中，引种的成功案例非常多，我们也非常熟悉。

7. 农业界限温度

在农业气象学上对农业生产具有指示意义或临界意义的温度，称为农业界限温度。其主要包括下列 4 个温度值。

1）0℃的意义：在春季，日平均温通过 0℃，表示土壤解冻，积雪融化，田间耕作开始；在秋季，日平均温通过 0℃，表示土壤冻结，田间耕作终止。一年中，日平均温在 0℃以上的持续日数，称为农耕期。

2）5℃的意义：在温带地区，春季和秋季的日平均温稳定通过 5℃的时间，与许多果树或农作物恢复或停止生长的时间相符合。一年中，日平均温在 5℃以上的持续日数，称为植物生长期。

3）10℃的意义：大多数植物在日平均温稳定通过 10℃后，生长活跃。一年中，日平均温在 10℃以上的持续日数，称为生长活跃期。

4）15℃的意义：在日平均温稳定通过 15℃后，喜温植物开始生长。一年中，日平均温在 15℃以上的持续日数，称为喜温植物生长期。

8. 动物对温度的适应特征

动物对温度的适应类型有多种分类方法：①根据血液温度高低，分为温血动物与冷血动物；②根据血液温度变化，分为常（恒）温动物与变温动物；③据血液温度（能量）来源，分为内温动物与外温动物。实际上，在能量代谢的这两种类型动物之间存在过渡状态，称为中温动物，体温一般在 23（25）～28（30）℃，或比环境温度高 15～20℃，如针鼹、金枪鱼、鼠鲨、大白鲨、棱皮龟和恐龙等。

动物对于极端温度有一些适应性机制，动物以非常低的体温或昏睡状态度过恶劣的环境的现象，称为麻痹。麻痹分为日麻痹和季节性麻痹。季节性麻痹又分为冬眠和夏眠。冬眠是指动物处在休眠（代谢率最低，体温最低为 1℃）状态过冬（偶有冻死的）。恒温动物的休眠分为真冬眠和假冬眠。真冬眠是指代谢降低，体温高于环境1℃。当环境温度一旦降到0℃时，有些动物具有特殊的生化机制（褐色脂肪团颤动通过磷酸化解偶联而产热）会激醒动物，以免冻死（如黄鼠、蝙蝠）。假冬眠是指动物深睡，体温变化不大，只比平时下降1℃（如熊、臭鼬）。夏眠是指动物处在昏睡（维持基础代谢，体温接近正常）状态度过高温或缺水的夏天。夏眠是动物顺利度过干热季节的一种适应性机制。

内温动物的体内环境在一定的温度（℃）范围内是可以自动调节的，当环境温度高于或低于该温度范围时，动物的耗氧量（mg/h）明显增加，而在该温度范围内变化时，动物的耗氧量不会改变，这个温度范围便称为该动物的热中性区（图2-8）。生活在不同环境下的内温动物，其热中性区的差别较大。

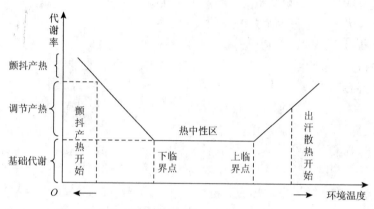

图2-8　内温动物的耗氧量与环境温度关系的示意图

四、水

（一）水的循环与变化规律

1. 水的循环与平衡

水有液态、固态和气态。在1个标准大气压下，0℃是水的三相平衡点。自然界中，在太阳能的驱动下，水在不同尺度下发生着循环与变化。

1）水的循环：地球上水的循环可分为"一大二小"共三个循环。一个大循环是海洋蒸发与大陆降水之间的循环。两个小循环是：大陆蒸发-大陆降水循环；海洋蒸发-海洋降水循环。过多的雨水降至地面会产生地表径流，雨水进入小溪和河流。水在循环过程中的搬运作用非常强大，通过地表径流还会把土壤的微小颗粒等物质沿着小溪和江河，搬运到湖泊和海洋中进行沉积。所以，在山区和农村要大力实施筑堰、挖塘、修坝和修渠等水利工程，其生态功能是防洪抗旱和保持水土。

2）水的平衡：地球上的水由蒸发和蒸腾形成了水汽，大气中的水汽又以雨、雪、霜、雹等降落到地球表面。从全球看，年平均蒸发量与降水量是相等的。但从局部看，两者是不平衡的，有的地方是蒸发量大于降水量，而另有一些地方则是蒸发量小于降水量。全球的水总量是 1.4×10^9 km³，而大气中任一时刻所含的水汽相当于地球表面覆盖了 2.5 cm 厚的水层；全球年平均降水量 65 cm，这是大气所含水量的 26 倍。所以，大约在两周时间内大气的水汽就自然更新了一次。

2. 水的变化规律

（1）气态水

气态水是指空气中来自地面和水面的蒸发，以及植物的蒸腾作用形成的水。其表示方法有以下 4 种。

1）水汽压（e）：指大气中由水汽所产生的分压力，是大气压的一部分，用 mmHg（毫米汞柱，1 mmHg = 133.322 Pa）或 mb（毫巴，1 mb = 100 Pa = 1 hPa = 0.1 kPa）表示。因为大气中水汽的含量与温度有关系，所以，水汽压会随大气的温度变化而改变。

2）绝对湿度（a）：指 1 m³ 大气中所含水的克数，用 g/m³ 表示。当绝对湿度用 g/m³，而水汽压用 mmHg 表示时，两者的数值相近似。当环境温度 $t = 16.4$℃时，$a = e$。

3）相对湿度（R_1）：指大气中的实际水汽压（e）与最大水汽压（E）之比，常用百分比表示。$R_1 = (e/E) \times 100\%$。相对湿度与环境温度成反比。相对湿度越小，空气越干燥。

4）饱和差（d）：用最大水汽压和实际水汽压的差值表示，即 $d = E - e$；意思是指距大气饱和程度还差多少水量，单位用 mmHg 表示。环境温度与最大水汽压成正比，所以，在相同大气体积和等量水分时，温度降低，饱和差减小；温度升高，饱和差增大。

（2）液态水

1）雨：云进一步降温后，小水球便凝结成小水滴自由落下，这便是雨。雨有以下 4 种。

A. 地形雨：由地形引起的暖湿气团上升，在绝热冷却后，形成降雨。地形雨多发生在山区或城市热岛中。相反，翻越过较高山脊的气团是比较干燥的，在下降过程中绝热增温会变得更加干燥，称焚风，或雨影。

B. 对流雨（雷阵雨）：由空气上下对流形成的降雨，多发生在夏季的午后或傍晚。

C. 气旋雨（锋面雨）：由南北冷（冷锋）暖（暖锋）两种气团水平相遇后，形成相对静止的准静止锋，随着热气团爬向冷气团的上方，由绝热降温引起的降雨。这种降雨范围广，持续时间长，如我国的梅雨就是气旋雨。

D. 台风雨：由台风或飓风从海洋中带来的暖湿气团运动到陆地后，因下垫面的改变而降温所降的雨，强度大，时间短，是灾害性的降雨。

降雨的强度根据 24 h 的降水量（mm）划分为：小雨≤10 mm；中雨 10.1～25 mm；大雨 25.1～50 mm；暴雨 50.1～100 mm；大暴雨 100.1～250 mm；特大暴雨＞250 mm。

2）云：空气上升绝热冷却后达到饱和状态，水分子凝结形成的微小水珠（球）即云。根据云团的高度不同分为低云、中云和高云。

3）雾：雾与云没有本质区别，只是高度的不同。雾是地面的云。雾分为两种：平流雾是暖湿气团在水平运动过程中遇到冷的下垫面形成的雾；辐射雾是因地面气团夜间辐射冷却而凝结的雾。

4）露：地面上的气团在夜晚辐射冷却时，相对湿度增加，当气温降到露点温度（是指空气中水汽达到饱和时的温度，露点温度可以在 0℃以上，也可以在 0℃以下，取决于大气湿度）时便在物体表面形成的水滴。露与雾是不同的，前者是过饱和状态；后者是刚达到饱和状态。它们都是不可忽视的降水形式，特别是对于旱生植物来说是非常重要的水资源。

（3）固态水

1）霜：在夜晚由于地面辐射冷却，相对较湿润的大气，其气温下降到露点温度 0℃以下时，空气中水分达到过饱和便凝华形成的固态冰晶。霜的形成不仅和当时的天气条件有关，与所附着的物体的属性也有关。霜的消失有两种形式：一是升华为水汽；二是融化为水。在有云或强风的夜晚不能形成霜。在秋季，第一次下的霜称早霜，或初霜；在春季，最后一次下的霜称晚霜，或终霜。从上一年的初霜到本年的终霜所持续的时间，称霜期；在霜期内，出现霜的日数总和，称霜日。从本年的终霜到本年的初霜所持续的时间，称无霜期。

2）雪：在高空中的非常湿润的大气团，当气温下降到露点温度 0℃以下时，水汽凝华形成的片状冰晶。雪的形成需具备三个条件，即饱和水汽、温度及凝结核。根据每次所降雪融化成水的量（mm），分为小雪 2.5 mm 以下；中雪 2.5～4.9 mm；大雪 5～9.9 mm；暴雪 10 mm 以上。

3）雹：雹与雪的成因相同，没有本质区别。雹（冰雹）为实心的球形冰晶。如果为空心的球，则称为霰。雹常发生在 6～8 月，多在午后，并且与具有抬升气流作用的特殊地形有关。

3. 水环境的特点

水环境的特点有：密度大，具浮力，黏性高，光线弱，氧气稀少，溶解了大量无机盐，不同水体中溶解氧的浓度是有差异的，在 10℃时淡水中为 8.02 ml O_2/L，海水中为 6.35 ml O_2/L。水体中溶解氧的浓度随水体温度的上升而下降。同一水体中溶解氧的浓度有周期性变化。在一年中，水中溶解氧的浓度具有季节性波动。在热带水体，夏季里水体中含氧量是最低的；在寒带和温带，冬季里水体中含氧量是最低的。在一天中，水体中溶解氧的浓度也有昼夜变化。在白天，水生植物的光合作用使水体中含氧量达到和超过饱和状态。而夜晚，因水生生物对氧的消耗，在黎明前的浓度达到最低点（图 2-9）。

按水体的盐度特征，水体分为以下 4 类。

1）海水水域，盐分含量比较稳定，浓度为 32‰～38‰，主要成分是钠、钾、氯化物等。

2）咸淡水水域，主要是河口水域，盐浓度为 0.5‰～16‰。

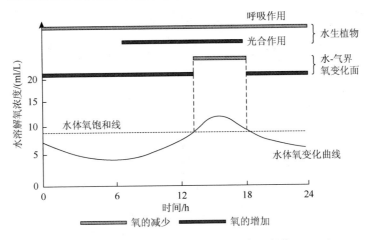

图 2-9　水体中溶解氧的日周期变化（仿自孙儒泳，1992）

3）淡水水域，不仅盐浓度低且稳定，而且成分与海水不同，主要是钙、镁、碳酸和硫酸盐类等，浓度为 0.02‰～0.5‰。

4）内陆盐湖或高盐度水域，盐浓度随季节变化很大，浓度为 0.05‰～347‰。

（二）水对生物的生态作用与生物的适应

1. 水对生物的重要意义

水是生物体的主要组成成分；正是水的极性，使得水可以确保一切生命活动的物质运输和生化过程得以实现；水的比热容较大，当环境温度剧烈变动时，它可以发挥缓解和调节体温的作用，维持内环境的稳定；水能维持细胞和组织的紧张度，使生物体保持一定的形态，维持正常的生长和发育；水是光合作用必不可少的物质，并参与许多水解过程。

2. 动物体内的水分平衡

（1）水分平衡

动物体内的水分平衡，是通过摄水和排水完成的。动物摄水的途径，可通过摄食和饮水获得；或通过体表直接从水环境或空气中获得；也可从生物体自身生物氧化过程中获得。动物体水分的外排主要是通过体表和呼吸道表面的蒸发和渗透作用、排泄器官的排泄、消化器官的排遗，以及各种腺体的分泌等方式向体外排出。动物体水分的摄入与外排，是通过自身适应调节及对环境的适应达到平衡的。

（2）水生动物

水生动物由于水环境和体液中含盐量不同，它们之间的渗透压出现差别（表示渗透压的方法常有 3 种：用压强表示，Pa、kPa、MPa；用冰点下降度表示，△/℃；或用渗透压摩尔表示，Osm/L。例如，海水的盐分浓度是 35‰，渗透压为△°1.86，或 1 Osm/L，1000 mOsm/L）。因此，水生动物也存在着缺水、缺盐或水盐过剩的问题。

　　按动物对水体盐分浓度的耐受能力，水生动物分为广盐性动物和窄盐性动物两类。根据动物对变化的环境渗透压的反应，分为渗透压顺应者和渗透压调节者（图 2-10）。

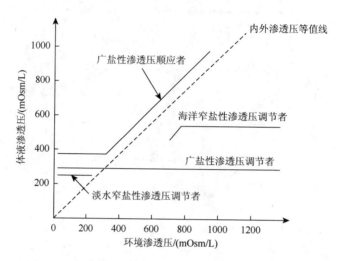

图 2-10　水生动物体液的渗透压与环境渗透压间的相互关系的类型（沈显生仿绘）

　　按水盐代谢和渗透压调节的特点，可将鱼类分为以下 4 类。

　　1）淡水硬骨鱼类：其血液的渗透压高，而淡水的渗透压低，经常有水分子扩散到体内，体内的盐分又向外扩散。因此，它们属于高渗压的类型，需要进行高渗压调节。调节途径通过发达的肾脏排出大量低渗压的尿，同时，鳃从环境中摄取盐分，以调节盐分代谢平衡。

　　2）海洋硬骨鱼类：海水渗透压高于体内血液的渗透压，体内的水分从鳃和体壁扩散到体外，海水中的盐分不断进入体内。因此，它们属于低渗压类型，需要进行低渗压调节。调节的目的是补偿水分和排出多余的盐分，调节途径通过鳃把多余的盐分排出体外，经常吞饮海水，肾小球退化，排出的尿量很少，且尿中盐的浓度很高。

　　3）海洋软骨鱼类：如鲨和鲸等，其血液的渗透压略高于海水，基本上是等渗压的，因此，在渗透压调节上没有什么困难。血液中之所以能维持高浓度，主要依靠贮存尿素的作用。尿素本来是有机体应该排出的含氮废物，但在软骨鱼的进化中，反而将其作为有用的物质被重新利用起来了。

　　4）广盐性洄游鱼类：包括溯河性的鲑鳟鱼类和降河性的鳗鲡。当它们在海洋里生活时是低渗压的类型，而一到淡水中又变成高渗压的类型。其调节途径是通过鳃在海水中帮助排盐，而在淡水中又能摄取盐；在海水中能大量吞饮海水；由于体表渗透性很低，通过肾脏功能的调整，可改变尿量，在淡水中排尿量大，在海水中排尿量小。

例如，鳗鲡盛产于我国浙江和江苏，平时生活在淡水江河中，到了产卵季节都游回海洋，在海洋中孵化的小鱼再游回淡水中。另外，我国的大麻哈鱼和鲥鱼的洄游是溯河性的。大麻哈鱼是黑龙江特产，在海洋中生长育肥，一般4年的鱼性成熟，在秋季进入黑龙江逆流而上，一路上停止进食，直到回到山涧小溪，在沙石堆中产卵受精。在完成生殖使命后，绝大多数的成鱼死亡。小鱼孵化出来后顺流而下入海。人们通过切除鱼的不同感官的实验，来研究鱼是靠什么器官完成洄游的，结果发现洄游现象是靠嗅觉完成的，而视觉和听觉在洄游中不起作用。鲥鱼是定期入江，如期返海，故名鲥（时）鱼。它们平时生活在海洋中，在5~7月进入长江，经鄱阳湖入赣江，在江西省的新余、峡江和吉安间的赣江段产卵繁殖。小鱼沿江而下入鄱阳湖觅食，到9~10月，幼鱼出湖，顺长江而下到海洋中生活。

太平洋鲑鱼（三文鱼）在加拿大淡水河流中的生殖洄游现象非常感人。平时它们生活在海洋中，生长三年的个体性成熟并开始繁殖，在每年的7~10月，它们集体返回"故乡"，沿河逆流而上，跳跃过许多瀑布，并遭遇黑熊等动物的捕杀，最后到达山区丛林中的小溪里。本来是青黑色的身体，飞跃瀑布用力过猛导致血管破裂变成了红色，肚皮上的鱼鳞因摩擦几乎全部脱落，它们在小溪的沙砾中产卵受精后，绝大多数成鱼死亡，腐烂的尸体降解后可成为小鱼的食物。刚孵化出的小鱼会沿河而下，到海洋中生活，三年后性成熟时，再结群返回"故乡"进行繁殖。

（3）干旱环境中的动物

生活在温暖干旱环境里的动物，由于水分是它们拓展生存空间的制约因素，它们往往都有灵活的巧妙的吸水和保水机制和行为。它们通过体内储存水分、减少体表蒸发、加强重吸收减少排泄物中的水分和排遗量，以及利用生化代谢水等方法，最大限度地利用自身的水资源。

例如，沙漠鼠的鼻腔通道不是直的，而是多道回行弯曲的，使得呼出的气体多次接触鼻腔上皮细胞，对水分进行重吸收。所以，沙漠鼠呼出的气体是干燥的。

另外，动物如何在干旱环境中吸收水分也是非常重要的。沙漠蜥蜴身上有几条黑色条纹，从尾巴直通眼角和口角处。当遇到沙漠中有一点点水资源时，它立即将尾巴插入潮湿的沙中，利用黑色条纹上的毛细管，像吸水纸一样把水分沿着黑色条纹向头部快速运输，经过眼角和口角进入体内。

更有趣的是，非洲西部纳米比亚沙漠中的一种甲壳虫，平时生活的环境相当恶劣，高温缺水。当遇到雾天来临时，所有的甲壳虫都会爬向沙丘的最高处，然后，头朝下倒立起来，最后一对附肢翘起来，背部朝迎风面，在沙丘顶部排成一字形。由于海风带来的湿气遇到昆虫翅膀后降温凝结成水珠，许多水珠向下流，在昆虫的口处汇集成水滴（图2-11），甲虫一直保持着倒立姿势进行饮水，直到喝饱后才放下身体去觅食。

海风方向

扫一扫　看彩图

图 2-11　非洲西部纳米比亚沙漠中的一种甲壳虫饮水时的倒立姿势
（图片引自 www.vcg.com）

另外，美国西部沙漠中的更格卢鼠对付干旱环境更是技高一筹，它能够通过生化代谢将吃进体内的干燥种子中的氢和空气中的氧结合生成水，以维持生理活动。根据研究，该动物可在 5 周时间内合成约 60 ml 水。

3. 植物体内的水分平衡

植物的水分平衡是指植物有机体在吸水和蒸腾之间的平衡，只有在吸水、输导和蒸腾三者的比例恰当时，才能维持良好的水分平衡，它是凭借气孔的开合实现调节的。陆生植物根据生境中水分的多少又分为湿生植物、中生植物和旱生植物。如果在夏季的傍晚因夕阳西下，蒸腾作用突然减弱时，而根系吸收水分仍处于正常状态，多余的水分从叶片边缘的水孔外流，则会出现吐水现象。

植物蒸腾的强度，取决于光照、温度、风速和湿度。

植物蒸腾的速率（E_s）：

$$E_s[g/(cm^2 \cdot s)] = (C_i - C_a)/(r_a + r_s)$$

式中，C_i 为叶肉中水含量（g/cm^3）；C_a 为大气中水含量（g/cm^3）；r_a 为叶缘的阻力（s/cm）；r_s 为气孔的阻力（s/cm）。

4. 植物对干旱和水涝环境的耐受性

（1）植物对干旱的耐受性

1）干旱对植物的影响：主要表现在降低了各种生理代谢过程；引起水分和养分的重新分配；影响植物的产量和品质。

2）干旱对植物伤害的机理：主要是植物细胞的结构受到伤害；能量代谢系统被破坏；合成酶的活性降低，分解酶的活性增加；蛋白质的空间构象受到影响，代谢受阻。

3）植物对干旱的生态适应：包括形态适应和生理适应。在形态上缩小细胞的体积，减少植物体表面积，降低冠/根值，叶片肉质化，角质层发达，气孔内凹，或叶片退化。在生理上淀粉转化为糖，蛋白质水解，脱落酸使得气孔关闭，增加合成半纤维素和纤维素，加速旱生结构的形成。而有些木本植物的根系比较浅，在旱季可通过落叶以适应干旱环境。所以，生理适应和形态适应是密切联系的。

（2）植物对水涝环境的耐受性

1）水涝对植物的伤害：根据水体作用于植物部位的不同，分为地下部分的涝害和地上部分的涝害。

土壤积水后，根系缺氧，抑制细胞的有氧呼吸，阻止根尖对水和无机盐的吸收，植物停止生长，叶片自下向上开始发生萎蔫，最后枯黄脱落，导致根系变黑，植株死亡。

如果植物被水淹没，首先，光合作用停止；其次，有氧呼吸衰退，无氧呼吸增加，最终无氧呼吸取代有氧呼吸，待体内的营养基质消耗完，植株死亡；最后，能量代谢速率下降，生命活动紊乱，组织与器官变软黏、变黑，脱落腐烂。

2）植物对水涝的适应：植物对土壤受到渍涝具有一定的适应性。如果渍涝发生得比较缓慢，植物通过根系的木质化，皮层细胞排列的方式由"品"字形变成"田"字形，形成通气组织，调整代谢过程抑制乙醇的生成，可以逐渐适应，但这只是暂时的过程，不能长期受涝。如果植物迅速被水淹，通过茎中幼嫩的薄壁细胞反分化进行分裂，产生较大的细胞间隙，向根部提供氧气以维持呼吸，但淹没时间不能太久。

5. 植物适应水分的生态类型

根据植物对环境中水分的需求程度，分为水生植物和陆生植物两大类型。

水生植物是指生长在水面或水中的植物，由于长期适应低氧环境，在根、茎和叶中形成一整套通气组织（系统）。在水生植物中，又根据植物体接触水体的程度，分为以下三类。

1）挺水植物：植物体的一部分伸出水面，根系生于泥中。

2）浮水植物：植物体漂浮于水面，根系一般不接触淤泥。

3）沉水植物：植物体全部生于水下，或仅繁殖器官伸出水面。特别是沉水的被子植物，在适应水下生活环境方面，因长期进化已经形成了许多适应特征，它们能够很好地适应静止的或流淌的水体，甚至能够适应水位周期变化、波涛汹涌的潮间带。

在陆生植物中，根据土壤环境中的水分状态，分为以下三类。

1）湿生植物（沼生植物）：生于土壤终年积水或特别潮湿环境里的植物，或生于空气湿度很大的环境里。该类型有时与挺水植物难以区分。例如，香蒲是挺水植物还是湿生植物？在河边或湖边，生境的变化是连续的梯度变化，植物类型由挺水植物向湿生植物过渡。

2）中生植物：生于水分适量的环境中的植物，土壤条件既不旱，也不涝，是最常见的一类植物。

3）旱生植物：生于干旱缺水环境中的植物，大气干旱或土壤干旱，常伴随高温、强光照环境。在形态适应上，分为肉质植物、硬叶旱生植物和薄叶旱生植物。

6. 植物群落内部水分状况

植物群落因组成和结构层次复杂，可以有效截流降水，储蓄水分，故有"陆地水库"之称。通过蒸腾作用，植物群落可降低地下水位。由于植被可使地表与大气的接触面积增大，植物群落可增加降水量。同时，因蒸腾作用会增大大气湿度可形成较多的雾、露和霜。此外，植物群落可调节气候，因为林冠在白天的增温和夜晚的降温速度都会滞后于大气，林内通风状况较差，湿度相对较大，且变化幅度小，所以，植物群落可改善周边大气环境质量。

五、土壤

（一）土壤的基本属性

1. 土壤的定义、组成和肥力

1）土壤的定义：土壤是指岩石圈表面由生物发生作用后，经历了物理的和化学的变化，形成的具有一定结构和性质的疏松基质。因此，土壤是岩石基质与气候和生物相互作用的产物。在土壤形成的早期，除了物理作用外，主要是各种地衣的腐蚀作用，这些植物称为开路先锋。一旦疏松的基质形成后，苔藓植物和蕨类植物就可以生长，由于微生物和动植物残体的分解，土壤有机质逐渐丰富，为后来的种子植物的生长提供了良好条件。所以，土壤的形成与发育离不开植物群落。

2）土壤的组成：土壤是由固体、液体和气体组成的三相系统。按照组成土壤成分的各部分体积估计，固体占 50%（矿物质 38%，有机质 12%），液体占 15%～35%，气体占 15%～35%（水与气的组成各自的下限是 15%；其变化幅度为 1%～20%，水多气少，水少气多）。

3）土壤的肥力：土壤的肥力是指土壤为植物生长提供水、肥、气、热的能力。这些因子也称为土壤肥力的四要素。所以，判断土壤是否肥沃的标准要考虑这 4 个因素。另外，作物追肥，不仅要注意追肥时间，还要注意水与肥同期相遇，这样才能获得农作物的高产。

2. 土壤的质地与结构

1）土壤的质地：组成土壤的颗粒分为三种，分别为砂粒（直径 0.05～1 mm）、粉粒（0.005～0.05 mm）、黏粒（0.001～0.005 mm）。按照不同比例的颗粒组成，土壤分为三种：砂土（含砂粒 60%～70%，粉粒和黏粒共占 30%～40%）、壤土（含砂粒 20%，粉粒和黏粒各占 30%～40%或以上）、黏土（含黏粒 30%～50%，粉粒 50%～70%，几乎无砂粒）。各类型土壤根据各组分的百分比还可细分（图 2-12）。

2）土壤的结构：根据土壤颗粒的排列方式、孔隙度、团聚体大小，土壤结构可分为微团粒结构土壤、团粒结构土壤、块状结构土壤、核状结构土壤、柱状结构土壤及片状结构土壤。其中，团粒结构土壤是农业上最理想的高产土壤类型。因为它是由腐殖质、非腐殖质和矿物质颗粒混合粘成直径 0.25～10 mm 的小团块，具遇水

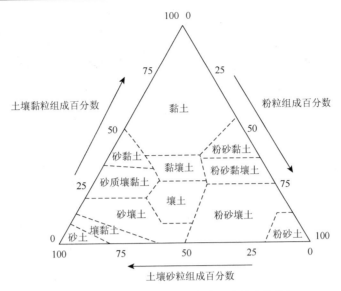

图 2-12　三角形土壤类型分类法（沈显生仿绘）

不散的特点；团粒内部有许多毛细管孔隙，可保持水分，又扩大了表面积；在团粒之间有较大空隙，充满空气，有利于雨水下渗；位于团粒表面的有机质分解快，而位于内部的有机质分解慢；团粒表面是好氧性微生物活动的场所，而位于内部的毛细管为厌氧性微生物提供栖息环境。

例如，在农村，农民家的菜地因几代人长期施用农杂肥，通常是具团粒结构的土壤。2007 年，湖北就地搬迁的三峡库区移民用背篓将自家的菜园土一筐筐地从江边背到山上，在新的定居点山坡上重新铺垫成菜地。由此可见，山区农民对高产的团粒结构土壤是多么珍惜。

3. 土壤的水分

土壤里的水分可分为自由水（植物可利用）、束缚水（植物不可利用）、重力水（植物不可利用）和地下水（有些植物可利用）。

4. 土壤的空气

土壤空气的组成比例不同于大气，N_2 占 80%，O_2 和 CO_2 共占 20%。

土壤空气的作用——N_2 作为肥源利用（通过固氮微生物，包括共生固氮微生物——根瘤菌；非共生固氮微生物——固氮蓝藻）；CO_2 作为碳源，增加光合作用强度，CO_2 也可由根吸收后参与碳循环；O_2 有利于植物呼吸和好气性微生物活动。

5. 土壤的化学性质

土壤酸度是指土壤酸性强度和酸度数量。

土壤酸性强度是指饱和的土壤溶液（按照土与水 1∶1.5）中 H^+ 浓度，也称活性酸度。强酸性土 pH<5.0；酸性土 pH = 5.0～6.5；中性土 pH = 6.5～7.5；碱性土 pH = 7.5～8.5；强碱性土 pH>8.5。

土壤酸度数量是指酸度总量（含 H^+ 和 Al^{3+} 总量）和缓冲性能（酸碱中和能力），也称潜在酸度。在改良强碱性土时，向土壤中施加石膏（$CaSO_4\cdot2H_2O$）；在改良强酸性土时，向土壤中施加熟石灰[$Ca(OH)_2$]；在计算使用量时，要按照潜在酸度计算。潜在酸度总是大于活性酸度。

（二）生物与土壤的关系

1. 土壤有机质

1）有机质的概念：是指动物和植物的残体、腐烂分解产物，以及微生物重新合成的一些物质的统称。

2）有机质的分类：腐殖质是微生物利用动植物残体的腐烂分解产物重新合成的大分子物质，主要是富里酸和胡敏酸；非腐殖质是动物和植物的残体、腐烂分解产物，主要是碳水化合物和含氮化合物。

3）腐殖质的作用：具有凝胶特性，遇水稳定，形成的土壤颗粒具良好的保肥保水能力；被微生物分解后又成为植物的营养源（碳源和氮源）；为土壤中异养微生物提供营养；促进种子萌发和根系发育，是一种植物生长激素。

4）腐殖化与矿质化的关系：①腐殖化作用，是合成作用，微生物将动物和植物的残体先分解为生物小分子，然后通过酶的作用缩合形成生物大分子（腐殖质）的过程。②矿质化作用，是分解作用，微生物将动物和植物的残体逐步分解为生物小分子，释放能量和无机养分。以蛋白质为例：蛋白质→氨基酸（水解酶的作用）；氨基酸→NH_3 或 NH_4^+（氨化细菌的作用）；NH_3 或 NH_4^+→NO_2^- 或 NO_3^-（当通气良好时，以硝化细菌和亚硝化细菌的氧化作用为主）；NH_3 或 NH_4^+→N_2 或 N_2O（当通气不良时，以反硝化细菌的还原作用为主）。

腐殖化与矿质化的关系：合成作用和分解作用在土壤中是处于相对平衡的状态。当土温高、水分适当、通气良好时，好氧微生物活动旺盛，以矿质化过程为主；当土温低、水分大、通气不良时，嫌气微生物活动旺盛，以腐殖化过程为主。

2. 土壤生物

土壤生物包括细菌、真菌、放线菌、藻类、小型无脊椎动物等。通常把细菌、真菌、放线菌合称为土壤微生物。这种地下动物群落，对土壤的肥力和植被的发育具有重要的影响。由于土壤微生物能快速繁殖，它们的数量会随着季节或天气而改变。另外，农药和除草剂污染，物种入侵或气候条件发生变化，会导致蚯蚓和分解树木的真菌出现地方性灭绝，应该引起人们的重视。

3. 植物对土壤的生态适应

根据植物对土壤因子的适应特点，分为酸性土植物、盐碱土植物、钙质土植物及沙生植物。有些植物因长期适应某种类型的土壤，已成为特定土壤的指示植物。例如，蕨类植物芒萁（*Dicranopteris dichotoma*）就是酸性土指示植物，它常与杉木（*Cunninghamia lanceolata*）和杜鹃（*Rhododendron simsii*）生长在一起，构成酸性土的指示群落。另外，植物对土壤中的水分和养分等都有积极的适应策略。

六、大气

（一）大气的基本属性

1. 大气的成分

在标准状态下（0℃，760 mmHg，1 mmHg = 4/3 mb），大气中含有 N_2 78.084%，O_2 20.946%，CO_2 0.032%，其他成分 0.938%。

2. 大气的结构

地球的大气层自下而上可分为：对流层（8～12 km）、平流层（12～50 km）、中间层（50～85 km）、电离层（85～800 km）和逸散层（大于 800 km）。生态因子的作用发生在对流层。

3. 大气变温方式

大气变温方式主要有辐射、分子热传导、对流、乱流、平流、蒸发和凝结。大气的运动是靠太阳能驱动的。升温的空气会膨胀，密度变小，向上升。当空气变热后，保持水蒸气的能力增加，蒸发加快。气温每上升 10℃，潮湿表面的蒸发速度将加快近一倍。

4. 风的形成与类型

当太阳的热量使热带地区的大量空气变暖后，气团上升并最终在大气上层向南北方向扩散。赤道附近的热气团上升后，就由亚热带地区近地表的气团及时替换。由于热气团上升后将热量辐射回太空，逐渐转变成冷气团。当这个高空中的冷气团扩散到赤道南北纬度30°时，密度逐渐增大，最后下降回到地面，并分别向南北扩散。这样，赤道的热气团就完成了一次空气循环流动，称哈得来环流圈（Hadley cycle）。哈得来环流圈顶层的气团运动方向与地面上的方向相反。热带地区的哈得来环流圈的下降冷空气团驱动温带的第二个哈得来环流圈向相反方向运动。同样，温带的哈得来环流圈又驱动极地的哈得来环流圈的形成。

哈得来环流圈决定了地球大气运动的状况。地球表面的风带自赤道向两极依次是：赤道无风带、低纬度的信风带（东风带，在对流层的顶部是西风带，属于高空风带）、中纬度的西风带（在对流层的顶部则是东风带）、高纬度的东风带和极地反气旋。而地面上局部空气的运动还受到许多其他因素的影响。

风是流动着的气团，从气压高的地区流向气压低的地区，所以，风是由气压差形成的。风的类型包括：季风（夏季由海洋吹向陆地；冬季由陆地吹向海洋）、海陆风（白天由海洋吹向陆地；晚上由陆地吹向海洋）、山谷风（白天由山下吹向山上；晚上由山上吹向山下）、焚风、台风（飓风）及龙卷风（陆龙卷、海龙卷）。

（二）大气的生态作用与生物的适应

1. 大气的生态作用

1）CO_2 的生态作用：是植物光合作用的碳源。

2）O_2 的生态作用：参与生物的氧化作用。

3）O_2 和 CO_2 的平衡：CO_2 的排放是个消耗 O_2 的过程，当 CO_2 浓度增加和 O_2 的浓度下降到一定程度时，破坏了 O_2 和 CO_2 平衡。平衡的恢复是靠绿色植物来实现的。O_2 和 CO_2 的浓度都有日变化和年变化规律。

植物群落对 CO_2 的固定能力，会随着群落的发育成熟而逐渐减弱。同样，传统理论认为，发育成熟的森林土壤中有机碳的固定与释放处于动态平衡状态。但据报道，人们通过长达 25 年对广东鼎湖山国家级自然保护区中具 400 年以上树龄群落的观测，在 $0\sim20\,cm$ 深土壤中有机碳的积累仍以 $0.61t/(hm^2 \cdot a)$ 速度增加。这种成熟森林土壤可持续积累有机碳的机理，目前仍不清楚。

4）风的生态作用：微风有利于植物生长，无风和强风都不利于植物生长发育。风有利于植物的繁殖作用，传粉和传播果实与种子，也会对植物树冠的形态和树干的削尖度产生影响。但强风可减少大气湿度，具有破坏力。风对动物的觅食、繁殖与迁徙等也具有生态作用。

2. 高山环境中的人和动物对低压的适应方式

随着海拔的升高，气压下降，动物的肺泡会缩小，影响血管与肺泡交换面积。生物最简单的适应方式是增加呼吸频率和加快血液循环；增加血红蛋白含量和红细胞数量；减少有机体组织对氧的需求量和忍耐力。尤其是一些善于高空飞行的鸟类，像蓑羽鹤等可飞到 9000 m 高，它们对低氧和低压环境已经具有良好的适应能力和生理基础。

七、火

火是具有破坏作用的，但有时候也是一个生态因子。火可分为自然火和人工放火。根据火的燃烧位置，又分为林冠火和地面火。发生在森林植被中的火，既有地面火也有林冠火，发生在草原上的火只有地面火。富含油脂的树木，在发生火灾时，高温导致挥发油外溢，所以火苗先在树冠外层空气中燃烧，等挥发油烧完后，大火才燃烧树冠。当遇到风时，森林大火极容易形成火龙卷，火柱高达 $20\sim30$ m，可持续几分钟，场面相当恐怖，见图 2-13a。

火的生态作用：加速群落内的物质循环；促进单子叶草本植物的萌发；淘汰双子叶草本植物，特别是一年生双子叶植物极易被火所淘汰；通过定期放火可控制植被的发育方向。澳大利亚的桉树林群落，就是通过自然火控制其群落结构组成的。所以，生活在澳大利亚桉树群落中的动物和植物，都已经对周期性发生的群落火灾产生了各自的适应策略。

八、地理因子

地理因子是间接因子,通过间接地改变阳光、水分和温度等影响生物的生长与分布。

1)地貌:①平原,广大面积的地势平坦区域,或地势起伏较小(海拔在 50~200 m 或其以下变动)的区域。在平原地区,生态环境较为均一。②丘陵,海拔一般在 200~ 500 m 地势起伏变化较大的地区,称为丘陵。③山地,海拔在 500~2000 m 的群山,称为山地。因此,丘陵是介于山地和平原之间的过渡地貌。在丘陵和山地环境里,各种生态因子会有所不同。④山脉,山脉是由若干条山岭和山谷沿一定方向延伸,组成像脉络状的山体。海拔在 2000 m 以上的山峰,在地理学中才称为山;高于 3500 m 称为高山;高于 5000 m 称为极高山。山顶上的自然环境特殊,光照强烈,紫外线强,温度低,昼夜温差大,土壤贫瘠,风大雾多,植物生长期短,生物类群少,物种丰富度低。另外,山体的走向直接影响着河流的水系和植物群落的结构组成。山脉是否受季风的影响,迎风坡和背风坡的环境特点也会有较大差别。⑤高原,海拔在 1000 m 以上,周边具明显的以陡坡为界的面积广大的隆起地区。在高原上阳光充足,气温凉爽。⑥盆地,盆地一般是由环形山脉围绕的低地,特征是四周高,中部低,因呈盆状而得名。在夜晚,热气团上浮,而冷空气下沉到盆地的底部,形成所谓的"冷湖"现象。由于水流从盆地的四周山地流向中央平地,因此盆地的有机质丰富,土壤肥沃,地下水位高,土温低。

2)坡向和坡度:在山区,如果山体是具南北坡向的,应首先考虑光照强度。在北半球,南坡的光照强度比北坡大。同一山体的南坡和北坡,其植被类型是不同的(图 2-13b,为云南大学陆树刚教授所赠送照片)。图 2-13b 展示的是云南省西南部的山,峡谷的一侧是针叶林(北坡),而另一侧是阔叶林(南坡)。如果是东西坡向的山体,光照因子是次要的,因为上午和下午的阳光可照在不同的山坡上,则需要考虑水分等其他因子的影响。另外,坡度的大小对于光和水分也有影响。

a

b

图 2-13 森林失火形成的火龙卷(a,引自 www.new-ventures.org.cn)和云南省西南部的山谷景观(b)

扫一扫 看彩图

3）经纬度：随着纬度的增加，在温度、光照强度、光照时间、降水量和降水形式方面都发生了变化，构成不同的生态因子。纬度地理因子对生物分布的影响非常明显。随着大陆深处距海洋的距离越来越远，由海洋性气候逐渐转变为大陆性气候。自大陆的海岸边往大陆的内陆深入，降水量是递减的。由于地球的自转和大气的哈得来环流圈的影响，各大陆的干燥中心都在大陆的地理中心偏西的位置。

4）海拔：自山下向山上，随海拔的升高，温度逐渐降低（极少数山体，在到达一定的高度后，会出现逆增温现象）。海拔会影响大气成分，缺氧也是一个重要的影响因子。

5）海陆位置：一般地说，陆地距海洋越近，受海洋性气候影响越明显，降雨越多。但是，也要考虑海洋与陆地间的风向，因为这关系到海洋能否带来降水。例如，在南美洲，东海岸是森林植被而西海岸则是荒漠。

九、生物因子和人类活动

1）共生作用：具有共生关系的生物，在长期的进化过程中两者协同进化，彼此构成了相互依赖的关系，相互影响，两者互为生态因子。

2）寄生作用：宿主和寄生物之间的关系，虽然不至于威胁宿主的生命，但在寄生关系中，受害的总是宿主；不过寄生物为了长远利益，会主动降低对宿主的危害程度。

3）捕食作用：在捕食关系中，猎物牺牲了，捕食者获得了营养，这是一种不平等的关系，两者也是互为生态因子。

4）竞争作用：无论是在种内还是在种间，有机体或种群之间的竞争关系是始终存在的，直接影响到对资源的利用，成为一种干扰因子（种内负竞争是例外，成为合作关系）。

5）生物入侵：外来物种传播到一个新的环境，要经过很长时间的潜伏期，通过基因突变产生许多新的蛋白质，调整代谢以适应新环境的变化。一旦达到能够适应当地的各种生态因子的时候，就会暴发。对当地的物种来说，生物入侵是个破坏力较大的生态因子。

6）人类社会活动：人类社会活动对生物的生长发育和繁殖具有两面性，要么是起到保护性作用，要么则是一种破坏力极强的因子，这主要取决于人类的物质文明和精神文明的发展程度，以及是否具有可持续发展的观念。

十、生物对生态环境的适应规律

生态环境中的各种生态因子会对生物产生选择作用，或称为塑造作用（自然选择），而生物在面对特定的生态环境时也会产生主动适应。因为生物本能地有一种在逆境中求生存、求竞争并留下后代的私欲。由于长期的环境选择和主动适应，生物便产生了进化。

1）谢尔福德耐受性定律：美国生态学家 V. E. Shelford 于 1913 年指出，任何一个生态因子在强度和质量上的不足或过多，超过了某种生物的耐受限度时，该种生物就不能生存，甚至灭绝，这称为谢尔福德耐受性定律（Shelford's law of tolerance）。各种生物对各种生态因子的耐受范围是不同的，有宽有窄。任何一个生态因子对某种生物来说，其适合度都存在最适区、上限耐受区和下限耐受区。某种生物对某个生态因子的耐受幅度，称为生态幅（ecological amplitude），或生态价（ecological valence）。

根据生物对环境因子的变化所采取的适应对策，可将生物分为内稳态生物和非内稳态生物，前者具有较好的调节能力，当环境条件发生变化时通过自身调节达到体内环境的稳定；而后者的体内环境是随着外部环境的变化而变化的（图 2-14）。无论是内稳态生物还是非内稳态生物，导致生物致死的生态幅是最宽的，而生物的生殖所需的生态幅是最窄的，往往也是最优质的环境梯度。

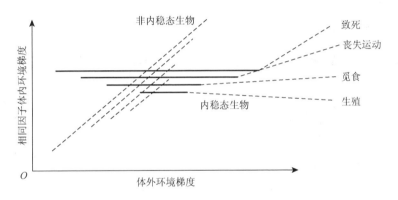

图 2-14　内稳态生物和非内稳态生物几个生命活动的生态幅变化趋势

2）利比希最小因子定律：J. Liebig 于 1840 年发现，作物的产量并非经常受到需要量大的营养物质的限制，而是受到一些微量的营养元素的限制，这就是利比希最小因子定律（Liebig's law of minimum）。如果当某一因子的质或量不足或过多，超过某种生物的耐受范围时，便成了限制因子。

3）有效积温法则：某种生物的生活史或某发育阶段，所需要的有效积温是个恒值，也称积温定律。

根据 $K_1 = K_2$，通过改变温度（T）也就改变了发育期的天数（N）。然后，通过 $N_1(T_1-C) = N_2(T_2-C)$，便可以求出 T_0（或 C）值（即生物学零度）。

4）霍普金斯生物气候律（Hopkins' bioclimatic law）：在其他因素相同的条件下，北美洲温带地区，纬度每自南向北移动 1°，或经度每自东向西移动 5°，或海拔每上升 400 英尺，同种生物的某物候期在春季要延迟 4 d；在秋季则相反，提前 4 d。

5）范托夫定律（van't Hoff law）：当变温动物的体温每上升 10℃，其有机体代谢的化学过程加快 2～3 倍。

$$范托夫定律的表达式：Q_{10} = (R_2 / R_1)^{10/(t_2 - t_1)}$$

式中，Q_{10} 为温度系数，是常量；t_1 和 t_2 为温度；R_1 和 R_2 分别为对应温度下的代谢速率。

6）生活型：不同的生物长期生活在相同或相似环境条件下，形成了相同或相似的适应方式和形态结构，称趋同适应。趋同适应使得不同的生物在外貌、内部结构和生理上表现出一致性，称生活型。生活型是生态环境的作用在外貌（形态）上的反映。芽是植物度过不良环境时最敏感的部位。根据植物在冬季是如何保护芽的，丹麦的 Raunkiaer 把高等植物分为五大类生活型：①高位芽植物；②地上芽植物；③地面芽植物；④地下芽植物；⑤一年生植物（含二年生植物）。某一地区或某群落中的各种生活型植物所占百分比的组成结构，称生活型谱，它可直接反映当地的气候特征。

由于不同物种间的趋同适应，在相似生态环境的自然选择下，不同生物在进化中获得表面相似的结构，称同功器官。例如，干旱环境中不同物种的植物都具形态相似的储藏器官。同功器官对生物适应环境很重要，但与分类学无关。

7）生态型：同一种生物，由于生活在不同环境条件下，分别接受不同环境的生态作用，往往同种间不同的种群出现不同形态结构和生理特性的现象，称趋异适应。由于趋异适应的结果，同种生物的不同种群有形态结构和生理生化特性发生分化，称生态型。根据主导因子的类型，有温度生态型、光照生态型、土壤生态型和气候生态型等。以水稻为例，对水分的生态型分为水稻和旱稻；对温度的生态型分为籼稻和粳稻；对光照的生态型分为早稻、中稻和晚稻。

亲缘关系较近的一些物种，在不同生态环境下的趋异适应，使得相同祖先遗留下来的残余器官发生分歧，具不同的功能，称同源器官。同源器官不仅对生物适应新环境很重要，而且与分类学有关，是判断亲缘关系的主要依据。所以说，生物进化论是分类学的基本成因。

8）格洛格尔律（Gloger's rule）：在干燥寒冷的地方，动物的体色较淡；而在潮湿且温暖的地方，动物的体色较深。

9）贝格曼律（Bergman's rule）：内温动物在寒冷地区的，其个体趋向于大；而在温暖地区的则趋向于小。

10）艾伦律（Allen's rule）：内温动物身体的突出部分，在寒冷地区趋向于小；而在温暖地区的则趋向于大（图 2-15）。

11）乔丹律（Jordan's rule）：鱼类的脊椎骨数目，在寒冷水域的趋向于多；而在温暖水域的则趋向于少。

12）阿索夫规则（Aschoff's rule）：对于夜出活动的动物，恒黑环境使其似昼夜

a　　　　　　　b　　　　　　　c

图 2-15　三种狐狸耳朵大小的比例

a. 北极狐（引自 www.duitang.com）；b. 赤狐（引自 www.tuzhang.com）；

c. 非洲大耳狐（引自 www.mtime.com）

扫一扫　看彩图

周期（因似昼夜节律产生的昼夜周期）缩短，而恒光环境则使其似昼夜周期延长，并且随光照强度的增强，其似昼夜周期延长就更加明显。相反，对昼出性动物，恒黑环境使其似昼夜周期延长，而恒光环境则使其似昼夜周期缩短，并且随光照强度的增强，其似昼夜周期缩短得就更加显著。

十一、生物的生长规律

无论是动物还是植物，有机体的生长一般都要经过"慢—快—慢"的生长过程，其生物量的积累速率变化过程呈现"S"形。我们可把生物的整个生长过程分为幼体的缓慢生长期、成体的对数生长期和成体的缓慢生长期共 3 个连续的增长时期（图 2-16）。

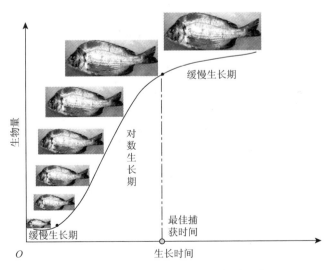

图 2-16　生物生长速率的变化规律（引自沈显生，2007）

扫一扫　看彩图

在生态学上，为了获得养殖业和林业最理想的生物量和经济效益，我们应该在生物有机体完成了对数生长期之后再进行收获。例如，养猪场在生猪完成了对数生长期后，需要立即出栏销售，继续饲养就会亏本。同样，如果大量捕获生物的幼体，不仅会造成资源浪费，在经济效益上也是得不偿失的（图 2-17）。

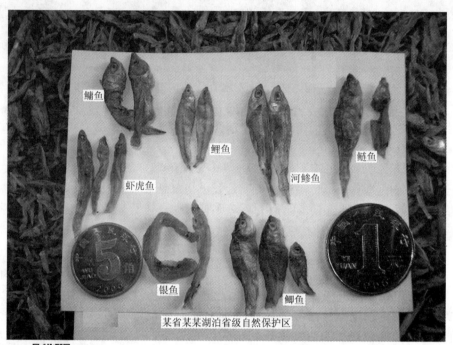

图 2-17　渔业资源的浪费现象（沈显生摄于 2006 年）

扫一扫　看彩图

我们如何科学合理地利用生物资源，以实现可持续发展，这里大有学问，是很值得深入研究的课题。实事求是地说，在生产实践和日常生活中，我们在利用农业、林业、畜牧业和渔业等资源方面，的确存在许多不科学和不经济的做法，急需向广大人民群众和领导干部普及生态学知识，提高科学素养。

【重要概念】

1）生态因子——对生物的生长、发育、繁殖、迁徙和休眠等生命活动能够产生作用的各种环境因子，称为生态因子。每个生态因子都具一定的强度、质量和性能特征，称生态因子的三要素。

2）物候——由于某种生物长期适应某地（或原产地）的温度和水分的节律性变化规律，形成了与此相适应的发育节律，这种生命现象称为物候。用于观测物候的生物，它的各个发育阶段称为物候阶段或物候期。

3）生物的适应——生物为了能够正常地生长、发育和繁殖，根据环境的特点，必须在形态、结构、生理、行为或习性等方面进行调整和变化，以满足生物对新环境中各种生态因子的需求。适应的过程是缓解环境压力的过程，包括形态和结构的适应、生理适应、感觉适应，通过学习达到行为适应，最终实现适应性进化。

4）霍普金斯生物气候律——在其他生态因子相同的条件下，北美洲温带地区，纬度每自南向北移动1°，或经度每自东向西移动5°，或海拔每上升400英尺，相同生物的物候期在春季要延迟4 d；在秋季则相反，提前4 d。

5）哈得来环流圈——赤道热带地区的空气增温后，气团上升并最终在大气层顶部向南北方向扩散。当热气团上升后，就由亚热带地区近地表的气团及时替补。由于热气团上升后将部分热量辐射回太空，便转变成冷气团。当高空中的冷气团扩散到赤道南北 30°时，由于密度增大，便下降到地面，并分别向南北扩散。这样，赤道的热气团从上升到下降就完成了 1 次空气循环流动，称为哈得来环流圈。

6）生活型——不同的生物长期生活在相同或相似环境条件下，形成了相同或相似的适应方式和形态特征，称为趋同适应。趋同适应使得不同的生物在形态结构或生理上表现出相似性，称为生活型。

7）生态型——同一种生物，由于生活在不同环境条件下，分别接受不同环境的生态作用，往往同一物种的不同种群出现了不同形态结构和生理特征的现象，称为趋异适应。由于趋异适应的结果，同种生物的不同种群在形态结构和生理生化特性方面发生分异，称为生态型。

8）腐殖质——土壤微生物利用动植物残体腐烂后分解的产物重新合成的生物大分子物质，是一种复杂的有机胶体，主要是富里酸和胡敏酸等。它是土壤有机质的一部分。

9）相对湿度——大气中的实际水汽压与最大水汽压之比，常用百分比表示。相对湿度大小与环境温度成反比。相对湿度越小，空气越干燥。

10）团粒结构土壤——是农业上最理想的高产土壤类型。因为它是由腐殖质、非腐殖质和矿物质颗粒混合粘成直径 0.25～10 mm 的小团块，具遇水不散的特点；团粒内部有许多毛细管孔隙，可保持水分，又扩大了表面积；在团粒之间有较大空隙，充满空气，有利于雨水下渗；位于团粒表面的有机质分解快，而位于内部的有机质分解慢；团粒表面是好氧性微生物活动的场所，而位于内部的毛细管为厌氧性微生物提供栖息环境。

11）热中性区——内温动物的体内环境温度在一定的温度范围内是可以自动调节维持稳定的，当环境温度高于或低于该温度范围时，动物的代谢耗氧量明显增加，而在该温度范围内，动物的耗氧量不会随环境温度的变化而改变，这个温度范围便称为热中性区。

12）积温——某地在某一段时间内的日平均温度累积值。在一定时间内，凡是高于物理学 0℃的日平均温累积值，称为活动积温。而高于某种生物的生物学零度的日平均温累积值，称为有效积温。

13）农业界限温度——在农业气象学上对农业生产具有指示意义或临界意义的温度，称为农业界限温度，一般包括 0℃、5℃、10℃和 15℃。

14）内稳态——生物个体在一定条件范围或幅度内，能够面对外部环境所发生的变化而保持体内环境相对稳定的能力或状态。内稳态是强调外部环境与动物身体内部环境对某一生态因子变化幅度的对比。

15）利比希最小因子定律（最低量法则）——对生物个体的生长发育或种群增长起限制作用的最关键、最重要的因子，通常是指那些处于最少量的或低于某种生物需要的最小量的基本营养物质。

【难点解疑】

在生物有机体与环境的生态关系中，需要掌握各种生态因子的作用与功能，以及生物对生态因子的适应与耐受机制，这是个体生态学重要的基本知识。学好个体生态学对于后续的生态学学习至关重要。在这里主要谈谈 6 个方面的问题。

1. 如何理解生理学与生态学的关系

在学科发展史上，生理学（1628 年由英国医生哈维发表有关血液循环的《动物心血运动的研究》开始）比生态学（1866 年由德国海克尔提出）诞生得更早。生理学是研究生物有机体的生命活动现象和有机体各个组成部分的生理功能的一门科学，以生物化学和解剖学为理论基础，强调生命运动的机理与功能。生态学诞生后，在研究生物与环境相互作用的机理时，要依赖于生理学来对生态现象进行解释，后来又发展到探究环境的变化对生物有机体生理的影响。因此，生理学和生态学紧密地联系在一起，有时其界线比较模糊。例如，当今的新型学科"植物生理生态学"与"植物生态生理学"，前者是以生理学为手段研究植物生态学，后者则是以生态学为手段研究植物生理学。

2. 环境是资源，还是条件

个体生态学研究的最主要内容是环境，确切地说是生态环境。由于各种生态因子既不等价，也不同质。因此，根据它们的性质可将生态因子划分为资源和条件两类。资源与条件的区别：资源是能够被消耗的物质或因子，如食物；条件是不会被消耗的因子或介质，如温度。但有时候，资源和条件是难以分开的。同一个因子有时既是条件又是资源，如水对陆生植物是资源，而对水生植物则是条件，洪水对陆生植物却是一个灾害条件。同样，太阳辐射对于昆虫是条件（信号），对植物却是资源（能源）。这样分类的意义在于，当我们在创造单个有机体最大生物量时「如生产"南瓜（Cucurbita moschata）王"」，应该最大限度地满足其资源，而不是条件。

3. 生物的调节与内稳态

生态环境是生态因子的综合，一般地说，生态环境是不均匀的，即环境的异质性。造成环境不均匀的原因是生态因子的差异，而且每个生态因子都有一定的变化幅度。因此，生物的调节是针对具体的某个生态因子进行的，以达到体内某个要素的平衡（稳态），如渗透压调节或 pH 调节。但有时候，两种以上的生态因子对生物的作用是矛盾的，如光和水。为了生物内环境（水）的稳定，生物将采取"折中"的办法。例如，在干热环境下，叶片通过形成缺刻可解决光和水这对矛盾。

不同于单细胞生物的细胞外消化和吸收方式，内稳态是针对多细胞生物提出的。因为生物的内环境调节能力差别很大，取决于生物的体制结构与体形大小。在单细胞水平上，生物对环境因子变化是极其敏感的，具有相对狭窄的适应幅度，如温度、渗透性和 pH 等。所以，单细胞生物在不利的环境下只能形成休眠孢子。而多细胞生物则不同，每个细胞处于细胞外液（动物如组织液、淋巴、血浆）中，细胞间具联系和协同作用，以增强整体的调节能力，并可增加适应幅度，通过有机体的神经、体液、激素和行为调节，提高有机体对环境因子适应的耐受幅度，以实现内稳态。

相对于植物而言，动物对内环境的调节能力更强。植物主要通过激素、液泡和气孔进行调节，特殊环境下的植物还有分泌细胞参与调节，当然植物的根系因凯氏带的作用在维持内稳态方面也起着重要作用。动物通过体表与呼吸系统、消化系统和泌尿系统结构形成了自身的内环境。

4. 生物对环境的主动适应

在自然界，生物有机体会表现出在形态和功能上对环境适应的多样性。这种适应的多样性来自两个方面：一是由物理学规律和化学规律所支配的适应策略，这也是仿生学的创造源泉；二是由突变进化起源的和由表观遗传的形态、行为及生理可塑性支配的适应策略，尤其是动物通过视觉、听觉、嗅觉和味觉对环境条件变化达到高度的适应。前者可从大量的仿生学成果中得到验证，后者从动物的拟态、性选择特征和动植物特化的传粉结构等可见一斑。

例如，蝗虫的体色会随着环境背景而变化，在草地里为绿色，在沙地枯草丛里为浅灰色，在火烧地里为深灰色或浅黑色。在过去，人们一直强调环境的选择作用，生物只能是被动适应。例如，欧洲工业化时期的尺蠖蛾（桦尺蠖）的变黑现象，曾被认为是由随机突变引起的，那些突变为白的、黄的或红的个体，很容易被鸟捕食，而只有变黑的个体才能更加隐蔽得以存活。因而，人们觉得尺蠖蛾黑化是环境选择的结果，更坦率地说完全是由鸟的敏锐眼睛选择出来的，好像尺蠖蛾的眼睛根本没有发挥作用，看不见周边的环境变化一样，只能是一种被动适应过程。

而事实上，1848 年，欧洲工业化革命开始；1882 年，欧洲的尺蠖蛾开始出现黑化；1897 年，曼彻斯特仅 2%尺蠖蛾是灰色的。到了 1906 年，北美也因工业污染出现尺蠖蛾黑化现象。但是，随着西方国家对工业污染的治理，环境逐步开始好转，由 20 世纪 50 年代的 95%的黑化率下降到 20 世纪末的 5%，标志着尺蠖蛾黑化现象的结束。按理说，生物的进化是不可逆的，突变的累积是不可恢复的，但尺蠖蛾的黑化从出现到消失前后仅 100 多年，说明其体色的改变不是基因的改变，而是表观遗传，是一种主动适应环境的过程。或许，尺蠖蛾通过视觉发现了环境变得越来越黑，会像蝗虫一样主动加深体色以适应环境。

但是，在当今如果承认动物会主动适应环境的话，就会遭遇信奉拉马克进化论之嫌，因为拉马克不仅提出获得性遗传，还曾坚信"高等动物的欲望和意志可促进进化"。当然，生物应对环境的变化，并非都是通过基因突变开始适应的，可以通过表观遗传途径开始应对新环境，这种变化不稳定且可逆转（称环境饰变），只有环境稳定并经过许多代的适应后最终可被基因所固定（两者联系的机理仍不明）。另外，突变不完全是随机的，随机突变主要发生在稳定环境中。如果在一个胁迫的环境中，生物等待随机突变来应付环境，会带来极大的资源浪费和安全风险，不符合生态学的最优化经济学原理。动物会主动适应环境，已经被一些实验所证实。例如，将牙鲆放在用黑白相间的小瓷砖铺成的水池里生活一段时间后，鱼背上会形成多个乒乓球大小的黑斑，替换原来的麻点保护色。还有像雄性孔雀鱼的斑纹随河床沙砾而变化的实验也证明了生物会主动适应环境。

此外，还有一些适应现象至今无法解释清楚。例如，啄木鸟的舌头为了能够伸得更长，生长部位由下颌的喉部改变为上颌，并从鼻孔穿出经头部皮下绕到下颌再伸出来。像这样的特征，不可能存在过渡状态，必须经过一次性的"大突变"获得成功。试想，这样的突变只有通过 *Hox* 基因"大突变"才能成功，否则，通过随机的点突变，其成功概率是多么得低！

不仅如此，生物对环境的主动适应是有周期的，因为生物的不同发育阶段对各种生态因子的要求是不同的，所以一种生物的生活史就是该种生物周期性地主动适应生态环境的全过程。在这个过程中，如果环境因子超越了某种生物的适应幅度，要么进行冬眠、夏眠或滞育，要么进行迁徙。

5. 生态因子的直接作用与间接作用

在应用生态学辩证法分析各种生态因子的作用机理时，对于那些直接起作用的因子是比较容易分析的，而对于间接因子的解释比较难。其中，地理因子几乎都是间接因子。例如，经纬度、海拔、地形和坡向等对生物的生长、生殖和分布的影响，都是通过改变温度、光照和水分等因子实现的。在学习过程中对间接因子要多加思考，限于篇幅，不再赘述。

6. 能量环境会影响动物的摄食量吗

我们知道 ATP 是生物能量转化的"货币"单元，绿色植物固定了太阳能并转化为化学能，储藏在 ATP 中，从此启动了食物链。根据热力学第二定律的原理，生物的生长发育是一个负熵过程，是一个需要消耗能量的过程，因此，动物必须要摄食。

而环境中的热能不能够直接转化为 ATP，但可以减少动物对 ATP 的使用，或减少动物的摄食量，从而节约食物能量。例如，晒太阳或喝热水，会减少人体内 ATP 的消耗。因此，从某种意义上说，能量环境也可以是一种生态资源。比如说，在体重、体质、年龄和性别上相同，并且活动量相等的两个人，一个人长期生活在昆明，另一个人长期生活在哈尔滨，前者消费的食物资源肯定比后者要少。

【试题精选】

一、名词解释

1. 生态因子	2. 休眠	3. 日照年变幅
4. 光周期现象	5. 临界温度	6. 生物学零度
7. 表型组	8. 利比希最小因子定律	9. 谢尔福德耐受性定律
10. 生境	11. 生态环境	12. 光补偿点
13. 长日照植物	14. 逆增温现象	15. 内稳态
16. 生物的适应	17. 淋溶作用	18. 变渗动物
19. 恒渗动物	20. 生活型	21. 生态型
22. 物候	23. 有效积温	24. 斜温层
25. 哈得来环流圈	26. 有机质	27. 腐殖质
28. 生态价	29. 反馈调节	30. 团粒结构土壤
31. 春季环流	32. 秋季环流	33. 驯化
34. 绝热冷却	35. 温度系数	36. 有效积温法则
37. 露点	38. 土壤	39. 恒温动物
40. 中温动物		

二、填空题

1. 生态因子的类型，根据性质可分为_____、_____、_____、_____、_____。

2. 生态因子的作用特点主要有_____、_____、_____、_____。

3. 限制生物分布的主要生态因子有_____和_____。

4. 低温对生物的伤害可分为_____、_____、_____。

5. 根据光周期现象，可把植物对光周期的反应类型分为_____、_____、_____、_____。

6. 植物对水分生态因子产生的生态类型有_____、_____。

7. 陆生植物对光的适应包括_____、_____、_____。

8. 土壤由_____、_____、_____三相系统组成。

9. 根据土壤的质地，土壤可分为_____、_____、_____三大类。

10. 土壤有机质包括_____和_____。

三、判断是非题（对的划"√"，错的划"×"）

1. 各种植物的光补偿点是相同的。

2. 随着纬度的增加，光线的短波光增加。

3. 随着海拔的增加，光线的短波光增加。

4. 在冬季和一天的早晚，光线的长波光较多。

5. 在北半球，山脉北坡的坡度越小，光照强度反而越大。

6. 光照强度随海拔上升而下降。

7. 在南半球，从秋分到春分是昼长夜短，冬至的昼最长。

8. 在两极地区，半年是白天，半年是黑夜。

9. 在北半球，短日照植物一般是在早春或深秋开花。

10. 在北半球，随着纬度的增加，夏季的日照长度逐渐增加。

11. 在夏季，地表温度是随深度的增加而下降，冬天则相反。

12. 土壤温度的垂直分布，在一年中要发生两次逆转。

13. C_4植物是将CO_2的捕获与固定在空间上进行了分离。

14. CAM植物是将CO_2的捕获与固定在时间上进行了分离。

15. 在植物的气孔处，水离开叶片的趋势远超过CO_2进入叶片的趋势。

16. 通过一系列直接与间接的影响，大型食肉动物可帮助增加生物多样性。

17. 种群既是生物进化的单位，又是生态系统中的功能单位。

18. 亚种是形态的、地理的和历史的分类学概念，是种下单位，强调地理隔离。

19. 生态型是生态适应的概念，是环境差异导致在形态或生理的不同反应。

20. 不同生物的"三基点"是不一样的。生长在低纬度的生物三基点的高温阈值偏低。

21. 太空中的一位宇航员被思乡的情绪所困扰，他脱口而出："想想眼下正是地球的春天！"

22. 在澳大利亚和新西兰，你能够买到上方是南极的世界地图。

23. 生命的起源和生命的进化是两种完全不同的情况。

24. 逆温现象是由一团热空气飘浮在冷空气之上形成的一种稳定的大气状况。

25. 火也是生态因子。"飞蛾扑火"是一种自杀行为。

26. 观测一个地区的物候必须选择当地土生土长的生物。

27. 植物的习性完全是受遗传决定的。

28. 香蕉和芭蕉的生物学零度是相同的，因为它们都是芭蕉科植物。

29. 生命有机体面临着外环境和内环境两方面的影响。

30. 生物的进化没有方向性，但自然选择/生物的适应是有方向性的。

四、单项选择题

1. 在植物对光周期的适应类型中，下列哪种植物属于中间型植物？
   A. 油菜　　　　　　B. 黄瓜　　　　　　C. 大豆　　　　　　D. 小麦

2. 根据在生态学中资源与环境的概念，请问热量属于：
   A. 既是资源又是环境　　　　　　　B. 资源
   C. 环境　　　　　　　　　　　　　D. 既非资源又非环境

3. 在草本植物中，属于相同生活型的是：
   A. 一年生植物与多年生植物　　　　B. 一年生植物与二年生植物
   C. 二年生植物与多年生植物　　　　D. 多年生植物与常绿草本植物

4. 热带地区生长的植物，绝大多数的生物学零度是：
   A. 5～10℃　　　B. 10～15℃　　　C. 15～19℃　　　D. 20～30℃

5. 在较深的水体中，可见光中的哪一种光波到达的深度是最深的？
   A. 红光　　　　　　B. 绿光　　　　　　C. 蓝光　　　　　　D. 紫光

6. 在地球大气层中，下列气候带中无哈得来环流圈的是：
   A. 热带　　　　　　B. 温带　　　　　　C. 赤道　　　　　　D. 极地

7. 在自然界里，当土壤中含有较多的 Na_2SO_4、$NaCl$、Na_2CO_3、$NaHCO_3$ 时，这种土壤称为：
   A. 酸性土　　　　　B. 盐土　　　　　　C. 碱土　　　　　　D. 盐碱土

8. 公式 $R = (e/E) \times 100\%$ 表示的是：
   A. 相对湿度　　　B. 相对水汽压　　　C. 绝对湿度　　　D. 饱和水汽压

9. 植物遇到寒害后，下列哪个症状不是由寒害引起的？
   A. 代谢紊乱　　　　　　　　　　　B. 水分失衡
   C. 碳水化合物减少　　　　　　　　D. 蛋白质沉淀

10. 在下列环境中，土壤发生反硝化作用最强烈的是：
    A. 多水的沼泽　　　　　　　　　　B. 热带雨林
    C. 温带阔叶林　　　　　　　　　　D. 寒温带针叶林

11. 在地球上，哪个纬度带的月平均气温变化最大？
    A. 30°S　　　　　　B. 赤道　　　　　　C. 23°N　　　　　　D. 60°N

12. 生态因子具有 3 个基本要素，下列哪一项叙述是准确的？
    A. 数量、质量、性能　　　　　　　B. 种类、质量、性能
    C. 种类、数量、质量　　　　　　　D. 性能、分布、数量

13. 一般地说，下列哪个地区的生物具有更大的温度生态幅（生态价）？
    A. 赤道地区　　　B. 中纬度　　　　　C. 高纬度　　　　　D. 高山山顶

14. 草蝗在干燥环境中体色浅，而在潮湿环境中体色较深，这符合下列哪个规律？
    A. 艾伦律　　　　　B. 格洛格尔律　　　C. 贝格曼律　　　　D. 乔丹律

15. 在土壤中存在多种非腐殖质，下列哪项不是？

    A. 多糖   B. 氨基酸   C. 含氮化合物   D. 胡敏酸

五、问答题

1. 团粒结构土壤有什么特点，为什么说它是农业上最优良的土壤类型？

2. 有机质和腐殖质有何不同？土壤腐殖质的作用是什么？

3. 何谓有效积温？有效积温法则有什么意义？

4. 贝格曼律和艾伦律的内容各是什么？

5. 光周期现象对动物有哪些影响？

6. 大气湿度是生态学中的一个重要生态因子，有哪些方法表示大气含水量？

7. 什么是气旋和反气旋？

8. 分别处于高压脊和低压槽控制的地区，未来几天的天气情况会有什么不同？

9. 气象学对低温和寒冷环境（天气）是如何分类的？

10. 雨有哪些类型？锋面雨是怎么形成的？

11. 冰雹形成的条件是什么？

12. 根据海拔的标准，山的类型是如何分类的？

13. 在北半球，东西走向的山脉，其南坡和北坡的生境条件有哪些不同？

14. 火对植物群落的发育是否有积极的生态学意义？请举例。

15. 为什么说微风是有利于植物生长的？

16. 什么是焚风？它对植物有什么伤害？

17. 植物对光的吸收、反射和透射作用有什么特点？

18. 太阳高度角对光谱组成有什么影响？

19. 在北半球的不同纬度上，一年四季的太阳直射辐射量的变化有什么规律？

20. 同阴生植物相比，阳生植物的果实常具有浓郁的香味，为什么？

21. 通过比较 C_3 植物、C_4 植物和 CAM 植物，谈谈它们之间的进化关系，以及地理分布模式。特别注意，C_4 植物和 CAM 植物在捕获与固定 CO_2 方面有哪些共同特征？

22. 光能对植物的信息作用大小与光能本身的哪些因素有关？

23. 影响植物生育期的因素是什么？引种的一般规律是什么？

24. 水体温度的变化有什么规律？它会受到哪些因素的影响？

25. 什么是温周期现象？它与光周期的关系是什么？

26. 同陆地环境相比，群落的水生环境有什么特点？

27. 汞（Hg）对植物的毒害机理是什么？

28. 植物对土壤中硒（Se）的适应机理是什么？

29. COD_{Mn}、COD_{Cr}、BOD_5、BOD_{10} 在生态学上分别代表什么？

30. 化学农药在土壤中的迁移、转化和降解的一般规律是什么？

31. 土壤温度的昼夜变化有什么特点？

32. 土壤温度的季节变化有什么特点？

33. 海洋温度的季节变化有什么特点？

34. 温湿度系数有哪几种表示方法？

35. 何谓范托夫定律？其数学公式是什么？

36. 高温导致动物死亡的机理是什么？

37. 动物对环境温度的适应分为主动适应和被动适应，两者的区别是什么？

38. 体形微小的动物与大型动物，它们对环境的适应方式是不同的。图 2-18 是体重 3～6 g 的小动物的代谢率昼夜变化情况，它们分别是蜂鸟（3 g）、小褐蝠（6 g）和鼠驹（3 g）。请问图中的 A、B、C 三条曲线各是代表哪种动物的代谢率？

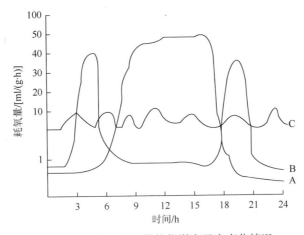

图 2-18　3 种小型动物的代谢率昼夜变化情况

39. 飞蝗的成体寿命（天数）与相对湿度的关系是随温度的变化而改变的。图 2-19 是飞蝗在 32.2℃ 和 37.8℃ 条件下的成体寿命与相对湿度的曲线。如何解释"M"形曲线形成的原因？

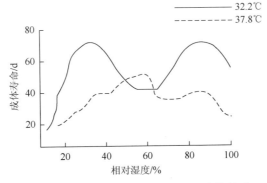

图 2-19　飞蝗的成体寿命与相对湿度的关系

40. 图 2-20 是白尾黄鼠和骆驼的体温日变化情况。白尾黄鼠（中小型动物）和骆驼（大型动物）各自采取什么措施来维持体温？

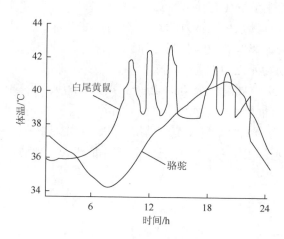

图 2-20　白尾黄鼠和骆驼的体温日变化情况

41. 霜期和无霜期是如何划分的？这有什么意义？

42. 露是一种重要的降水形式，在海口、南京和哈尔滨三个地方中哪一个在一年中所降的露水量最多？为什么？

43. 农业界限温度有哪些指标？各有什么意义？

44. 引种驯化具有哪些经验？其理论依据是什么？

45. 生物体对热量的收支有哪几种途径？

46. 日周期变温对植物的生长发育有哪些影响？

47. 食草动物的生物量必定要比被它们所食用的植物生物量少，为什么？

48. 当一个种群被分隔为两个种群后，为什么会发展成为两个物种？

49. 在食物网中顶级食肉动物的重要性是什么？

50. 生物为什么以物种的形式存在？物种是进化的基本单元吗，为什么？

51. 在能量代谢方面变温动物和常温动物的主要区别是什么？

52. 在能量代谢方面水生外温动物和陆生外温动物的主要区别是什么？

53. 内温动物增加产热的方式有哪些途径？

54. 内温动物调节散热的方式有哪些途径？

55. 从生活型和生态型的概念谈谈生物对环境的适应策略。你是如何理解生物与环境间的协同进化的？

六、综合论述题

1. 当洄游鱼类从海洋中游进淡水河中时，是如何进行体内渗透压调节的？

2. 在北半球，温度是如何限制植物向南或向北分布的？其限制作用各有何特点？

3. 在北半球，为什么地窖里的温度是冬暖夏凉的？

4. 在北半球的湖泊中，水生生物群落生产力最高的季节是哪个季节，为什么？

5. 水体的温度不仅取决于太阳辐射，也与水体的水质有关。请看笔者于 2004 年夏天在安徽合肥取得的实验数据（图 2-21），两类水质明显不同（分别为 II 类水质和劣 V 类水质）的湖泊，其水体温度的变化悬殊，甚至出现了水温高于气温的情况。请分析这两类湖水水温的变化规律，为什么会出现水温高于气温的现象？

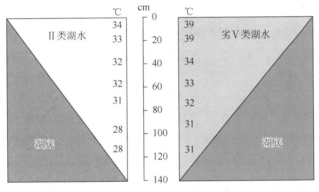

扫一扫　看彩图

图 2-21　两类水质明显不同的湖水温度的变化（沈显生绘）

6. 西汉时期的《盐铁论》——"夫李梅实多者，来年为之衰"。为什么许多果树的产量会出现大小年现象？采取哪些措施可减少大小年对果树产量的影响？

7. 同挺水植物［如莲（*Nelumbo*）、香蒲（*Typha*）］相比，沉水植物［如金鱼藻（*Ceratophyllum*）、狐尾藻（*Myriophyllum*）］完全生长在水里，可是它们体内组织的气腔或气道却不如挺水植物的发达。这是为什么？

8. 在水体中出现温跃层（斜温层）需要具备哪些条件？湖泊里是否一年四季都有温跃层现象？

9. 昼夜变温幅度的大小会影响植物的形态建成。例如，十字花科的紫罗兰（*Matthiola incana*）是草本植物，在昼夜变温幅度为 11℃时，叶片是全缘；当幅度达 19℃时，叶片具有裂片；在 11～19℃时，叶缘为波状。为什么会出现这种现象？

10. 在《齐民要术·种蒜》中记载："今并州（注：山西北部）无大蒜，朝歌（注：河南汤阴）取种，一岁之后，还成百籽蒜矣。其瓣粗细，正与条中子同。（注：并州的）芜菁根，其大如碗口，虽引种他州（注：来自地中海），子一年亦变。大蒜瓣变小，芜菁根变大，二事相反，其理难推。"请你用生态学原理来解释大蒜和芜菁的引种现象。

11. 蓼科的红蓼（*Polygonum orientale*）是大型陆生草本植物，生于中生环境。在夏天，当它被水迅速地淹没（茎端仍外露，1 周左右）时，在茎的每个节间的下半部分变得膨大起来，整个茎干似一串算盘珠。在膨大部分的内部，薄壁细胞的排列方式也发生了改变。请问发生此现象的机理是什么？然而，如果当红蓼的茎干是被水一天天慢慢地淹没（茎端外露）时，结果茎节间处的膨大现象就不明显了。这又是为什么？

12. 关于水生被子植物的起源，它们是在水中直接起源和进化的，还是从陆地起源以后又去适应水中生活的？你的依据是什么？

13. 在地球上，为什么南半球比北半球的月平均气温的变化幅度小？

14. 植物的生育期受哪些因素的影响？

15. 在水体中，CO_2 主要以什么形式存在？水生植物是如何吸收利用水中碳源的？

16. 在长江流域，女贞（*Ligustrum* sp.）和石楠（*Photinia* sp.）是常见的绿化树种，它们都是常绿灌木。可在春天顶芽生长时，女贞的幼枝是绿色的，而石楠的幼枝却是红色或紫红色的，为什么？在夏天，两者的枝条都是绿色的；可到了秋天，石楠的幼枝又变成紫红色了，为什么？如果把这两种植物都继续往北方引种，哪个植物向北移得更远些？另外，2011 年 8 月，笔者发现在昆明滇池岸边栽植的落叶乔木杨树（*Populus* sp.），新生长出来的幼叶是鲜红的，而老叶是绿色的，为什么？

17. 图 2-22 是水稻（*Oryza sativa*）根的横切面照片，请问哪些结构特点是与其水生环境相适应的？

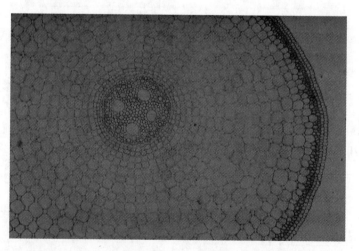

图 2-22　水稻根的横切面照片（沈显生摄于 2000 年）

扫一扫　看彩图

18. 2005 年 6 月，据某家媒体报道，在重庆郊区有一棵大槐树（*Sophora japonica*），当暴雨来临之前，它会从树干上的疤节（修枝后的痕迹）处流出水来。当地人传说："槐树哭了就要下雨"，故称之为神树。请你从生态学和植物解剖学的角度对此现象加以科学解释。

19. 虎眼万年青（*Ornithogalum caudatum*）（百合科）既可进行营养繁殖（图 2-23a 和 b），也可进行有性生殖（图 2-23c）。仔细观察图 2-23，谈谈虎眼万年青的生殖对策。

　　　　　a　　　　　　　　　　b　　　　　　　　　　c

图 2-23　虎眼万年青（a. 沈显生摄于 2004 年；
b，c. 上海实验中学陈景红摄于 2005 年）

扫一扫 看彩图

20. 水仙（*Narcissus tazetta* var. *chinensis*）盛产于福建漳州一带，其肥大休眠的鳞茎在长江流域进行水培即可开花，开花后的鳞茎经过在当地野外栽培后，第二年鳞茎不能够开花，只进行营养生长。所以，长江流域的养花爱好者必须年年从福建购买水仙的休眠鳞茎。而郁金香（*Tulipa gesneriana*）盛产于欧洲，其肥大休眠的鳞茎在长江流域进行野外栽培可开花，开花后的鳞茎继续在当地野外栽培，第二年大多数鳞茎也不能够开花。请问：①这两种具鳞茎的植物，为什么在长江流域不能够完成生活史？其生态学机理是相同的吗？②如果把两种植物在它们的原产地进行互换移植一年后，它们还能够开花吗？为什么？

21. 茄科植物番茄（*Lycopersicon esculentum*）的叶片，在日周期恒温条件下叶片较小，而在变温条件下叶片常较大，且叶色淡。这是为什么？

22. 在我国北方的冬季里，民间就有"白山黑水"之说，即指冬季的山被白雪覆盖着，而山下的湖水却呈现出黑色。如何解释这个现象？

23. 气候图解是对一个地区气候要素的概括性总结，所含信息量多，并以固定的图表形式表述，在生态学研究中具有重要的参考价值。图 2-24 是陕西榆林的气候图解，横坐标是一年的 1～12 月，纵坐标是温度和降水。据图分析和模拟，试画出热带雨林地区的气候图解变化趋势图。

24. 除草剂的除草效果取决于科学而恰当的浓度。为什么低浓度的除草剂溶液比高浓度的除草效果更好？

七、应用题

1. 四川省二郎山山脉呈南北走向，它受我国东南季风的影响较明显。在山体的东坡上，自下而上依次发育为常绿阔叶林、落叶阔叶林、灌丛、草甸植被；而在西坡上，从下向上依次为落叶阔叶林、灌丛、草地和裸露的坡地。请分析其东坡和西坡的植被出现明显差异的原因是什么？

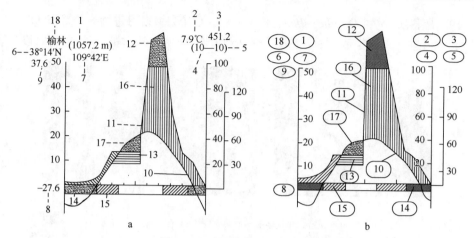

图 2-24　陕西榆林的气候图解

a. 引自《中国植被》（1980 版），原图复印；b. 沈显生绘

1. 海拔；2. 年平均温（℃）；3. 年平均降水量（mm）；4. 温度的观测年数；5. 降水的观测年数；6. 地理坐标：北纬；7. 东经；8. 极端最低温度（℃）；9. 极端最高温度（℃）；10. 月平均温度曲线（见左边刻度，一格等于 10℃）；11. 月平均降水量曲线（见右边内侧刻度，一格等于 20 mm）；12. 月平均降水量超过 100 mm（为相对值，参考刻度降到 1/10），为黑色面积；13. 降水量曲线（见右边外侧刻度，一格等于 30 mm），水平线区域为半干旱期；14. 最低日均温低于 0℃的月份（黑色表示）；15. 绝对最低温度低于 0℃的月份（斜线条表示）；16. 湿润期（直线区域）；17. 干旱期（有点区域）；18. 站名：榆林

2. 在我国北方，小地老虎幼虫发育期在 15℃时需 20 d 完成；若在 20℃时，则需要 15 d 完成。求该幼虫的生物学零度是多少？

3. 棉花（*Gossypium* sp.）从播种到出苗，在 10℃时需 9 d；而在 13℃时，则需 6 d。求棉花出苗期所需的有效积温是多少？

4. 世界上的"南瓜王"，单个重量已突破 600 kg。如果给你 5~10 粒南瓜种子，你将如何进行栽培和田间管理，最终生产出一个"南瓜王"？请写出设计方案和实施步骤。

5. 我国古代劳动人民早已经开始尝试生产"瓠子王"或"南瓜王"。在《氾胜之书》（汉代）中记载："先种瓠十棵，等长到约二尺①，便总聚十茎一处，以布缠之，五寸②许，复用泥泥之，不过数日，缠处便合为茎，留强者，余悉掐去，引蔓结子。"这种培育方法的科学依据是什么？

6. 南竹北移是指毛竹（*Phyllostachys pubescens*）的北移。毛竹有"四喜四怕"：喜温暖怕风寒，喜湿润怕干旱，喜肥沃怕瘠薄，喜酸性土怕碱性土。我国在 1966 年开展大规模的南竹北移引种工作，河南省已获得成功。试分析需采取哪些措施才可实现南竹北移。

7. 金合欢（*Acacia* sp.）的原产地在墨西哥的南端，属于热带气候，高温潮湿。

① 1 尺 = 1/3 m

② 1 寸 = 1/30 m

作为一种新的绿肥资源，我国南方已经引种成功。与原产地纬度相比，金合欢至少向北移了 10°。请分析金合欢引种成功的原因。

8. 物候学有什么应用价值？请举例说明。

9. 在一些动物的特定器官内存在逆流循环结构，它的生态学意义是什么？请举例说明。

10. 桉树（*Eucalyptus* sp.）的叶序十分特殊，在其幼苗或萌发枝（茎四棱形，具窄翅）上的叶序为交互对生，叶片卵形，近无柄（图 2-25a）；而在成株枝条上的叶序为互生，叶片呈披针形或镰刀状披针形，基部歪斜，具长柄（图 2-25b）。请问：桉树的老枝和幼枝上的叶序和叶形为什么不同？其生态学意义是什么？

扫一扫　看彩图

图 2-25　桉树的叶序和叶形变化

a. 萌发枝；b. 成株树冠上的枝条（沈显生摄于 2005 年）

11. 竹子的叶有 3 种形态。生于地下竹鞭上的箨叶，只有叶鞘，箨叶退化；生于竹笋上的箨叶，叶鞘发达，箨叶很小；而生于枝条上的叶，叶鞘较小，叶片（箨叶）发达。请分析竹子的 3 种叶形主动适应环境的生态学机理是什么。

12. 竹笋一般是生长在地下的竹鞭上。但是，在云南省西双版纳热带植物园里有一种竹子（*Phyllostachys* sp.），它的竹笋不仅生于地下竹鞭上，还可生于竹秆上（图 2-26a）。这样的竹笋在箨叶脱落后照样可以发育成为新的竹秆（图 2-26b）。为什么西双版纳的某些竹子会在竹秆上长出竹笋？这与哪些生态因子有关？并说明竹笋发育的解剖学基础。

13. 西双版纳热带植物园里种植了许多种铁树。其中一株雌铁树，其茎的顶端生长着许多大孢子叶和营养叶（图 2-27a）。而其粗壮的茎干上布满了许多环状的大小不一的叶痕，大叶痕环和小叶痕环有规律的交替出现（图 2-27b）。请问这是什么道理？

14. 在热带雨林中生长有董棕、贝叶棕和象鼻棕，均是大型常绿木本单子叶植物（棕榈科），高 20～30 m。它们的寿命一般都在 30～60 年，属于一次性开花结实植物。这种繁殖对策对于适应热带雨林环境有什么积极的生态学意义？

扫一扫　看彩图

图 2-26　竹笋生长在竹秆上的奇特现象

a. 竹秆上的竹笋；b. 竹笋已发育为竹秆（沈顺其于 2006 年摄于西双版纳）

扫一扫　看彩图

图 2-27　西双版纳生长的铁树（沈显生于 2007 年摄于西双版纳）

　　15. 在西双版纳热带植物园里，棕榈科的贝叶棕高达 30 m，胸径达 50 cm，已有 50 多年寿命。奇特的现象是，树干基部残存的叶鞘基本完好（图 2-28a），估计再过 15～25 年也不会腐烂消失。可是，树干中部和中上部的叶鞘已经全部腐烂（图 2-28b），只在靠近茎顶部功能叶下方尚有部分残存的叶鞘。这种树干中部无叶鞘而上下两端却都有叶鞘的奇怪现象，从生态学角度如何解释？

　　16. 环境与生境是两个不同的概念。例如，倒伏在森林中的朽木，其上部和下部的温度和水分都不相同。同样，生于西双版纳热带植物园中的一棵树干，其南侧和北侧的附生植物明显不同，请见图 2-29，树干的一侧长满了地衣，而另一侧无任何植物。请解释这种现象。请问树干的哪一侧是朝向北方的？

　　17. 老虎须（*Tacca* sp.）是蒟蒻薯科的多年生草本植物。在云南省西双版纳热带雨林中生长的老虎须，聚伞花序具有 1 对紫色大苞片，各小花的苞片向外延伸成细长的须状，紫色，见图 2-30。然而，生长在我国喜马拉雅山东坡石砾中的另一种老虎须，各小花的苞片正常。人们通过对生长在西双版纳的老虎须花序进行连续的昼

a　　　　　　　　　　　b

图 2-28　贝叶棕茎干上的叶鞘（沈顺其于 2006 年摄于西双版纳）

夜观察，发现须状苞片与昆虫传粉并无关系。老虎须发育出这些须状结构是需要耗能量的。请问，从生态学角度去分析，西双版纳生长的老虎须的须状结构有何生理或生态功能？

图 2-29　树干上的地衣群落　　　　图 2-30　生长在西双版纳的老虎须
（沈顺其于 2006 年摄于西双版纳）　　　（沈显生摄于 2005 年）

18. 在大别山区安徽省天堂寨海拔 1000 m 以上的山坡上，生长着常绿植物安徽杜鹃（*Rhododendron anhweiense*）。树冠外侧的叶片狭长且反卷，叶色黄绿，枝端顶芽饱满（图 2-31a）；而生长在树冠内部或靠近地面的叶片较宽大，叶缘平展，叶色墨绿，枝端顶芽小（图 2-31b）。请问：在同一棵树上的叶片为什么形态差异如此明显？

扫一扫 看彩图

图 2-31　同株安徽杜鹃不同部位的枝条照片（沈显生摄于 2003 年）

19. 光对植物器官形态建成的作用非常明显。图 2-32a 和 b 是生长在庇荫（弱光）和强光下构树（*Broussonetia papyrifera*）两个幼苗的照片。请分析哪一株是生长在强光环境下的幼苗？判断依据是什么？

扫一扫 看彩图

图 2-32　不同环境下的构树幼苗（沈显生摄于 2003 年）

20. 在中国科学技术大学西校区有一排行道树是七叶树（*Aesculus chinensis*），它们的生境非常相似。但是，它们每年春天发芽和秋天落叶的时间，各树之间差别很大，各物候阶段推迟或提前达 20 d。图 2-33a 和 b 是 2002 年 3 月 7 日所拍，a 图中的复叶已经发育成型，而 b 图中的枝端尚未破芽，两棵植株之间的同一物候阶段差异如此明显。请问：七叶树在物候观测中如果被选作观测对象时还有生态学意义吗？为什么？

21. 在野外观察发现，刚竹（*Phyllostachys* sp.）林里不同植株的叶片密度和叶色明显不同，见图 2-34。有些竹子叶片稀疏，叶色较黄。而另一些竹子叶片茂密，叶色深绿色。分析这是什么道理？在江南地区，冬天挖出的笋称冬笋。在长江以北地区，没有冬笋可采，这是为什么？

a　　　　　　　　　　　　　　b

图 2-33　中国科学技术大学校园内的七叶树照片（沈显生摄于 2002 年）

扫一扫　看彩图

图 2-34　中国科学技术大学校园内的竹子（沈显生摄于 2005 年）

扫一扫　看彩图

22. 莲子草（*Alternanthera sessilis*）是常见的外来入侵植物，喜生于池塘和沟边。当它的枝条位于水面以上时，其节间较短，见图 2-35b。如果把它的幼苗栽培在水里，变为沉水植物，或把它的枝条压入水中，那么，新生长出来的枝条上的叶片较小，其节间大大伸长，是原来的 4～6 倍，见图 2-35a。当植物茎的顶端一旦伸出水面后，新生长的节间长度立即恢复正常。这是什么道理？

a 水下植株　　　　　　　　　b 正常植株

扫一扫　看彩图

图 2-35　莲子草在不同环境生长的枝条形态（沈显生摄于 2000 年）

23. 如果在海拔 2500 m 的山坡上有 3 种植物，它们分别是一年生草本、具块茎的多年生草本和灌木，现在想把它们向山下引种到海拔 300 m 的山坡上。你将采取什么措施进行引种？最容易引种成功的是哪一种植物，为什么？

24. 表 2-5 是北京市 1950～1960 年的 3 种植物花期的物候观测数据（转引郑师章等，1994）。你从这些数据中能够获得哪些生态学信息？它们之间有什么规律吗？

表 2-5　北京市 1950～1960 年的 3 种植物花期的物候观测数据

年份	山桃始花（月/日）	杏始花（月/日）	紫丁香始花（月/日）
1950	3/26	4/1	4/13
1951	3/28	4/6	4/15
1952	4/1	4/4	4/18
1953	3/24	4/5	4/15
1954	3/29	4/5	4/19
1955	4/6	4/8	4/20
1956	4/6	4/12	4/25
1957	4/9	4/13	4/23
1958	4/2	4/6	4/21
1959	3/28	3/27	4/10
1960	3/24	3/31	4/9

25. 请看表 2-6，是 2006 年 9 月 3 日我国沿海几个城市的气温和海水温度。为什么上海和天津的海水温度比其邻近的南北城市的都要偏高？

表 2-6　我国沿海几个城市的气温和海水温度对比

地点	气温/℃	海水温度/℃
大连	18～24	23.4
天津	21～28	26.3
青岛	23～28	25.4
上海	28～34	30.1
厦门	26～33	29.8
深圳	27～34	29.4

26. 凡是具有块根的藤本植物，块根是生长在土壤中的，如甘薯（山芋）（*Ipomoea batatas*）、豆薯（地瓜）（*Pachyrhizus erosus*）和薯蓣（山药）（*Dioscorea opposita*）等。请看图 2-36，这棵甘薯的块根却是生长在远离地面的藤蔓上的。请问采取哪些措施才能够使得藤蔓上也能够生长出块根？另外，农民在栽植甘薯时，每隔一段时间便到地里把甘薯的藤蔓进行翻动，如果上一次是把藤蔓翻到朝向东方，下一次就将其翻到朝向西方，一般需要如此 3～4 次的翻转。他们为什么要这样做？

图 2-36　棚架上的甘薯生长出块根（照片来源不详）

扫一扫　看彩图

27. 裸子植物池杉有湿生的习性，与水杉的生境基本相同；但池杉更耐水淹，可以生长在沼泽里，甚至池塘里。由于在沼泽中缺氧，因此池杉的部分根往往从淤泥中冒出来，成为许多“膝状”呼吸根。当我们把池杉栽在池塘里的时候，由于塘中的水位较深并且稳定，池杉的呼吸根就无法伸出水面，结果导致池杉茎干位于水面以下的部位膨大起来，见图 2-37。请分析池杉膨大的茎干内部组织结构的特点与生理功能。

扫一扫 看彩图

图 2-37　生长在中国科学技术大学也西湖中的池杉茎干（胡颖摄于 2007 年）

28. 水葫芦是来自南美洲的外来入侵物种，它的繁殖速度快，生物产量大，具有发达的须根系，是理想的净化污水的植物。它最显著的特点是叶柄中部呈球形膨大，故称水葫芦，见图 2-38a。但有时候因养殖方法或环境的不同，水葫芦生长得高大粗壮，叶片高度可达 1 m，根长 80～100 cm，特别奇怪的是叶柄粗细均匀，球状膨大的结构消失，见图 2-38b。如果把这样高大的水葫芦留作种苗，在第二年的养殖中，还可以生长出个体小并具有膨大叶柄的植株。请问水葫芦叶柄形态的可塑性会与哪些环境因子有关系？

a　　　　　　　　　　　　　　b

扫一扫 看彩图

图 2-38　不同生长环境下的水葫芦（胡颖摄于 2007 年）

29. 蓼科植物的辣蓼具有地下茎，见图 2-39a，其节间膨大，节处收缩，生长有不定根。当把节间撕开后，发现节间中空，见图 2-39b。请分析辣蓼的生长环境特点是什么？地下茎的生理功能又是什么？

30. 香蕉是热带常见水果，在我国南方广泛种植。如果想要在我国北方种植香蕉，应该采取哪些措施？需要解决的关键问题是什么？

31. 当把在菜市场上购买的黄瓜保留几天后，发现黄瓜的末端开始膨大起来，见图 2-40。这是什么原因？解释其植物生理学和植物解剖学的理论基础。

扫一扫　看彩图

图 2-39　辣蓼的地下茎（沈显生摄于 2008 年）

32. 在夏季种植的黄瓜和茄子的口感要比在冬季塑料大棚中种植的好很多。同样，在冬季种植的萝卜和菠菜的口感要比在夏季高山上种植的好许多。为什么反季节蔬菜的口感普遍较差？

33. 嫁接技术在园艺学上是最基本的技术。一般情况下，嫁接是在植物枝条发芽前，将接穗向下插在砧木上。最近，发现国外有人采取反向嫁接技术，如图 2-41 所示，是将接穗向上插入砧木的。请问在什么情况下，采取反向嫁接技术比常规嫁接技术更合适？

扫一扫　看彩图

扫一扫　看彩图

图 2-40　放置几天后的黄瓜末端　　　图 2-41　柑橘的反向嫁接示意图
膨大（http://bbs.cnool.net）

34. 在大型水库、湖泊和海洋的水体中，自水面向水底的水温变化速率往往不是匀速的。在夏季不同深度的水温变化规律如图 2-42 所示。请问水温变化曲线的 B～C 线段，在生态学上称为什么现象？此现象形成的原理是什么？

35. 落叶树木在深秋是要开始落叶的。悬铃木（*Platanus* sp.）的叶片刚落在地上时叶片还是绿色的，几天后，在叶片的 3 条主脉区域出现干枯斑痕（图 2-43a）。但生于合肥的杨树（*Populus* sp.）枝条顶端叶片有时到了冬天还不脱落，经过霜冻，枝条上的叶片出现冻死的枯斑（图 2-43b）。请问悬铃木和杨树的叶片形成的枯斑为什么不同？

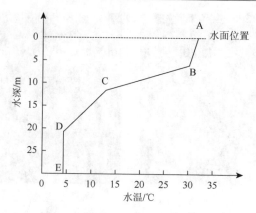

图 2-42　水库和湖泊夏季水温变化示意图

扫一扫　看彩图

图 2-43　悬铃木（a）和杨树（b）叶片上的枯斑（沈显生摄）

36. 在合肥市梅山路上栽植了许多落叶乔木无患子（*Sapindus mukorossi*），到每年的 11 月底，树上的羽状复叶全部脱落。2014 年 1 月 3 日，笔者发现在某一棵树干上生长的萌发枝条，其羽状复叶仍然未脱落，它的落叶物候阶段比其他正常枝条推迟了 1 个多月（图 2-44a）。而在合肥市芜湖路上栽植了许多二球悬铃木（*Platanus acerifolia*）行道树，2014 年 1 月 5 日，笔者观察到绝大多数二球悬铃木已经落叶，但位于马路路灯下面的二球悬铃木树枝上的叶片仍然是绿色的。经过仔细观察，凡是路灯能够照射到的树冠叶片都是绿色的，而其他叶片都已经脱落（图 2-44b）。请问这两种植物推迟落叶的生态学机理各是什么？

37. 在江淮地区用作绿篱的常绿灌木有许多，常见的有石楠（*Photinia serrulata*）、冬青卫矛（*Euonymus japonica*）和日本珊瑚树（*Viburnum odoratissimum* var. *awabuki*）等。通过观察发现，石楠在春天或秋天刚生长出的幼叶都是红色或深红色的，等叶片长大后就变绿了。但冬青卫矛和日本珊瑚树无论是在春天还是秋天，新生的幼叶都是绿的。为什么石楠和冬青卫矛的幼叶颜色不同？

38. 铺地柏（*Sabina procumbens*）往往生长在高海拔山区或高纬度地区，在我国湖北省神农架和黑龙江省五大连池都生长有铺地柏。这些铺地柏成藤蔓状习性，

扫一扫 看彩图

a　　　　　　　　　　b

图 2-44　位于合肥市的无患子（a）和二球悬铃木（b）（沈显生摄）

枝条通常紧贴着大石头表面生长（图 2-45a）。而栽培于安徽省合肥市中国科学技术大学校园的铺地柏的枝条并不平铺地面，常以约 45°向上斜伸（图 2-45b）。有意思的是，就在同一校园，位于严济慈雕像前水泥路面上的铺地柏，其枝条不斜伸，紧贴水泥路面。为什么铺地柏在不同环境下，其枝条的伸展角度差异悬殊？请从生态学角度加以解释。

扫一扫 看彩图

a　　　　　　　　　　b

图 2-45　生于五大连池的铺地柏（a）和栽植于合肥市的铺地柏（b）（沈显生摄）

39. 在中国科学技术大学东校区有一棵树龄约 60 年的老桑树（*Morus alba*），树干粗约 30 cm，树干歪斜并且大部分腐烂，岌岌可危。经连续多年观察，发现每年新生的枝条很短，一般不超过 25～30 cm（图 2-46a）。为了保护这棵桑树，笔者曾向学校后勤管理部门建议用木桩进行加固。2011 年，当使用木桩加固后，当年生长的枝条长度突然增加，长达 100～120 cm（图 2-46b）。后勤管理部门认为这样保护有效，于 2013 年将木桩更换为粗铁管（图 2-46c）。请问这棵老桑树在用木桩支撑和没有支撑情况下为何枝条生长量有如此明显的差异？

40.《晏子春秋》中有一个典故："橘生淮南则为橘（注：*Citrus reticulata*），生于淮北则为枳（注：*Poncirus trifoliata*），叶徒相似，其实味不同。所以然者何？水土异也。"请从生物学和生态学角度进行分析此典故是否具有真实性，说明理由。

当年枝条

当年枝条

枯烂的部分

树干 —— 活的部分　　　　树干 —— 木桩

2010年桑树的长势　　　　2011年桑树的长势
a　　　　　　　　　　b　　　　　　　　　　c

图 2-46　生于中国科学技术大学校园的"歪脖子"老桑树（沈显生摄绘）

41. 台湾作家林清玄在介绍农民开垦荒地播种的生产活动时，曾写下"苗（花）未发而草先萌，禾未绿而草先青"的诗句。请用生态学原理对"草先萌（或青）"现象加以解释。

42. 俗话说："有心栽花花不活，无心插柳柳成荫。"请从生态学和生物学角度来解释其中的缘故。

43. 唐代诗人白居易的诗："人间四月芳菲尽，山寺桃花始盛开。"由于桃树在我国分布较广，他所描写的这个物候现象会出现在我国哪个地区？

44. 某山区一位农户，原来在他家的猪圈旁边有一口山泉水井。后来因为改田的需要，把他家的猪圈和水井一起改造为水稻田。到了秋天，这块稻田里的稻子已经黄了，可是有两块面积不大的相邻的区域，其秧苗才刚抽穗，叶片还是绿色的。无疑这个现象肯定是由猪圈和水井引起的。请问，你如何判断在这两块绿色秧苗的地方，哪一个是原先的水井所在地？哪一个是原先的猪圈所在地？其判断的依据或原理是什么？

45. 叶片的发育顺序，一般是由叶片先端向叶片基部逐渐成熟的。但是，猪笼草为了适应捕虫功能，叶片的发育顺序则不同。首先，具光合作用的功能叶片先发育成熟（图 2-47 左侧），然后叶片顶端的中脉从叶片伸出变为卷须状，在卷须的顶端又开始膨大，发育出中空的囊状捕虫器（图 2-47 中间），最后在捕虫器顶端再生长出一个圆形的叶片状"盖子"（图 2-47 右侧）。你能解释这个捕虫器官的解剖学基础吗？

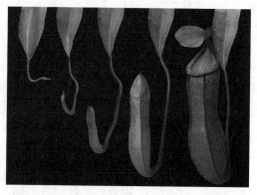

图 2-47　猪笼草叶片末端的捕虫器官发育过程

扫一扫　看彩图

46. 植物的耐旱能力超出我们的想象，像卷柏（俗称九死还魂草）生于岩石或戈壁上，旱季像死去的枯草，当得到充分水分后，立即变绿并继续生长。在福建武夷山生于花岗岩上的一种苦苣苔（苦苣苔科），这种多年生草本植物在 8 月盛夏时节叶片焦黄，基部还保留有过去几年枯死的残叶，见图 2-48，但它们没有死亡。请解释耐旱植物苦苣苔的抗旱机理是什么？

扫一扫　看彩图

图 2-48　生于花岗岩上的苦苣苔（沈显生和张倩等于 2013 年摄于福建武夷山）

47. 槲蕨（*Drynaria fortunei*）喜生于裸露的树干或岩石上，为两型叶。不育叶卵形，多数，无柄，抱茎而贴在石头上，黄色或褐色；可育叶羽状，少数，具柄且直立，绿色（图 2-49）。在这样的干燥环境下，槲蕨的不育叶具有什么样的生态学功能？

扫一扫　看彩图

图 2-49　生于花岗岩上的槲蕨（沈显生和孙红荣等于 2013 年摄于福建武夷山）

48. 中国的豹猫从东北到华南都有分布，豹猫的斑纹可根据生活环境的背景而变化。东北林业大学动物博物馆收藏有我国各地的豹猫皮毛，请看图 2-50，自上排左侧开始向右，再从下排左侧向右，是我国南北地区的豹猫斑纹由深到浅的一个连续的变化梯度。根据豹猫斑纹变化趋势判断，东北地区的豹猫是深色斑纹还是浅色斑纹？依据是什么？

扫一扫 看彩图

图 2-50　中国豹猫斑纹南北变化趋势

（沈显生和丁丽俐等于 2009 年摄于东北林业大学）

49. 植物的叶序是分类学的重要依据和特征之一。但有些植物的叶序变化无常，失去分类学价值。例如，大型多年生草本植物菊芋（*Helianthus tuberosus*，俗称洋生姜）的叶序与环境和营养状态有关。经观察发现，菊芋的叶序有三种：互生、交互对生和 3 叶轮生。一般规律是，幼苗为交互对生，遮阴环境下为交互对生，成株一般为互生，经常发现同一植株的基部为交互对生而上部为互生，在阳光充足条件下有部分的叶片为 3 叶轮生现象。请问菊芋的叶序随意改变有什么生态学适应意义吗？

50. 2015 年 1 月，农业部专家建议马铃薯在我国应成为继水稻、小麦和玉米之后的第 4 位主粮。由于西欧一些国家的马铃薯产量是我国的 7～8 倍，因此在产量方面有很大的提升空间。你认为我国的马铃薯产量是否有这么大的增产空间？为什么？

51. 世界上的海洋除了北冰洋外，太平洋、大西洋和印度洋都发生固定方向的洋流，如图 2-51 所示。请问，洋流运动的机理是什么？洋流运动的生态学意义是什么？

52. 园林上的优良绿化树种如桂花和广玉兰都是靠嫁接繁育的，嫁接桂花的砧木是小叶女贞，而嫁接广玉兰的砧木是落叶植物玉兰。在武汉、合肥和南京等城市，桂花在开花后可结果，但果实不育。然而，在皖南山区，桂花所结的果实是可育的，在大的桂花树下生有许多实生苗。为什么皖南山区的桂花可以进行有性繁殖？

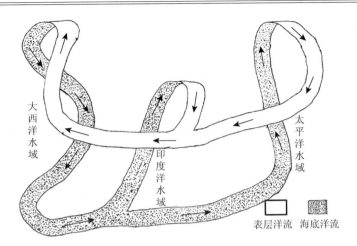

大西洋水域

印度洋水域

太平洋水域

表层洋流　海底洋流

图 2-51　世界洋流运动示意图（沈显生仿绘）

53. 荀子说："水火有气而无生，草木有生而无知，禽兽有知而无义，人有气、有生、有知，亦且有义，故最为天下贵也。"你认为荀子所说的是否符合生态学原理？

【参考答案】

一、名词解释

（答案大部分略）

6. 生物学零度——各种生物都有一个生长发育所要求的最低温度值，一旦环境温度低于该温度值时，该生物便会在生理上受到伤害。这个临界温度值即生物学零度，也叫发育起点温度。

17. 淋溶作用——通过水的媒介作用将土壤中的可溶性化合物从土壤表面向下冲洗到土壤深层的运动过程。

31. 春季环流——在春季，由于温带湖泊水表面的冰开始融解消失，当水温上升到 4℃时，水层发生上下垂直混合的过程。

32. 秋季环流——在秋季，由于温带湖泊水表面在夏季形成的热分层现象开始消失，当水温下降到 4℃时，水层上下再次发生垂直混合的过程。

33. 驯化（acclimatization）——生物个体对环境变化所表现出的形态或生理的可逆变化过程。据此，人们通过有目的地改变环境因子，使得新引进的动植物产生适应，或形成新品种（系）。

34. 绝热冷却——由位于地表下垫面的隔热作用或低气压空气膨胀引起的气团温度随海拔上升而下降的现象。

35. 温度系数（Q_{10}）——在适宜温度范围内，变温动物的体温（T_b）与新陈代谢速率的比值关系，它会随环境温度的上升而增加。

即 $Q_{10} = T_b$ 条件下的代谢速率/(T_b–10℃)条件下的代谢速率。

36. 有效积温法则——某种生物的生活史或某发育阶段所需要的总热量基本是个常数，称热常数；其发育时期内的有效温度值（高于生物学零度的部分）与发育时间的乘积也是一个常数，这叫作有效积温法则。

二、填空题

（答案略）

三、判断是非题

1. ×；2. ×；3. √；4. √；5. √；6. ×；7. √；8. √；

9. √；10. √；11. √；12. ×；13. √；14. √；15. √；16. √；17. √；18. √；19. √；20. ×；21. ×；22. √；23. √；24. √；25. ×；26. ×；27. ×；28. ×；29. √；30. √。

四、单项选择题

1. B；2. A；3. B；4. C；5. C；6. C；7. D；8. A；9. D；10. A；11. D；12. A；13. B；14. B；15. D。

五、问答题

（答案与提示大部分略）

38.（提示）A 蜂鸟、B 小褐蝠、C 鼠驹。

39. 蝗虫比较适宜于 32.2℃的温度。在"M"形曲线中央，湿度最适宜，发育速度最快，寿命最短。而这个湿度值的左或右，发育速度减缓，寿命延长。当湿度继续发生偏离时，过干或过湿都是不利的。

40. 白尾黄鼠采取行为与生理调节体温，周期地波动于 37~42℃。白尾黄鼠通过在阳光下运动使得体温高于气温，通过向环境散热，从而减少水分蒸发。但是，由于其体形小，水量少，长期高体温容易导致热昏迷，所以，当体温高到极限后又通过在树荫或洞穴里休息的方式降温。骆驼的体温升高与环境同步，通过增加体温，减少体温与环境温度的温差，减少蒸发作用，从而减少对水分的消耗。

六、综合论述题

（答案与提示大部分略）

2.（提示）植物向北分布的限制因素是冻害，关系到能否成活的问题；而植物向南分布，温度当然不是限制因素，但光周期是否得到满足，会影响其生殖生长。

3.（提示）在夏季，地表是处于由外向里的增温过程，气温高于土温；而在冬季，地表是处于由里向外的降温过程，气温低于土温。

4.（提示）在春季和初夏植物生长最快。因为水温逐渐上升，营养盐向上流动，水质清澈。然而，在夏季水体会形成斜温层，而秋季又处于降温过程，所以生产力都不是最高的。

5. 一般来说，水温是不会高于气温的。但是，高度富营养化的水体，由于水体颜色深，浮游生物丰富，水体吸收大量的太阳能，浮游藻类进行光合作用，同时也进行呼吸产生热量，而浮游动物的呼吸在不断地产热，死亡的浮游生物分解后也会产生热量，所以高度富营养化水体的温度会大幅度上升，会出现水温高于气温的现象。

6.（提示）由于果树在能量分配方面，将在营养生长和生殖生长之间进行权衡。

7. 挺水植物由于水上部分和水下部分在生长过程中遥相呼应、相互促进，为了保证高的生产量，根需要更多的氧气。而沉水植物终生在水下，气孔退化，生长速度慢，光合作用放出的氧气可用于呼吸。另外，沉水植物常有气腔储气，也可增大浮力。

8.（提示）有一定的深度、位于中低纬度、静止水体、表层有风的搅动。在夏季里有温跃层。

9.（提示）温差大，夜晚温度低，呼吸作用弱，细胞间隙小，器官形态缩小。温差小，夜晚温度偏高，呼吸作用强，需要较大的组织间隙，通过改变栅栏组织和海绵组织的结构与比例，或营养物质积累，致使器官形态扩大。但为了保水，叶片发生分裂，可减少面积。

10.（提示）山西的特殊地理位置，海拔较高，夜晚有冷湖的作用，昼夜温差大，有利于植物有机物的积累。大蒜瓣变小是由于受海拔的影响，同时大气湿度小，紫外线也较强。芜菁根变大，是由于山西比地中海的昼夜温差大。

11. 细胞的排列方式由"品"字形变成了"田"字形。由于红蓼的节具有托叶鞘，位于鞘中的节间部分是最幼嫩的，当红蓼迅速被淹，根中缺氧。可通过节间下部的薄壁细胞反分化进行分裂，形成组织间隙发达的膨大的节间以储存气体。但是，当红蓼慢慢被淹时，根组织内氧化还原电势下降，使得细胞内大量积累木质素，根就不容易腐烂，耐湿性增大，也不需要较多的氧，所以红蓼节间基部的膨大就不明显了。

12.（提示）它们是从陆地起源的，而后才适应水中生活的。证据是：叶片的气孔退化，花粉管和萌发孔（沟）存在，许多水生植物的传粉过程仍在水面以上进行的。

16.（提示）女贞不怕寒冷，而石楠怕寒冷，它是属于起源于南方的植物。石楠通过花青素把幼叶和嫩枝变为红色，可提高幼叶的温度。昆明的杨树幼叶变红是由海拔高、紫外线强、昼夜温差大所致。

17.（提示）薄壁细胞由"品"字形排列变成"田"字形排列。

18. 当暴雨来临之前空气湿度增大，植物蒸腾作用突然降低，而根系的作用仍然旺盛，大量水流继续向上运输，叶片的蒸腾作用降低后，由于茎中导管的压力很大，就沿着疤节处的木质部向外渗透（可能是侵填体不发达，或侵填体消失），便形成了水流。

19.（提示）虎眼万年青在生殖对策上采用了两面下注的方法，以营养繁殖为主，通过定芽和不定芽进行繁殖，同时，没有放弃有性生殖。

20. 水仙在长江流域栽培满足不了光照的要求，生产的有机物不足，所以水仙不开花。郁金香在长江流域栽培满足不了长日照和夜晚低温的要求，生产与积累的有机物不足，所以郁金香也不开花。互换移植，不能开花，因各自都无法满足对营养的要求。

七、应用题

（答案与提示大部分略）

1.（提示）地形可影响降水，直接作用因子是水分，间接因子是地形。因为空气团运动受阻后沿山坡抬升而降温，当达到过饱和时就降雨。

4. 请参考第 5 题，并采取其他措施，如增加光照、夜晚低温、施撒干冰、科学施肥。

6.（提示）不栽平原栽山区（山区多为酸性土），不栽北坡栽南坡，注意施肥和灌溉，多施富含硅元素的肥料（因竹子的石细胞发达）。

7.（提示）草本植物比较容易引种成功。高温高湿环境，只能在南方沿海地区找到类似的环境。

10. 桉树叶序的着生方式与营养状况和保水有关，因为在幼苗或萌发枝条上都是对生的，营养充足。当长高了以后，或在大树上，风大且阳光强，叶片互生可减少阻力，叶片镰刀形既可保水又可减少阻力。在植物进化上，对生叶序是原始的性状。

11.（提示）从叶片的功能上看，植物的光合作用与保护作用是不同的，所以对叶的形态产生了影响；从叶片所处位置上看，由于在地下土壤里与地上空气中所接触的环境条件或介质完全不同，所以叶的形态也不同。

12. 在西双版纳热带植物园里，空气湿度特别大。由于光合作用强，生产的有机物丰富，当地下的竹鞭对营养的需求饱和之后，营养就可留在地上部分。由于竹笋中上部的箨叶才有腋芽（注意：竹笋的下 1/3 部位是没有任何侧芽的），它就可以直接由腋芽发育为地上笋，而不发育为枝。

13.（提示）大的菱形叶痕是营养叶的脱落痕迹。而细且密的痕迹是大孢子叶的脱落痕迹。两者在茎上交替出现。在亚热带或温带地区不会出现这样的苏铁。在云南，苏铁一旦性成熟后每隔 1～2 年就开花。

14.（提示）在热带雨林中植物间的竞争激烈，在幼苗期快速生长是至关重要的，幼年不结实，不仅消耗少，而且寿命长。一旦竞争成功，在雨林中获得了优势地位，通过积累营养，到时候进行一次性结实，种子又多又饱满，保证后代有较强的竞争力。

15. 高大树干只有上端和下端有残存的叶鞘，而中间一段的叶鞘则已经全部腐烂。这是由于地面辐射，保持基部叶鞘的干燥；同时，当地降雨频繁而量小，雨水不容易从树顶流到树基部。在顶端的叶鞘都是刚形成不久的死叶鞘，腐烂尚有个过程。中间是由于得不到地面辐射的保护，又容易被雨水淋湿，所以，腐烂的速度就快些。

16.（提示）树干的温度和湿度不同，阳光照射的方位是固定的。地衣属于阳生植物，所以，树干右侧是朝向北的。

18.（提示）光线的强弱是主要的，接着影响到温度和叶片的小环境。

19.（提示）光合作用需要光，而光合作用与蒸腾作用是一对矛盾，左侧是散射光作用的结果，右侧是强光塑造的叶片形态。

20.（提示）植物物候期的迟早与环境有关，而同种植物不同个体的物候期的差异是遗传因素决定的，这种植物个体间的"急性子"与"慢性子"对于选作物候观测对象仍然有意义，不过每年要观测同一株植物。

21. 竹子是否发育有竹笋，通过叶色可以判断。竹子对营养生长和繁殖也进行能量的权衡。一棵竹子不能年年进行繁殖，一般每隔 1～2 年才发育出新竹笋。有了笋芽就需要大量的营养，所以，叶色浓郁且密，以保证营养供应。在长江以北地区，由于温度和光照的限制，仅能够形成春笋，而不能够形成冬笋。

22.（提示）由于莲子草是湿生植物，沉在水里的植株缺少氧气和二氧化碳，光合作用受到影响，同时水的浮力作用，以及茎的不同部位所受压强存在差异，迫使植株要尽快伸出水面，所以节间变细且伸长。

23.（提示）分阶段逐渐下移，不能一次移栽到位。一年生植物容易成功。因为世代周期短，接触新环境的频率快，更容易适应新环境。

24.（提示）从同一年份比较不同植物的物候期，从上下年份的物候期变化在不同植物间的反应方面进行分析。

25.（提示）北回归线的阳光直射是一个原因，渤海湾的海水深度、富营养化程度和洋流方向也需要考虑。

26.（提示）可采用空中包土的办法，先让茎生长出不定根。当甘薯（山芋）的茎节接触地面而生长出不定根后，叶片的光合作用营养被不定根所截留，主根就得不到营养，影响甘薯（山芋）的产量。试想一想别的办法。

31. 黄瓜的末端（瓜脐端）开始膨大，是因为果实里面的幼嫩种子产生的赤霉素和生长素加速细胞分裂，所以开始膨大。黄瓜的子房是圆柱形的，3 心皮 1 室，侧膜胎座，胚珠多数。传粉后花粉管自柱头向子房中生长，所以靠近子房末端（瓜脐端）的胚珠先受精，黄瓜采摘时是幼果，其他部位的胚珠尚未受精。

33.（提示）常绿果树。因四季常绿，营养由叶片提供。而像桃树嫁接在春季由根部临时提供营养。

38.（提示）大石头在白天能够吸收更多热量，夜晚慢慢释放，维持温度时间长。小石头吸热快，散热也快。下垫面是土壤，土壤在深层与表层间有热交换，但辐射热少。地表大气温度变化较慢。

42.（提示）植物不像动物，动物喜欢抚摸、而植物经常受到物理刺激（如抚摸，碰撞等），影响生长，干扰程度大了影响成活。柳、杨、桐（泡桐、法梧桐）扦插非常容易成功，因为枝条很容易形成不定根。

44.（提示）山泉的水温是冬暖夏凉，由温度所致；猪圈氮肥太多，营养生长过旺会影响生殖生长。同一性状可由不同的生态因子所引起，需要灵活运用生态辩证法分析问题。

47.（提示）不育叶覆盖着茎和不定根，以免遭太阳灼伤，保水；大雾天气，不育叶可吸水；下雨天，不育叶可截留岩石表面水流中的养分。

48.（提示）浅色。植被特点，北方是针叶林，南方是阔叶林。

49.（提示）菊芋为具地下块茎的多年生草本植物。叶片对生要比叶片互生的面积增大一倍。叶镶嵌现象是植物利用阳光的一种策略。例如，水面上一株菱的叶片通过叶柄变化排列有序，可实现对阳光资源的高效利用（图 2-52）。

50.（提示）不可能有这么大的空间。因为西欧尤其是北欧位于北极圈内，在夏至前后具有极昼现象，太阳整天不落，具 24 h 的日照条件。所以，马铃薯的产量会很高（以收获块根和块茎的作物产量可塑性幅度大）。在我国，马铃薯产量最高的地区应该在黑龙江、内蒙古和新疆，因为这些地方是我国具最长的日照条件的地区，但其光照条件不能与北欧地区相比。

图 2-52　水面上一株黄花菱的叶镶嵌现象

（引自 http://blog.163.com）

扫一扫　看彩图

第三章　种群生态学

学习要求：掌握物种和种群的概念，以及种群的基本特征和增长规律；熟悉种内关系和种间关系的类型，特别是种间的竞争、捕食与互利共生关系；了解种群的遗传平衡与数量调节，以及动物行为生态学；理解物种形成和物种间的协同进化机制，以及种群生活史对策和生物能量利用策略。

【知识导图】

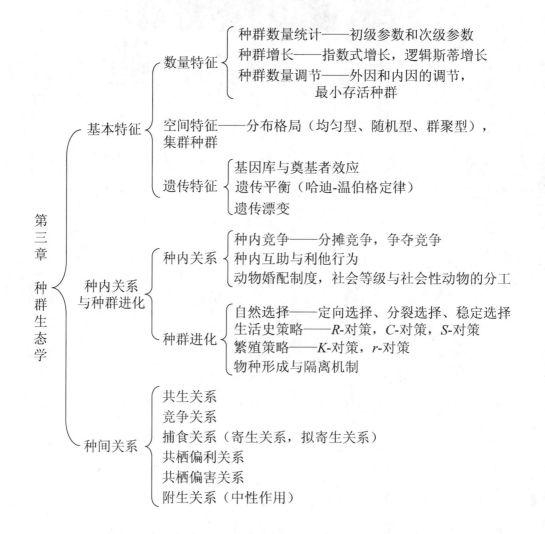

【内容概要】

一、物种与种群的概念

（一）物种

没有物种的概念，整个科学便没有了。因为科学的一切内容都需要物种的概念作为基础。但人们发现，准确地定义物种是非常困难的。什么才算是真正的物种呢？分类学家、生态学家与分子生物学家之间对其存在相当大的分歧。

过去提出的形态学种或化石种的概念，今天仍然在使用。但随着科学的发展，一些像生物学种、生态学种、系统学种等概念被提出来了。其中，生物学种是指在自然条件下享有共同基因库的整个具繁殖功能的群体，即以生殖隔离作为划分生物学种的标准。当然，生物学种也有局限性，不仅给无有性生殖的生物和古生物化石研究带来困难，而且根据达尔文在《物种起源》中所述，在种间杂交和种下单位杂交，其后代表现出由完全不育到完全可育的系列变化。此外，形态学种有大种和小种的区别，即林奈种和乔丹种，一个林奈种可能会分为若干个乔丹种。同样，对种下分类单位的划分，以及一些种是否应为亚种或变种，不同学者也会存在分歧。因为今天的物种是由过去的变种演化而来的，今天的变种将是未来的新种。

物种不仅是生物遗传繁殖的基本单元，而且是分类学的基本单元。因为属和科以上的分类单位都是人为地根据分类研究的需要设置的，是虚拟的，只有物种是真实的。

从空间分布来看，物种分为广布种和地方特有种。从新物种形成的地域关系来看，有同域性物种形成和异域性物种形成两种方式。从数量变化来看，物种形成的式样有向上进化（前进进化）和分歧进化两种方式，前者的物种数量不增加，主要是生物体制的复杂化，后者的物种数量会增加。然而，两种方式并非独立，前进进化是在物种分歧过程中由种间竞争导致的结果。新物种形成机理主要是突变、隔离、自然选择和历史时间的共同作用。当然，多倍体化和大突变也是植物新物种形成的途径。

（二）种群

种群（population）或称居群或群体，是指在特定时间内分布在一定空间范围内、可自由交流基因的同一物种所有个体的集群。它是介于生物个体与生物群落之间的一个客观存在的生物学单位，具有一定的空间结构组成、生物学特征和生态学功能。对于一个广布的物种，可能存在多个种群；而对于局域分布的特有种，往往只有一个种群。种群是物种进化的基本单元，是生态系统功能的基本单元，在食物链（网）中所标注的各种生物是指其种群。同生物有机体和生物群落相比，种群具有 3 个明显的基本特征。

二、种群的三大基本特征

（一）种群的数量特征

　　种群的个体数量的多少，称为种群大小。如果用单位面积或容积内的个体数目来表示种群大小，则称为种群密度。自然条件下，一个种群的个体数量是不断变化的，除了种群个体的迁入或迁出外，主要取决于种群的出生率和死亡率的大小，这些要素称为种群的初级参数。除了环境资源外，种群的大小和密度往往是由其生物学特性决定的。例如，有的动物喜欢独居，只有到了繁殖季节才形成群体。有些生物则喜欢群居，过着集群生活，对于这类种群的大小，根据阿利氏定律（Allee's law）——动物的种群有一个最适合的种群大小和密度，过密或过疏，都是不利的，都可能对种群产生抑制性的影响。

　　种群的次级参数有性别比、年龄结构和种群增长率。

　　性别比是指一个种群中雌雄个体的比例。一般来说，一雌一雄制的动物，雌雄性别比是 1∶1，但有时性别比也会发生偏离。而对于各种非单配制动物来说，性别比差别较大，如加拿大的一种花蛇，雌雄性别比高达 1∶1000。性别比的表示方法，是以雌性个体数为 100 时，雄性个体的数量即性别比的值。例如，当雌∶雄＝100∶85 时，性别比是 85；当雌∶雄＝100∶115 时，性别比是 115。

　　当一个种群的所有个体具有相同的年龄时，称为同龄级种群；也可以由不同的年龄个体组成，则称为异龄级种群。在异龄级种群中，各个龄级的个体数目与种群个体总数的比例，叫作年龄比例。年龄结构的表示方法是年龄锥体，或称年龄金字塔，按从下向上且由小到大的年龄比例所绘制的图，通常它是用由下向上的一系列不同宽度的横柱制成的图，横柱的上下位置反映年龄段，横柱的宽度表示各个年龄段的个体数或所占百分比。种群的年龄结构分布式样，是种群的重要特征之一。一般来说，年龄结构越复杂，种群的适应能力越强。不同年龄的个体，对环境的要求和反应是不一样的，对种群的贡献和在群落中的地位也各不相同。根据各个个体所处的发育阶段，将种群中个体分为 3 个生态时期：繁殖前期、繁殖期和繁殖后期。按照种群中繁殖前期、繁殖期和繁殖后期的个体比例，自下向上排列成年龄金字塔（年龄锥体），这样就可以预测种群的发展动态。年龄锥体分为 3 种类型，底宽顶窄的金字塔，是增长型种群；底和顶大致相等的，为稳定型种群；而底小顶大的，则为衰退型种群。因此，异龄级种群中的各个个体在群落中的分布情况，与群落的结构、生态功能、发育和演替等都有密切关系。图 3-1 是 1995 年的尼日利亚、美国、西班牙的人口年龄结构分布图，分别是 3 种增长模型的代表。

　　年龄结构的统计对于了解人口增长的历史和未来的发展趋势，以及制定社会发展规划，具有重要意义。例如，对广东省江门市 1990 年和 2000 年的人口年龄结构分布图进行分析，结果见图 3-2。前后 10 年对比，计划生育政策已显成效，1990 年人口增长是快速增长型，而 2000 年在 40 岁以下的人群结构已经显示出是缓慢增长型。

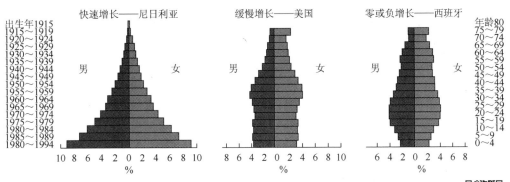

图 3-1 尼日利亚、美国、西班牙的人口年龄锥体

（数据转引自 U. S. Bureau of the Census and the United Nations Population Division）

扫一扫 看彩图

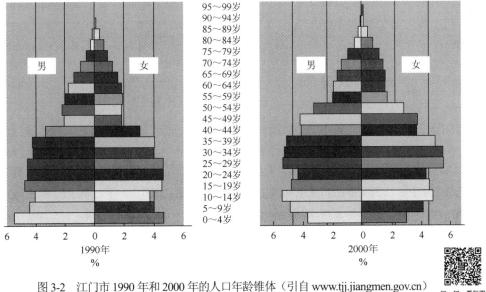

图 3-2 江门市 1990 年和 2000 年的人口年龄锥体（引自 www.tjj.jiangmen.gov.cn）

扫一扫 看彩图

图中不同颜色条带无特殊意义，主要便于左右两图相同年龄相同性别的对比，其长度仅代表百分比

    在单位时间内，出生率（b）与死亡率（d）之差为自然增长率（r），$r = b - d$。当出生率超过死亡率时，则自然增长率为正，种群的数量就增长；当出生率低于死亡率时，则自然增长率为负，种群的数量就减少；而当出生率和死亡率相等时，则自然增长率为零，种群的数量保持稳定状态。

    生命表是描述种群动态发展过程的重要分析手段，可以反映出各个时期种群的每个个体的平均生命期望值。生命表分为动态生命表和静态生命表，前者是通过连续观察一群同龄个体从出生到死亡的全部数据并进行分析的结果，而后者是根据某一特定时间对种群某一年龄结构个体的调查数据编制的。

Krebs 通过连续地对 142 个同龄的藤壶幼体进行观察与统计，并编制了一个动态生命表，见表 3-1。

表 3-1　藤壶的动态生命表

年龄*x	存活数 n_x	存活率 l_x	死亡数 d_x	死亡率 q_x	平均存活数 L_x	总年数 T_x	生命期望值 e_x
0	142	1.000	80.0	0.563	102	224	1.58
1	62	0.437	28.0	0.452	48	122	1.97
2	34	0.239	14.0	0.412	27	74	2.18
3	20	0.141	4.5	0.225	17.75	47	2.35
4	15.5	0.109	4.5	0.290	13.25	29.25	1.89
5	11	0.077	4.5	0.409	8.75	16	1.45
6	6.5	0.046	4.5	0.692	4.25	7.25	1.12
7	2	0.014	0	0.000	2	3	1.50
8	2	0.014	2.0	1.000	1	1	0.50
9	0	0	—	—	0	0	—

资料来源：Krebs，2003

*年龄非自然年，2 个月为 1 个年龄段

表 3-1 中的各项含义：x 为按年龄分段，n_x 为在 x 期开始时的存活数量，l_x 为在 x 期开始时的存活分数，d_x 为从 x 期到 $x+1$ 期的死亡数目，q_x 为从 x 期到 $x+1$ 期的死亡率，e_x 为在 x 期开始时的每个个体平均生命期望值或平均余年。表中各项之间的关系是：$d_x = n_x - n_{x+1}$，$q_x = d_x/n_x$，$L_x = (n_x + n_{x+1})/2$，$T_x = \sum L_x$，$e_x = T_x/n_x$。

净增殖率 R_0（世代净增殖率）是指各世代的存活率与生殖率积的累积值。$R_0 = \sum l_x m_x$，其中 m_x 是生殖率，是指每个存活个体产生的卵数。$R_0 > 1$，种群增长；$R_0 = 1$，种群稳定；$R_0 < 1$，种群下降。世代时间 T 是指在种群中，子代从母体出生到子代再产生新一代的平均时间。$T = (\sum x l_x m_x)/(\sum l_x m_x)$。

R_0 与 r 的关系是：$r = \ln R_0/T$。

由于 r 随 R_0 的增大而上升，随 T 的增大而下降，所以计划生育工作可根据此式从两个方面着手，一是降低 R_0 值，限制每对夫妇所生子女数；二是增大 T，推迟结婚年龄。

内禀增长率 r_m 是指在最理想的环境条件下，即不受营养和空间条件的限制，具有稳定年龄结构的种群发挥出生殖潜能所表现出的最大瞬时增长率。

关于种群增长过程的动态描述，最直观的方法是存活曲线。它是以种群的龄期或时间 t 为横坐标，对各时期种群成员的存活数量 N 作图，见图 3-3。存活曲线在理论上可分为 3 类：A 型——凸型成活曲线，表示种群成员在接近其物种生理寿命之前，很少死亡。例如，一年生植物、大型哺乳动物和人的存活曲线与此类似。B 型——呈对

角线的成活曲线，表示在各时期死亡率相等。例如，多年生草本植物和鸟类的存活曲
线。C 型——凹型存活曲线，表示幼体死亡率高，成体死亡率低。例如，木本植物、
鱼类和寄生虫等，都比较符合 C 型曲线。

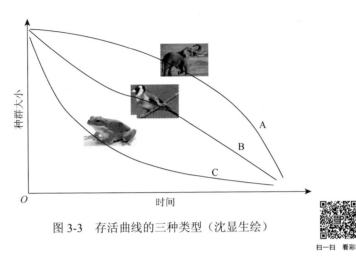

图 3-3　存活曲线的三种类型（沈显生绘）

（二）种群的空间特征

1. 空间分布格局

与人工种群不同，自然种群具有一定的分布区域和分布式样。一个种群在其生境
内的空间配置式样，称为空间分布格局。它是对种群的小尺度空间特征的描述，而一
个物种的大尺度空间特征称为地理分布。影响种群分布格局的因素有：生物学特性、
种内关系、种间关系和环境因素。一般来说，种群的分布式样有三种类型：①随机型，
$S^2 = m$，或 $S^2/m = 1$；②均匀型，$S^2 = 0$，或 $S^2/m = 0$；③群聚型，$S^2 > m$，或 $S^2/m > 1$。
其中，方差计算公式如下。

$$S^2 = \sum(x-m)^2/(n-1)$$

式中，x 为样方中某物种的个体数量；m 为全部样方中的个体平均数；n 为样方总数。

2. 集群生物

在自然界中，有些生物的一生或某发育阶段，由许多个体共同形成高密度的或
大或小的集群（colony），称为构件生物，如盘藻、黏菌、苔藓虫、复合管水母、水
螅和海鞘等。在集群中，有一些生物在个体间没有发生功能分化，如盘藻和草莓。
而另一些集群生物，其个体间却发生强烈的功能分化，如管水母的个体分别特化为
浮漂、触手、触管、游泳肢、芽殖体和起保护作用的苞片。集群生物具生态学适应
基础，采取集群的形式可提高共同防御天敌的能力，抵抗胁迫环境，提升共同搜寻
食物和取食的效率，有利于繁殖和幼体发育，有利于繁殖体的传播和迁移。当然，
集群过大也会造成对食物的竞争，或更容易暴露在捕食者面前，以及增加感染疾病
的风险等不利因素。有些植物也可形成集群，如团藻、大藻、凤眼莲和竹子等。

（三）种群的遗传特征

1. 基因库与遗传平衡

一个种群所具有的基因总和，称为基因库。在种群内部，基因的交流是自由的。种群的遗传特征是多方面的。在一个足够大的种群中，如果没有迁入和迁出，各代之间的基因频率和基因型频率保持稳定，称为哈迪-温伯格定律（Hardy-Weinberg's law）。这个遗传平衡定律是有一定条件的，要求：①随机交配，②无选择，③无突变。但是，在自然界满足这些条件似乎是不可能的，所以遗传平衡是相对的，进化是不可避免的事件。

哈迪-温伯格定律的要点如下：①在随机交配的大群体中，如果没有其他因素的干扰，则各代基因频率保持稳定不变；②在任何一个大群体内，不论基因频率如何，只要有一代的随机交配，这个群体就可达到遗传平衡；③一个群体在遗传平衡状态时，我们用 D、H、R 分别表示显性纯合体、杂合体、隐性纯合体的基因型频率，用 p 和 q 分别表示显性基因和隐性基因的基因频率，则基因型频率和基因频率的关系是 $D = P^2$，$H = 2pq$，$R = q^2$。

遗传平衡公式：$(p + q)^2 = p^2 + 2pq + q^2 = 1$。

然而，在小种群中，各代之间的基因频率和基因型频率常不稳定，容易发生频率的增减，或特有基因的丢失，或遗传结构发生不定向的趋异变化，称为遗传漂变。

建立者效应（founder effect）——在一个新种群中，基因（型）频率和特有基因频率代际间的传递，将完全依赖于少数几个原先移植者的基因型，也称为奠基者效应。由于新的种群和原有的种群所处地域不同，选择压力不同，因此新种群与原有种群的差异越来越大。

种群的表现型（表型）（P）与环境（E）、基因型（G）以及环境和基因的相互作用（GE）的程度有关。用公式可以表示为：P = G + E + GE。

种群的表现型是由基因控制的，但是表现型有不同层次水平：分子水平、代谢水平、细胞水平和个体水平。一个物种的表现型是其所有种群的基因型和环境生态因子共同作用的结果。表型组（phenome）是指某种生物的全部性状特征，既可表示一个基因型与环境互作产生的全部物理、生理和生化特征与性状，也可表示某种生物的不同基因型与环境互作产生的全部物理、生理和生化特征与性状。表型组学（phenomics）是一门在基因组水平上系统研究某种生物在各种不同环境条件下所有的表型。

环境饰变——具有相同遗传基因的个体，由于环境和营养的差异，在形态上会发生可塑性分化，也称为生态变式。与生态型不同，环境饰变是一种不稳定的非遗传的形态变异。在自然界存在着环境饰变和生态型之间的过渡类型。在遗传学上，后天因素与先天因素的对立在很大程度上已失去意义，因为大多数进化生物学家感兴趣的生物特性——大小、形态或生活习性等，都同时受到这两种因素的影响。

2. 种群分化——物种的形成

根据群体遗传学，一个物种往往有多个种群，正是由于各个种群所接触的环境不同，通过种间长期的隔离，具有相同基因库的种群间因突变的积累和环境的选择，基因库出现了较大的差别，最终导致遗传上的生殖隔离，或因染色体组的多倍化，最终进化出新的物种。所以说，种群是物种多样性进化的基本单位，而物种是分类学和繁殖的基本单位。

隔离的形式有：地理隔离、季节隔离、行为隔离、食物隔离、生态隔离和生殖隔离（又分为合子前隔离与合子后隔离）。

地理隔离在物种的形成过程中是重要的，正是由于地理隔离，种群间的基因流才会中断，最终达到生殖隔离。例如，悬铃木科两种植物的地理隔离是显著而有效的，三球悬铃木（*Platanus orientalis*）分布于欧洲，一球悬铃木（*P. occidentalis*）分布于北美洲，两种植物长期相隔离。后来，在人工授粉条件下，打破了地理隔离和生殖隔离实现了人工杂交，最终培育出二球悬铃木（*P. acerifolia*）（图 3-4），它的果实几乎是不育的，依靠营养繁殖。

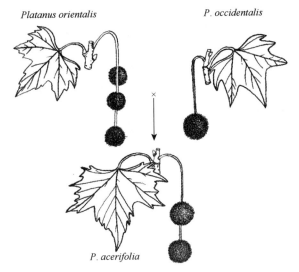

图 3-4　二球悬铃木的培育过程（沈显生绘）

生殖隔离也是物种分化与形成的重要条件。例如，玉米螟分布广泛，亚洲玉米螟（*Ostrinia furnacalis*）和欧洲玉米螟（*O. nubilalis*）的外生殖器形态已有明显区别，但两个物种皆以顺（Z）-十四碳烯醇乙酸酯作为性信息素，说明当初它们由同一物种通过地理隔离分化而来。在我国北方部分地区，当亚洲玉米螟和欧洲玉米螟发生分布区重叠时，亚洲玉米螟以反（E）-12-十四碳烯醇乙酸酯，而欧洲玉米螟则以反（E）-11-十四碳烯醇乙酸酯分别作为各自的性信息素，两者通过性信息素反式异构体微小的"错位"继续保持生殖隔离。

物种形成方式有异域分化和同域分化。前者容易理解，而后者难以领悟。其实，每一个新物种的出现，在时间上和空间上总是与事先存在的、并与之有密切亲缘关系的物种相关。

另外，最新研究表明，动物的迁移能力对物种形成也有作用。一个物种在某区域栖息的时间越长，就越可能发生物种分歧。

3. 自然选择

自然选择是生物进化的主要动力，但不是唯一的动力。在生命世界中，自然选择对生命个体来说是一种环境压力，是无情的淘汰力量；而适者生存或称为生存竞争，是每个生物有机体面对环境压力所表现的一种进化力量。因为生物的目的是要生存、要竞争，要在逆境中留存后代。所以说，生命是借自然选择而进化的物质。难怪有人说自然选择论是同义反复，自然选择与适者生存是反映同一事物或现象的正反两个方面。

自然选择一般作用于生物有机体和群体水平，通过影响个体表现型和生理生化代谢方面，以及群体基因库，最终影响种群生殖适合度。自然选择按照作用类型或方向性分为以下几类。

1）定向选择：由于环境的改变直接导致新的性状发生。例如，高温和干旱环境对不同的科属植物的肉质茎的性状发生；欧洲工业化大发展时期的桦尺蠖黑化现象，以及后来污染治理时期的桦尺蠖灰化恢复现象。在定向选择中存在着生物的主动适应过程，是选择和适应共同导致生物形态结构的改变。生物的进化无方向性，自然选择有方向性就是指定向选择。

2）分裂选择：由于环境的改变，其环境被分隔为不同的环境，导致生物的性状出现间断现象。例如，在西班牙马德拉岛上，甲虫的翅膀根据环境特点分别向着无翅、残翅和特发达翅三个类群进行分化。

3）稳定选择：由于环境的作用，种群向性状的中间状态发展，淘汰处于性状两极的个体。例如，人类新生婴儿的体重趋于平均值的，成活率最高，而过重或过轻者都不利于存活。物种的长期不变就是稳定选择所致。

如果按照自然选择的作用水平，自然选择的类型又可分为以下几类。

1）个体选择：由于个体间的基因和表型的差异，环境直接作用于个体，最终淘汰劣质基因或弱者。

2）亲属选择：具有亲缘关系的族群或社会群体，个体的牺牲或利他行为可以提高另一个个体的存活力或繁育能力，对种群的适合度有重要贡献。

3）群体选择：较大的种群分为若干个小种群，选择只发生在某个小种群里。

4. 性选择

性选择发生在群体水平，往往是在一个非乱交的群体发生。在繁殖季节，动物为了获得优质的交配对象而进行选择。一般都是雌性选择雄性，偶尔有雄性选择雌性的物种。不同的动物在性活动过程中，交配前和交配后会采取一些不同的竞争策略。

1）性伴侣选择：动物根据第二性征选择健康的并且自己喜爱的性伴侣。第二性征是与配子形成无关的性状与结构，包括两个方面，一是争夺雌性配偶的武器，二是赢得雌性喜欢的性状。

2）性活动（或行为）选择：一些动物对交配的时间和场所都有要求，甚至在行为上有固定套路，如展示巢穴、赠送礼物等。由于精子数量多，体积小，雄性通常不抚育后代，而雌性在交配受孕后便拒绝交配，接着进入孕育期和抚育期，投入能量太多。根据双亲对后代投资理论，通常是雌性挑选雄性。

3）配子选择：这关系到能否形成合子，并会影响种群基因频率。配子选择多指对雄性生殖细胞的选择，直接影响后代的生活力。

性选择与自然选择在相反的方向上起作用，两者常是对抗的。一般来说，一种生物的第二性征在性选择与自然选择中求得平衡点。如果将能量过多投入第二性征，会影响雄性存活率甚至造成物种灭绝，这称为性选择失控理论。

三、种群增长的模型

（一）种群在资源和空间是无限的环境中的指数式增长

1. 世代不相重叠种群的离散增长模型（差分方程）

在这个最简单的单种种群增长模型的概念里，包括下列 4 个假设条件：①种群增长是无限的，并且种群所利用的环境资源也是无限的；②种群的各世代不相重叠，增长不连续；③种群处于没有迁入和迁出的封闭系统内；④种群没有年龄结构，为同龄级种群。

描述这种最简单的单种种群增长的数学模型，通常是把世代 t（第 t 代）的种群大小 N_t 与世代 $t+1$ 的种群 N_{t+1} 联系起来的差分方程：

$$N_{t+1} = \lambda N_t \text{ 或 } N_t = N_0 \lambda^t$$

式中，N 为种群大小；N_0 为种群起始数；t 为时间即代数；λ 为种群的周限增长率。周限增长率 λ 是种群增长模型中有用的参量，如果 $\lambda = N_{t+1}/N_t = 1$ 时，表示种群数量在 t 代时和 $t+1$ 代时相等，种群稳定。当 $\lambda > 1$ 时，种群上升；当 $\lambda < 1$ 且 $\lambda > 0$ 时，种群下降；当 $\lambda = 0$ 时，雌体没有繁殖力，种群在这一代中灭绝。

2. 世代重叠种群的连续增长模型（微分方程）

对于世代间有重叠现象的种群，如多年生动植物，其种群的数量以连续的方式改变，种群增长的数学模型是建立在如下假设条件基础上的：①种群增长是无限的，同时环境资源也是无限的；②种群的世代相重叠，增长表现出连续性；③种群有年龄结构，为异龄级种群；④种群处于没有迁出和迁入的封闭系统内。

描述这种连续增长的单种种群的数学模型，通常是将在连续发育时间 t 时，种群的大小 N 与瞬时增长率 $r_4 \left(r_4 = \dfrac{N_{t+1} - N_t}{N_t} \right)$ 联系起来的微分方程，即

$$\frac{\mathrm{d}N}{\mathrm{d}t} = r_4 N$$

其积分式为

$$N_t = N_0 \mathrm{e}^{r_4 t}$$

其图像为"J"形曲线，见图 3-5 中的左侧曲线。

在积分式中，N_0、N 如前所定义，而 t 不是指世代数，而是指种群发育的整个时期，是连续的时间。e = 2.71828… 为常数，r_4 为种群的瞬时增长率。如果以 b_4 和 d_4 分别表示种群的瞬时出生率和瞬时死亡率，那么 $r_4 = b_4 - d_4$。r_4 与 λ 的关系为 $r_4 = \ln \lambda$ 或 $\lambda = \mathrm{e}^{r}$。瞬时增长率有 4 种变化情况：当 $r_4 = 0$ 时，种群稳定；当 $r_4 > 0$ 时，种群上升；当 $r_4 < 0$ 时，种群下降；当 $r_4 = -\infty$，雌体无生殖力，种群灭绝。

当种群的数量翻一倍时，即 $N_t = 2N_0$，根据 $N_t = N_0 \mathrm{e}^{r_4 t}$，$\mathrm{e}^{r_4 t} = 2 \ln 2 = r_4 t$。

则种群加倍的时间：$t = 0.69315/r_4$。

（二）种群在资源和空间是有限的环境中的增长——逻辑斯蒂增长模型

逻辑斯蒂（logistic）增长模型要满足下列条件：①设想环境条件有一个允许种群增长的最大值，称为环境负荷量或容纳量，常以 K 表示。当种群数量达到 K 值时，环境限制种群，将不再迅速增长。②设想使种群增长率降低的影响因素是最简单的，排除其他若干要素的影响，即其影响随着种群密度上升而逐渐地、按比例地增加。当种群中每增加一个个体就对增长率的降低产生 $1/K$ 的影响。因此，把 $K/(K-N)$ 或 N/K 看作种群增长的环境阻力，这种阻力随着种群数量的增加而增大。③种群增长是连续的，具有世代重叠现象。

逻辑斯蒂方程（微分式）：

$$\frac{\mathrm{d}N}{\mathrm{d}t} = r_4 N \left(\frac{K-N}{K} \right)$$

逻辑斯蒂方程微分式的基本结构与指数式增长方程相似，只是增加了一个修正项（$1-N/K$），即密度制约因子。当以时间 t 为横坐标，以种群大小 N 为纵坐标，逻辑斯蒂方程的图像是"S"形（图 3-5 中的右侧曲线）。

逻辑斯蒂方程的积分式：

$$N_t = K/(1 + \mathrm{e}^{a - r_4 t})$$

其中，$\mathrm{e}^a = (K - N_0)/N_0$　　　　$\mathrm{e}^a = \mathrm{e}^{r_4/K}$　　　　$a = r_4/K$

如果我们以种群大小 N 为横坐标，以群体增长率 $\mathrm{d}N/\mathrm{d}t$ 为纵坐标，则可得到一个抛物线的图像。在图像的顶点，对应的种群密度是 $K/2$（图 3-6）。也就是说，在种群密度为 $K/2$ 时，种群的增长率是最大的。根据这个密度，我们可以计算出种群的最大持续增长量。

根据公式：$\mathrm{d}(K/2)/\mathrm{d}t = r_4(K/2)[1-(K/2)/K]$

$$\mathrm{MYS} = r_4 K/4$$

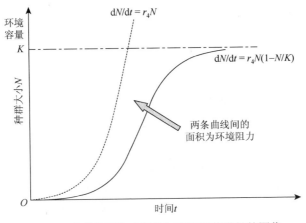

图 3-5 种群的指数式增长与逻辑斯蒂增长的图像

最大持续增长量（MYS）（其实，这里是最大持续增长率）是 $r_4K/4$。种群的最大持续增长量是指在每个时刻，种群都能够获得 $r_4K/4$ 的最大增长速率，并且这个高速率是持续的，不是阶段性的，更不是一次性的。或者说在始终维持 $K/2$ 种群密度的条件下，人们可望从种群中获得最大的生物量（产品收获效率），即在最大持续增长量时补充量等于或超过收获量。最大持续增长量理论不仅具有重要的生物学意义，更重要的是具有经济学意义。

另外，从图 3-6 中可以看出，除了最大的增长率外，任何一个增长率都可以通过两个不同的种群密度来实现，如 $K/4$ 和 $3K/4$ 的增长率是相同的。为什么？

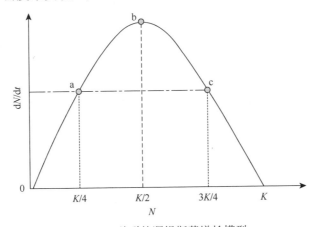

图 3-6 种群的逻辑斯蒂增长模型

a 为 $K/4$ 的增长率；b 为 $K/2$ 的增长率；c 为 $3K/4$ 的增长率

四、种群数量的调节

调节是维持生命体的生存和繁殖的稳态过程，调节的结果是实现内平衡，在生理水平到生态系统水平都起重要作用。

一个种群的数量既不会保持连续无限增长，也不会长期保持恒定不变，其大小的波动是由出生率和死亡率、迁入和迁出这两对因素决定的，再加上环境的影响，种群数量始终处于动态的变化过程中。

种群的数量波动，可以是周期性的（如季节消长），也可能是随机的（如种群暴发）。在较长时期内，一个种群的数量能够维持在大致相同的水平，叫作种群平衡。

种群平衡不仅需要稳定的环境或栖息地，而且需要种群具足够的最小密度。在其他条件不变时，我们把在自然条件下能够维持种群持续生存的最小种群数量，称为最小可存活种群（minimum viable population）。这个概念在生物多样性保护工作中具有重要意义。但是，当一个外来小种群到达新的栖息地后，可通过提高适合度，不断扩大种群数量和分布范围，并对当地土著物种产生了抑制作用、伤害或致死，这种现象称为生态入侵（ecological invasion）。

那么，种群平衡是如何实现的呢？一般认为是外因和内因两个方面的因素在起作用。

（一）外源性调节理论

影响种群大小的外部因素：气候因素、土壤因素、生物因素、营养因素、化学因素、空间因素和污染物因素。外源性调节理论有两个：非密度制约的气候学说和密度制约的生物学说。

密度制约效应——种群的实际增长率是随着密度的增大而下降，随密度的减小而上升，最终其数量大小（N）接近于环境容纳量（K），这是负反馈作用。

（二）内源性调节理论

内源性调节理论强调种群自身的生物因素，有三种学说：社会性交互作用调节学说、病理效应学说和遗传调节学说。这三个学说的共性在于：调节是种群对环境的适应性反应；种群个体间存在生理的或遗传的异质性；种群的初级参数是由密度制约的。

其实，种群数量的调节是非常复杂的，外源性调节和内源性调节不是孤立的，而是有或多或少的联系。有时候也可将种群数量调节机制分为生物因素和非生物因素。在食物网中，捕食关系就是一个重要的调节因素，但那些位于食物链顶端的物种，其种群数量的调节除了主要依靠营养因素外，自身的生物因素也起作用。例如，新狮王的杀幼行为。再如，银环蛇在自然界中少有天敌，据资料记载，在印度热带雨林中，当一条雄性银环蛇向交配后的雌性银环蛇求偶而遭到拒绝后，雄性银环蛇恼羞成怒，竟然凶猛地对雌性银环蛇下毒手，杀死后还想吞食掉，终因雌蛇个体较大在吞了一半后又吐了出来。这可不是简单的同类相食，而是要一并杀死雌蛇体内的几枚已经受精的蛇卵。

五、种内关系

在自然界中，种内关系具有多样性，包括竞争、互助、利他和相互蚕食。

（一）种内关系的类型与特征

1. 竞争关系

物种内部的竞争是较普遍的现象，它决定了种群的发展动态和增长过程。在自然界，种内竞争是常见的。竞争是指在不同的个体之间，随着种群密度的增加，表现出对共同的资源和需求发生相互争夺和相互干扰（侵犯行为）的现象。

按照竞争的性质，竞争可分为两类：性竞争和资源竞争。

按照竞争的方式，竞争也可分为两类：分摊竞争和争夺竞争。

（1）竞争的类型

1）分摊竞争：种群中所有个体都有相等的机会去享用有限的资源，都可以自由参与竞争。由于竞争没有产生绝对的胜利者，有时全部个体通过竞争获得平均数量的资源。但有时，由于所获资源都不足以维持生存所需要的能量，最终使种群难以维持，全部死亡。在分摊竞争的早期，种群数量没有超过环境负荷量（环境容纳量），死亡率为零。但当种群数量超过环境容纳量的极限时，死亡率骤增，个体间互不相让，种群将会消亡。

2）争夺竞争：种群中的个体具有不等的机会和权力来享用资源。通过竞争，胜利者为了它们的生存和繁殖的需要，尽量多地占据环境资源，而竞争失败者则把资源让给胜利者，失败者最终死亡。群居的动物通过竞争常建立等级制度，确立群体中的一个成员对于其他成员所处的优劣位置。物种内的争夺竞争，使得在一定范围内种群数量在达到环境负荷量之前是上升的，且由于存活个体在生活中能够获得充分的资源，使种群能长期地维持在靠近环境负荷量的水平上。例如，植物对空间的竞争就是争夺竞争，当植物个体长大时，存活的个体数量越来越少，活下来的植物能得到它们所需要的全部资源。

在自然界中，物种内竞争主要归于这两种类型。但是，从分摊竞争到争夺竞争存在着不同程度的过渡类型。

植物的自毒作用是通过留在土壤中的次生物质，抑制或干扰同种植物生长的现象，是属于干扰或争夺竞争。例如，豌豆、西瓜和番红花等不能在同一块地里重茬种植。

（2）种内竞争的特征

无论是植物还是动物，种内竞争具有共同的特征。

1）竞争有限的资源。竞争的资源一般是有限资源，是指某种资源处于限制供应时的情况。只有当某一种资源成为限制因子时，种内个体间才会发生竞争。当普遍发生竞争时，种内竞争比种间竞争更加激烈。

2）竞争的个体间具有平等性。种内个体间在竞争中基本是平等的。但在一定的情况下，物种内竞争往往会偏利于某些个体。例如，同一批种子中，发芽早的比发芽晚的偏利。同一窝产的仔猪，摄食量大的比摄食量小的偏利。因此，我们看到的种内个体之间的差异，往往是竞争以后的结果。在排除遗传基因的作用下，个体生来是平等的，是竞争导致了差异。

3）竞争的程度直接受到密度的制约和调节，并且是有分寸的。种群内的个体数量越多，竞争就越激烈，对每个个体的影响也越严重。因此，种内竞争是由密度制约的，即无论何时产生竞争，它既来源于密度，又作用于密度，种内竞争具有调节种群数量动态的作用。调节是使得种群从一开始的具有较大的密度变化范围，慢慢地最终过渡到具有一个较小的密度变化范围（幅度）的增长过程。同种动物个体间竞争通常保持克制精神，具有"绅士"风度，一般不会导致对方致死。

4）竞争的结果是限制生物个体生物潜能的发挥。生物潜能的限制是相对于无竞争个体而言的。一般来说，这种限制与竞争直接相关，也可能与竞争间接相关，它是通过能量分配来限制的。因为限制生物有机体潜能的发挥，最终也会导致种群后代数量的减少。

2. 互助关系

在自然界中，有一些生物在一定的数量范围内，随着种群数量增加反而有利于群体的繁殖和个体的存活或生长，这就是种群的互助关系，也称为负竞争现象。因为在同一社会群体成员中，会互相帮助，共同抵御入侵者。例如，海鸠（*Uria aalge*）哺育后代的成功率与种群密度成正比，因为大量的海鸠能够集体防御其他海鸟的侵害。但是，如果海鸠数量过多，同样会出现竞争。在同一社会群体成员中，也会互相帮助，共同抵御入侵者。

同样，植物也有负竞争。例如，陆地棉（*Gossypium hirsutum*）的幼苗在苗期存在负竞争现象，单独生长的幼苗不及群体幼苗长得壮实。但在苗期以后的营养生长时，同样会出现竞争现象。有趣的是，水葫芦也具有负竞争现象。试验证明，单株养殖的水葫芦营养繁殖速度明显慢于高密度下的群体，甚至会出现单株水葫芦极容易开花的现象。

3. 利他行为

种群内个体间因亲缘关系的原因，一些个体表现出有利于其他个体的存活和生殖而牺牲自身利益的行为，这称为利他行为。利他行为在自然界普遍存在，一种是有利于个体后代的利他；另一种是近亲之间的照顾，可提高群体的适合度，其实质属于亲属（亲缘）选择。例如，在膜翅目社会性昆虫中，利他行为表现得尤其明显。亲缘系数（r_3）的大小涉及共同祖先数（N）和代距（n）两个变量。计算公式为

$$r_3 = N(1/2)^n$$

一般来说，两个有亲缘关系的个体间具有 2 个共同祖先，但属于同父异母或同母异父的，其祖先数为 1。而两个有亲缘关系的个体间的代距数，是按照"∧"形从一个个体向上数直到祖先再往下数，直到另一个个体。例如，你和你的侄儿之间的

代距是 3。你与祖父的亲缘关系和你与你的叔叔是一样的，都是 1/4。同卵双胞胎的亲缘系数是 1。

利他行为分为两类：无条件利他行为和有条件利他行为。

此外，除了上述 3 种类型外，物种内还存在相互蚕食的特殊现象，原因是食物匮乏或性选择行为，出现雌性捕食雄性，或杀幼，甚至大个体捕食小个体的现象。例如，黄鳝在饥饿时会捕食小个体的同类。

（二）植物的种内竞争

Palmblad（1968）曾将一年生植物荠菜（*Capsella bursa-pastoris*）、小飞蓬（*Conyza canadensis*）和大车前（*Plantago major*），分别以不同密度（1 粒、5 粒、10 粒、20 粒、40 粒）种植于同等大小的花盆中，并统计它们的出苗率、营养期死亡率、生殖期成活百分率、不育植株百分率、干重、平均每株结实数和每盆结实数。实验结果表明，随着种群密度的增加，种群个体的存活率、发芽率和结实率都朝着减小的方向发展，竞争趋向激烈，这主要是密度制约的结果。但是，不管播种的种子密度如何，最终单位面积的生物量却基本保持稳定，即所谓的最后产量衡值法则。

$$Y = w \cdot d$$

式中，Y 为单位面积产量；w 为植株平均重量；d 为密度。

不管每盆播种的密度相差多大（要在一定的范围内），植物种群最终可以通过自身调节而保持生物量相对稳定（实际上是按照 $-2/3$ 斜率下降）。这种调节不仅通过种子数量，也通过种子质量，即种子数多时则种子小，种子数少时则种子大，来实现功能补偿作用，或通过植物器官的大小进行调节。植物种内竞争实际上是个体间对地下和地上空间资源及阳光资源的争夺。

邻接效应——随着一个种群密度的持续增加，相互邻接的个体间出现了越来越明显的相互影响。

随着种群密度的增加（在一定范围内），植物个体间的影响不仅表现在器官的形态和寿命以及生长发育的速度方面，而且植物体的成活会受到影响，最终使得种群密度下降，这个过程称为自疏现象。由于自疏的作用，密度与个体大小之间表现出一定的规律。当以密度（d）变化为横坐标，以个体平均重量（w）为纵坐标时，自疏作用在双对数坐标中具有 $\lg w = -3/2 d + \lg c$ 的图像（c 是常数）。或表示为：$w = c \cdot d^{-3/2}$，也称为 $-3/2$ 自疏法则（或称为 $-3/2$ 幂定律）。也就是说，在一定密度范围内邻接效应影响最明显的是个体产量。

（三）动物的种内竞争

Branch（1975）曾观察不同密度下幅贝（*Patella cochlear*）的生长情况，发现当种群密度增大时，幅贝种群的总生物量将稳定在 125 g/m^2 左右，但其个体的最大体形将有所减小。这反映出物种内竞争的调节作用和个体反应的可塑性。

蝗虫种群的种内竞争，首先是雄蝗虫为吸引和控制雌蝗虫而发生的竞争。随着雄蝗虫数量的增加，每个雄虫所能交配的雌虫越来越少，并出现为争夺雌蝗虫的种内竞争。其次，蝗虫种内竞争还表现在已交配过的雌蝗虫为寻找产卵场所发生的竞争。最后，蝗虫为了生存，必将为有限的食物资源而发生竞争。蝗虫种群的数量越多，竞争越激烈，其生物潜能的发挥也将受到限制。

动物的物种内竞争也受亲缘关系的影响。例如，海葵的成体大脑退化，仅靠触手搜寻食物。一只海葵的幼体可在水中进行分裂繁殖，形成由多数个体组成的无性克隆系。同一个克隆系的个体间从不发生冲突，和平相处；而不同的克隆系个体间却冲突不断。

六、种间关系

（一）种间关系的类型

在自然界中，不同的种群混居在一起形成群落，必然会出现以争夺空间和食物等资源为目的的种间关系。由于长期进化的结果，群落中这种种间关系得以维持和发展。从理论上来讲，一个物种对另一个物种的影响只能有三种形式，即有利（＋）、有害（–）、无利无害（0）。因此，两个物种生活在一起形成的种间关系共分六大类型：捕食关系、竞争关系（抗生）、共生关系（互利）、共栖偏利关系、共栖偏害关系和附生关系（中性），见表3-2。

表 3-2　种间关系的类型

	物种 1 对物种 2 的影响		
	+	0	–
物种 2 对物种 1 的影响　+	++	+0	+–
0	+0	00	–0
–			– –

注：++. 共生关系，两个物种相互受益，也称为互利共生，如由藻和菌形成的地衣。另一种称为原始协作，是互利共生关系早期阶段，解除协作，双方仍能独立生活，如响蜜䴕与食蜜獾的关系

　+0. 共栖偏利关系，两个物种生活在一起，一种受益，而另一种无任何影响，称为偏利作用，如绿海葵（*Anthopleura midori*）和肤石鳖（*Ischnochiton coreanicus*）共栖，后者食用前者的食物残渣和粪便而受益

　+–. 寄生关系或捕食关系，两个物种生活在一起，一种受益，另一种受伤害。在寄生关系中，寄生者比宿主个体小；在捕食关系中，捕食者常较猎物个体大

　00. 附生关系，也称为中性作用，两个物种生活在一起，仅是形式或位置上的结合，对两个物种都无影响，它们对环境的需要各不相同，如树干上附生的苔藓和地衣同树木的关系

　–0. 共栖偏害关系，或称孤生关系，也称为偏害作用，两个物种生活在一起，一种无影响，而另一种受伤害，如田菁（*Sesbania cannabina*）植物根部分泌的田菁酰胺 A 对禾本科杂草有抑制作用，但对田菁的其他植株无影响

　– –. 竞争关系，也称抗生关系，两个物种生活在一起，都会受影响，通过竞争争夺资源与空间

（二）竞争关系

种间竞争是指不同的种群之间，因为营养资源和空间资源有限，种间发生相互争夺和相互干扰的现象。种间竞争分为资源利用性竞争和干扰性竞争。

1. 种间竞争的类型

（1）资源利用性竞争

著名的Gause种间竞争试验，是将亲缘关系和生态习性相近的大草履虫（*Paramecium caudatum*）和双核小草履虫（*P. aurelia*）共同培养在以酵母为营养的溶液中，最后发现大草履虫被淘汰了。如果将两者分别单独培养时，都符合"S"形增长曲线。另外，Gause将双核小草履虫与袋状草履虫（*P. bursaria*）共同培养在含有酵母和细菌的混合溶液中，最后发现双核小草履虫分布在溶液的上部，以细菌为食物；而袋状草履虫分布在溶液的下部，以酵母为食物，两者通过食性和栖息环境的分化，最终形成了共存的局面。

另外，在资源利用性竞争方面，Titman研究了星杆藻（*Asterionella formosa*）和针杆藻（*Synedra ulna*）两种淡水硅藻对环境中硅酸盐的利用竞争。先将两者分别培养，发现星杆藻对环境中的硅酸盐浓度需求较高，而针杆藻则对环境中硅酸盐浓度要求不高，可维持在很低的水平。当把两者共同培养在同一个溶液中时，随着硅酸盐资源的消耗，最终将星杆藻淘汰。

（2）干扰性竞争

这种竞争方式不同于前面所述，由于环境资源是丰富的，利用资源不是主要矛盾，而是采用不正当手段直接伤害或干扰对方，以控制对方数量，使得自己的种群占优势。例如，杂拟谷盗（*Tribolium confusum*）和赤拟谷盗（*T. castaneum*）生活在同一个环境里，尽管食物资源丰富，可它们通过相互偷吃对方的卵来干扰对方。

2. 洛特卡-沃尔泰勒（Lotka-Volterra）竞争模型

当两个物种生活在一起时，竞争是必然的。那么，竞争系数的大小，对于种群的竞争能力起着重要作用。设 α 是物种 2 的竞争系数，β 是物种 1 的竞争系数。在逻辑斯蒂方程中，描述两个种群增长的公式，需要增加一个修正项，即$(K_1-N_1-\alpha N_2)/K_1$ 或$(K_2-N_2-\beta N_1)/K_2$。在竞争状态下，两个物种的增长方程分别是

$$dN_1/dt = r_1N_1(K_1-N_1-\alpha N_2)/K_1$$
$$dN_2/dt = r_2N_2(K_2-N_2-\beta N_1)/K_2$$

两个物种竞争的结局有 4 种可能（图 3-7）：当 $\alpha>K_1/K_2$ 和 $\beta<K_2/K_1$ 时，物种 2 获胜；当 $\alpha<K_1/K_2$ 和 $\beta>K_2/K_1$ 时，物种 1 获胜；当 $\alpha<K_1/K_2$ 和 $\beta<K_2/K_1$ 时，最终达到共存状态；当 $\alpha>K_1/K_2$ 或 $\beta>K_2/K_1$ 时，竞争结局不定，都有获胜的可能。

另外，也可根据图 3-7 中的纵坐标和横坐标上的箭头方向来判断两个物种的竞争结局。当 $K_1>K_2/\beta$，$K_2<K_1/\alpha$ 时，物种 1 获胜；当 $K_1<K_2/\beta$，$K_2>K_1/\alpha$ 时，物种 2 获胜；当 $K_1<K_2/\beta$，$K_2<K_1/\alpha$ 时，则 2 个物种共存；当 $K_1>K_2/\beta$，$K_2>K_1/\alpha$ 时，竞争结局不确定。

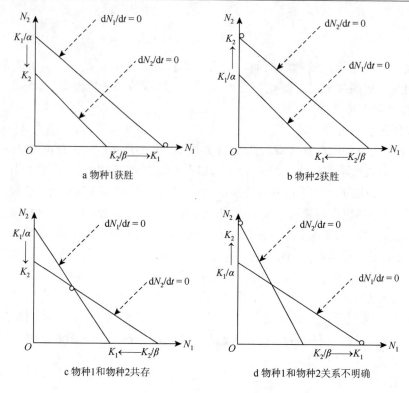

图 3-7　种间竞争的 4 种结局

3. 生态位

生态位或生态龛（niche）是指某个种群在群落中的综合地位（作用），包括对生境的需求、对资源谱的利用范围、占据的空间位置和对群落的作用等。或者说，生态位是某一种群的栖息地、巢穴位点、食物资源、觅食周期性等参数，以及其他一些限制种群数量的生态因子的综合特征。一个种群的生态位是由多维生态因子或适合度作用的综合结果。

各个种群的生态位都有一定的幅度，当环境发生变化后，生态位可以泛化，也可以特化。在没有竞争和捕食等条件下，种群可充分地利用资源，这种潜在的最大幅度的生态位，称为基础生态位。而在自然条件下，种群在一个发育成熟的群落中的生态位，称为实际生态位。

当缺乏竞争或群落环境趋于良好的变化时，某个种群的实际生态位会向着基础生态位扩展，称为竞争释放（competitive release）。两个种群生活在同一环境里，如果竞争不可避免，会导致生态位的收缩，并会发生种群间性状趋异的所谓性状替换（character displacement）现象。例如，东岩鹨和西岩鹨的喙长分别是 13 cm 和 14 cm；可是，在重叠分布区里，它们的喙长却发生了变化，长者更长，短者更短，东岩鹨的喙长 12 cm，而西岩鹨的喙长 15 cm，以示区别。

生态位与竞争是直接相关联的，生态位重叠越大，竞争越激烈。所以，随着群落的发育成熟，各个种群都找到了各自的理想生态位，最大限度地利用资源谱，避免直接竞争。

种间竞争的特点：①竞争结果是不对称的，即两个物种所付出的代价是不同的；②竞争一种资源的结果将会影响对另一种资源的竞争。能够证明第二个特点的例子是车轴草（*Trifolium subttcraneum*）和粉苞苣（*Chondrilla juncea*）的竞争实验。两种植物间的 4 组栽培实验：单独栽培、根竞争、冠竞争、根和冠共同竞争，对粉苞苣产生的结果是：根竞争使得其生物量同单独栽培相比只有 65%，冠竞争为 47%，根和冠共同竞争为 31%。有意思的是，65%×47% = 31%。说明在植物间的竞争中，根竞争与冠竞争之间是有联系的。

竞争排斥原理（高斯假说）认为，在条件相对稳定而且资源有限的环境中，凡具有相同的资源利用方式或占有相同生态位的两个物种，一定是不能长期共存的。

4. 进化稳定对策

凡是一个种群中绝大多数个体所采取的对策（随大流对策），就是进化上的稳定对策，称为进化稳定对策（evolutionarily stable strategy，ESS）。当两个竞争的种群相遇时，种群动态此消彼长，如何才能达到稳定状态呢？根据鹰鸽模型，鹰型动物是凶猛的，搏斗时一拼到底（鹰的 ESS）；鸽型动物是温和的，斗不过就逃（鸽的 ESS）。鹰对鹰和鸽对鸽都是种内关系，存在种内竞争；而鹰对鸽属于竞争激烈的种间关系。毫无疑问，鹰与鸽在一起，鹰具绝对优势，很可能把鸽种群淘汰（这个模型不讨论捕食）或把鸽种群数量压得很低。通过计算发现，当鹰、鸽的数量为 7:5 时，可保持两者长期共存。在鹰对鹰、鸽对鸽、鹰对鸽三种竞争关系并存条件下，只有各自采取自己的进化稳定对策，才可维持这样的复合种群。

（三）捕食关系

捕食关系是指一种生物作为另一种生物的营养而牺牲，这是一种极不平等的种间关系。在捕食关系中，从中获得了营养而进行生长发育和繁殖的生物，称为捕食者（predator），而被作为食物资源受到伤害或牺牲的生物，称为猎物（prey）。广义的捕食作用应该包括食草作用和寄生现象（还含半寄生和拟寄生，有学者认为仅拟寄生可作为捕食作用）。

最简单、最原始的捕食关系是单细胞生物捕食单细胞生物。例如，栉毛虫可以捕食草履虫（图 3-8）。当栉毛虫的两圈纤毛摆动起来时，在胞口处便产生了涡流，将草履虫吸附着，通过胞口向外分泌蛋白质水解酶，就可消化吸收草履虫。这是原始的细胞外消化方式。

著名的 Gaose 捕食实验就是用栉毛虫（*Didinium balbianii*）作为捕食者以捕食大草履虫。在培养实验的早期，草履虫增长很快，随后栉毛虫开始增长，由于捕食了大草履虫，其种群下降很快，当大草履虫被捕食完后，栉毛虫也因饥饿而消亡，见

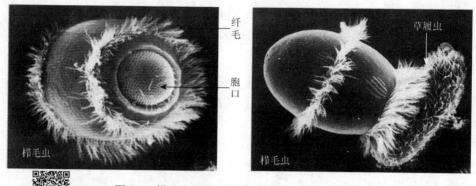

图 3-8   栉毛虫捕食草履虫（引自 Starr，1994）

图 3-9a。当 Gaose 在培养基底部放上沉渣物后，结果大草履虫可以钻进沉渣里隐蔽起来，等待栉毛虫饿死后再出来，由于没有捕食者，种群迅速上升，见图 3-9b。当 Gaose 定期向培养溶液里投放少量的大草履虫和栉毛虫时，发现两者的数量呈现周期性波动，见图 3-9c。

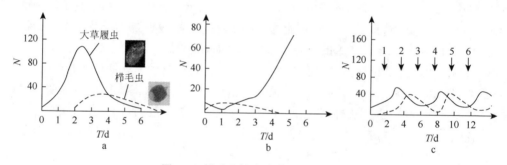

图 3-9   栉毛虫捕食大草履虫的实验

根据 Lotka-Volterra 捕食模型，猎物种群在没有捕食者的情况下，是按照指数增长，$dN/dt = r_1N$；而捕食者在没有猎物的情况下，则是按照指数下降，$dP/dt = -r_2P$。

当捕食者和猎物生活在同一环境里，两者的数量将发生变化。设 ε 为捕食者对猎物的捕食效率，θ 为捕食者利用猎物营养转化为捕食者的增长常数，因此修正后的方程如下。

猎物种群变化的方程：$dN/dt = r_1N - \varepsilon PN$。

捕食者种群变化的方程：$dP/dt = -r_2P + \theta PN$。

以上两个方程就是 Lotka-Volterra 捕食者-猎物模型。当捕食者维持在一定数量时，可以使得猎物处于零增长状态，这时的捕食者密度是临界密度，即当 $dN/dt = 0$ 时，则 $r_1N = \varepsilon PN$，或 $P = r_1/\varepsilon$，此方程的图像称为猎物零增长等斜线（图 3-10a）。同理，当 $dP/dt = 0$ 时，则 $r_2P = \theta PN$，或 $N = r_2/\theta$，此方程的图像称为捕食者零增长等斜线（图 3-10b）。我们可将这两个图像叠放在一起，就是 Lotka-Volterra 捕食者-猎物模型的图像（图 3-10c）。

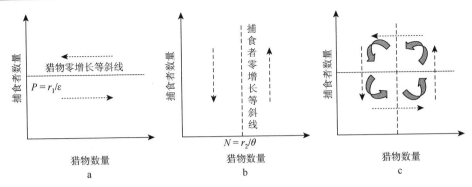

图 3-10 Lotka-Volterra 捕食者-猎物模型

根据 Lotka-Volterra 捕食者-猎物模型，参照图 3-10c，当捕食者和猎物两者的种群数量增长呈现周期性波动时，发现捕食者的数量增长比猎物滞后了 1 个相位，见图 3-11。

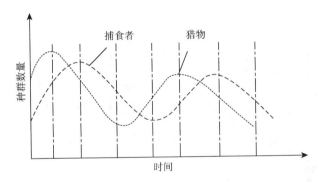

图 3-11 Lotka-Volterra 捕食者-猎物种群数量变动示意图

捕食者与猎物的关系并不是全部按照 Lotka-Volterra 捕食者-猎物模型所描述的那样，捕食率随着猎物密度的变化而发生改变。我们把捕食者的捕食率与猎物密度之间的对应关系，称为功能反应。捕食者对猎物密度的增加表现出 3 种类型的功能反应。Ⅰ型——当捕食效率为常数时，被捕食的猎物数量与捕食者的数量或密度成正比（图 3-12a）。或者说，每个捕食者都消耗一定比例的猎物，而不管猎物种群的密度如何（图 3-12b）。Ⅱ型——每个捕食者所捕获的猎物数量起初随猎物密度的增加而增加，但随后会随猎物的密度进一步增加而保持平衡；或者说，捕食者在食物资源充分的条件下，饱餐过后捕食率下降。Ⅲ型——在猎物密度较低时，由于捕食效率低或不存在搜寻对象而使捕食者的反应受到抑制。

有些水生真菌也会进行捕食。例如，一种叫作噬虫指孢菌的水生真菌可以捕获线虫，其捕食技巧独特。在菌丝上生长 1 个或 2 个细胞的柄，位于柄端处通过 3 个细胞形成一个捕食环，当线虫钻进环内时，捕食环细胞立即膨大，紧紧地套住虫体，并且捕食环的细胞向虫体内侵入生长，发育为营养菌丝，最终将线虫消化掉（图 3-13）。

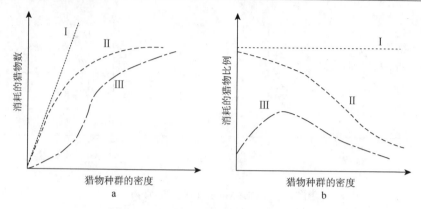

图 3-12　捕食者与猎物的 3 种功能反应

实验证明，水中线虫的存在，是诱导真菌生长捕食环的因素。最新研究发现，土壤中某些细菌受到线虫的捕食压力增大时，会向环境释放信号物质，以吸引和诱导真菌捕食线虫。

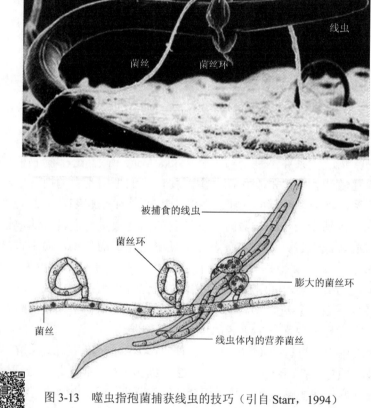

图 3-13　噬虫指孢菌捕获线虫的技巧（引自 Starr，1994）

　　一般认为，捕食活动是以强者捕食弱者，以大捕小的。但是，在自然界里，捕食关系非常复杂，偶尔会出现以小捕大、无脊椎动物可捕食脊椎动物的现象，如蜈蚣捕获青蛙。植物捕食动物，严格来说不算作捕食，因为捕食者是自养的植物，仅通过捕食动物增加氮素供应。但对被捕食的动物来说，不仅丢了性命，而且作为营养被消化。所以，这是捕食作用的特例。同类相食不属于捕食，因发生在同一营养级内部，属于种内关系。在自然界，捕食关系复杂，像银环蛇既捕食同类，又捕食其他蛇类。

　　放牧活动也属于捕食关系，放牧强度对于草场群落的发育有着直接的影响，一般来说，牧场都是以禾本科植物为优势种的草地。适当的放牧强度可以提高草原群落的生物产量；而禁止放牧或过度放牧都将会对草原群落产生不利的影响（图3-14）。这其中的道理是什么？

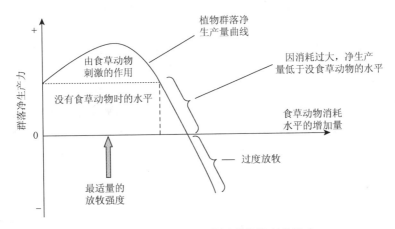

图 3-14　放牧强度对于草场群落发育的影响

　　植物受食植性昆虫的取食，在长期的协同进化中形成一种进化模式。①植物受到啃食后会产生一种具有温和毒性的原型化学物质；②昆虫取食后逐渐对原型化学物质产生抗性与适应，降低植物的适合度；③植物会通过突变与重组产生新的毒性强的化学物质；④昆虫为了能够取食具高毒性的植物，需要进化出解毒或储毒的代谢系统，否则只能拒食；⑤植物避免昆虫的大量取食后将进入新的适应期，此时，高毒性植物受到环境选择；⑥由于协同进化，一部分昆虫对新的高毒性物质产生耐性，取食量又开始增加。因此，植物为了对付这些食植性昆虫，必须进入新一轮的"军备竞赛"，产生更多的毒性更强的次生化学物质。

　　寄生属于广义的捕食。寄生关系是一种生物（寄生物）寄居于另一种生物（宿主，或寄主）的体内或体表，依靠宿主的组织、体液或已经消化过的物质作为营养的生活方式。动物和植物的寄生物都是对食物资源选择性很强的特化种。根据寄生物的大小和生物学特点，相对地分为微寄生物（microparasite）和大寄生物（macroparasite），前者寄生在体内或体表（包括细胞内寄生，如细菌与蟑螂、细菌与蚜虫等），并且在宿主上繁殖；后者寄生在体内或体表，但不在宿主上繁殖。

根据寄生物对宿主性质的要求，寄生物分为两类：①食生生物（biotroph），是以新鲜活组织为生活环境的寄生物；寄生植物属于食生生物，如菟丝子、独角金（"魔女草"）和肉苁蓉对豆科农作物常造成极为严重的危害。②食尸生物（necrotroph），是能够在死亡或腐烂的组织上生活的寄生物；腐生植物属于食尸生物，如水晶兰和天麻。

此外，拟寄生（parasitoid）也属于捕食关系的性质，是指通过在活体宿主内寄生，最终会导致宿主死亡的一种现象，如虫草菌就属于拟寄生。最新发现，拟寄生可改变宿主的饮食结构，一种寄生蜂产卵于毛虫（一种蛾的幼虫）体内，当寄生蜂卵孵化后，毛虫会摄取更多比例的碳水化合物，打破了原来的蛋白质和碳水化合物的平衡。超寄生现象是指发生在寄生物身体上的重复寄生现象，如猪身体上寄生有虱，在虱上寄生有细菌，在细菌上寄生有病毒。

社会性寄生是一种特殊的现象，是通过"骗取"或"强迫"宿主为其提供食物、服务、劳动力等而获得利益。社会性寄生现象在蚂蚁、白蚁、隐翅甲和寄生蜂等动物中是常见的。寄生在社会性昆虫种群中的寄生物称为客虫。鸟类的窝寄生（brood parasitism）就是社会性寄生现象，有种内窝寄生和种间窝寄生两个类型，前者是指同一种鸟类，有的雌鸟偷着把卵产在别的雌鸟窝内，让其代孵化，如野鸭；后者是指不同种的鸟类之间，一种雌鸟偷着把卵产在另一种雌鸟的窝内，让其代孵化和育幼，如杜鹃。

关于社会性寄生现象是如何起源的呢？动物学家 Emery 认为，首先通过地理特有种形成的途径，形成一个新物种；当两个物种的分布区重叠后，一个物种就会以社会性寄生方式寄生于亲缘关系密切的物种中，也称为 Emery 法则。

协同进化是指一个物种的性状作为对另一物种性状的反应而进化，而后者的这一性状本身又是作为对前者性状的反应而进化。在自然界里，协同进化发生在捕食者与猎物之间，或寄生者与宿主之间，以及植物与传粉者（包括互利共生）之间等。

在协同进化过程中，我们不难理解，两个种群之间有的是相互适应的过程，而有的则是"军备竞赛"的过程。在"军备竞赛"的过程中，捕食和竞争双方在"装备"上会有明显进步，但"战斗"（竞赛）的成功率仍然是零。这个现象称为红皇后假说（red queen hypothesis），是根据卡罗尔（L. Carrol）的《镜中缘》（*Through the Looking-Glass*，1872）一书中女主人翁命名的，意思是竞争的双方为了自己不落后，必须时刻要以对方为新目标继续前进，才能维持现状。好比逆水行舟，不进则退。"军备竞赛"的特征是：如果谁都不争先，个个都受益；有一个争先，个个都恐后（受威胁）。"军备竞赛"可分为对称的和不对称的两类，对称的"军备竞赛"像森林中的乔木争夺阳光的竞赛；而不对称的"军备竞赛"如捕食者与猎物之间的竞赛。

同样，在寄生物与宿主的关系中，两者通过相互适应和协同进化，使得有害的"负作用"逐渐减弱，有些甚至朝着互利共生的方向发展了。最新研究发现，寄生性蠕虫会影响人的免疫系统，并影响人的生殖率，对亚马孙流域妇女所做的调查结果进行分析，发现蛔虫感染可令生殖率增加，而钩虫感染则会降低其生殖率。

关于捕食者与猎物的协同进化是不对称的。因为存在以下因素：捕食者的避稀效应；"饱餐-活命"理论；猎物的寿命比捕食者短；猎物的数量远多于捕食者；捕食者不专一捕食某一种猎物，不会进化出专门的捕获工具；猎物的警觉性高于捕食者。所以，捕食者成为猎物进化的环境选择压力。由于协同进化的原因，两者的数量动态在保持一定的时间差情况下呈现出周期性的波动。

（四）共生关系（互利共生）

共生关系（互利共生）在自然界是较普遍的，两种生物在长期的"合作"中，都会从中得到益处。由于两者的利益关系，都会主动适应对方的特征和需求，以期望得到更多的好处，因此两者便走向协同进化，甚至朝着专一化的方向发展。自然界中共生关系的例子很多，如金合欢（*Acacia* sp.）与蚂蚁的共生，在金合欢小叶顶端的水孔处形成分泌物，专门提供给蚂蚁作食物；在叶柄基部有 1 对膨大的刺，刺是中空的，开有洞口，专门为蚂蚁提供居住场所（图 3-15），这样，蚂蚁就可安心地在金合欢植物体上到处巡逻，赶走所有入侵之敌。

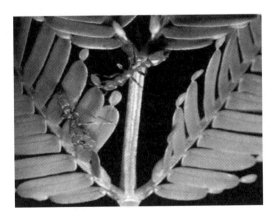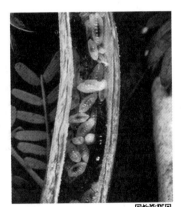

图 3-15　金合欢与蚂蚁的互利共生现象（引自 Starr，1994）

扫一扫　看彩图

在自然界中，像石竹科、十字花科和大戟科的有些植物的种子非常小，传播距离有限。这些植物会利用蚂蚁传播种子，这类植物称作蚁播植物。为了酬谢蚂蚁，植物会在外种阜的位置长出膨大的脂肪体或油质体，供蚂蚁食用。蚂蚁不吃种子，仅搬运种子。这是典型的互利共生现象。

在动物间的共生关系中，有些情况很复杂。在欧洲的小蓝蝶与蚂蚁的共生关系中，姬蜂也参与其中。小蓝蝶幼虫的腹部有一排可分泌蜜汁的腺乳突，蚂蚁喜欢吸食其蜜汁。蚂蚁会识别叶片上小蓝蝶的卵，并保护卵不受其他生物的侵害。小蓝蝶的幼虫孵化出来后，蚂蚁会精心照顾，由于幼虫皮厚不怕蚂蚁的蚁钳伤害，当一片树叶被幼虫吃完后，蚂蚁立即将其抬到另一片树叶上，并不断地吸食其蜜汁。当冬季来临前，蚂蚁将小蓝蝶幼虫抬回蚂蚁巢内，由于没有新鲜树叶供应，它们便用蚂蚁卵喂之，继续吸食蜜汁。在这个过程中，姬蜂会钻入蚂蚁巢内，寻找小蓝蝶幼虫。一旦发现小蓝蝶幼虫，姬蜂便释放一种信息素物质，蚂蚁闻到气味后，便会互相厮打成一团，忘记照顾小蓝蝶幼虫。姬蜂便趁机趴在小蓝蝶幼虫上产下一粒卵，赶快再寻找其他的幼虫产卵。一旦信息素物质失效后，姬蜂逃出蚂蚁巢穴，蚂蚁继续照料小蓝蝶幼虫，直到化蛹为止。到第二年春天，小蓝蝶成虫从蛹中钻出后，要立即飞走，否则会被蚂蚁捕食。小蓝蝶的成虫身体布满鳞粉，蚂蚁很难捕捉。可是，在有些小蓝蝶的蛹里钻出来的不是小蓝蝶，而是姬蜂。同样，姬蜂的成虫也要尽快逃跑，防止被蚂蚁发现。这说明姬蜂已经发现并掌握了小蓝蝶与蚂蚁的共生关系，成功地利用这种关系为自己繁殖。由此可见，动物间的关系是多么的奇妙。

另外，榕小蜂与榕属（无花果属）（*Ficus*）植物的共生关系也是独特的（图 3-16）。桑科榕属的隐头花序结构是与榕小蜂传粉机制保持协同进化的产物，它是由穗状花序通过花序轴顶端内凹逐渐演变而成的（图 3-16 中的 a→e）。在热带雨林中，每一种榕树往往都有一种特定的榕小蜂帮其传粉。为了适应传粉，榕小蜂在胸部还专门进化出装花粉的储粉囊。

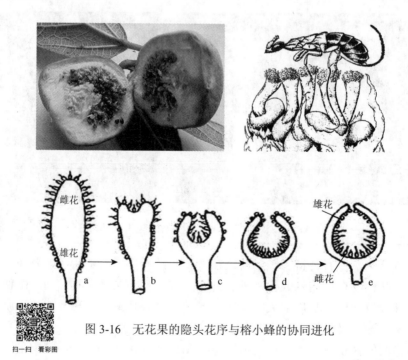

图 3-16　无花果的隐头花序与榕小蜂的协同进化

扫一扫　看彩图

还有一种互利共生称为防御性互利共生。例如，黑麦草中寄生有麦角真菌，该菌在叶肉组织和表皮中形成剧毒的植物碱，使得黑麦草可免遭动物捕食。同样，动物与细菌可在细胞内互利共生，如蚜虫体内细胞中的共生细菌，如果没有内共生菌，蚜虫就无法繁殖，而在含菌细胞之外，内共生菌已无法生存，这种共生关系已经世代相传了约 2 亿年。目前发现，一种蝉（*Diceroprocta semicincta*）的脂肪体中共生有两种细菌，一种叫作 *Hodgkinia*，为蝉提供 2 种氨基酸；另一种叫作 *Sulcia*，为其提供另外 8 种氨基酸。两种生物通过长期的互利共生，将会导致共生物种在形态、生理、基因组和分布区方面出现明显差异，从而进化为新的物种。过去，人们对地衣中共生的藻类和子囊菌进行研究，发现共生的真菌和非共生的同种真菌已经在生理生化上出现差别，甚至具有形态差别，建议另立新种。因为共生的子囊菌与藻类结合后，不需要从环境（基质）中摄取碳水化合物，仅摄取无机盐和水，子囊菌的功能相当于根毛。最近通过 DNA 条形码技术和系统发生分析技术的研究证明，在南美洲地衣中共生的一种子囊菌 *Dictyonema glabratum* 事实上是由至少 126 个具有独特形态的物种组成，它们具有形态学和栖息地偏好方面的显而易见的差异，以及高度的特有分布。因此，在地衣中可能掩盖了数百个或上千个新物种。然而，2016 年，Toby Spribille 研究团队的工作，改变了近 150 年来人们对地衣组成的认识，通过基因测序发现地衣中有担子菌基因，后来通过染色和显微技术，终于发现地衣是由子囊菌、担子菌和藻类三者共同形成的共生复合体。

最新研究表明，生态系统中共生关系是极其复杂的。例如，黑脉金斑蝶在马利筋上产卵，幼虫啃食马利筋叶片，将其毒素强心甾（固醇卡烯内酯）富集在幼虫体内，可防止一种名为 *Ophryocystise lektroscirrha* 寄生虫的感染，而这种毒素却是由马利筋根部共生真菌产生的。

（五）共栖偏害关系

当两种生物生活在一起时，在资源、空间和生境等方面，一方不受任何影响，而另一方却受到了伤害。然而，这种伤害是能够忍耐的，不会产生致命的伤害，否则，它会主动放弃这种关系。例如，在非洲，有一种个体较大的马蝇和个体较小的家蝇生活在同一地区。雌雄马蝇交配后，雌马蝇便在空中去捕捉家蝇，把家蝇强行抱在怀里，在家蝇腹部背面产上一撮卵。当雌马蝇放掉家蝇后，虽然家蝇感到身体不适，但无法去掉粘在背部的这些卵。马蝇的幼虫从卵中孵化出来，这时，家蝇飞到马的身上，幼虫立即爬上马的皮肤，依靠嘴上小钩寄生在马的身体上，直到在马的皮肤上化蛹。在这里，家蝇明显是个受害者，但又不是致命的伤害。

（六）共栖偏利关系

当两种生物生活在一起时，在资源、空间和生境等方面，一方不受任何影响，而另一方却得到了益处。后者会主动要求继续维持这种关系。

（七）附生关系（中性作用）

两种生物生活在一起，对谁都是既无害也无利的。在森林里经常见到地衣、苔藓和蕨类植物附生在树干上。如果树干粗大，树皮厚，附生作用对大树没有任何影响。但是，如果附生的植物生长在较细的树枝上，在野外考察发现，由于附生植物的重力、吸水、遮光等因素，对枝条的生长和发育还是有影响的。

七、种群的生态策略

（一）种群生活史对策

1. 生活史对策

任何一种生物的生活史，都是生物对各个生活史组分的利益与代价进行权衡之后所做出的合理选择，称为生活史对策，也称为生态对策。每种生物对个体的大小、迁移、夏眠、冬眠、生殖对策与方式、宿主选择等，都经过长期的选择，最终将生活史的组分固定下来，这个组成结构必将是一个风险最小、效率最高、最经济的生活史。凡是具有复杂生活史的生物，它们都体现出生境利用最优化原则。

植物对生境条件的生活史适应策略：Grime 根据植物对生境的干扰度和生境的严峻度，提出了 CSR 三角形分类法，由此提出了具有典型和代表性的杂草对策、竞争对策和胁迫忍耐对策三种适应模式（图 3-17）。当然，在自然界里，这三种适应模式间存在过渡类型。

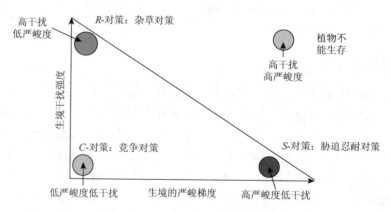

图 3-17　CSR 三角形分类法示意图

植物在生活史中对寿命长短的选择也是多样的，植物根据环境条件对寿命的权衡分为两大类。一类是一生只结实一次的，并在结实后就死亡；另一类是一生具多次结实而不死亡的。第一类又分为三种情况，即一年生植物（包括短命植物）、二年生植物（生活二年或跨二年的）和多年生一次开花植物。第二类一般称为多年生植物，有草本和木本之分，但它们的寿命相差悬殊。值得一提的是，多年生一次开花植物有什么生态学意义？像竹子和棕榈科一些大型树木，它们进行几十年的营养生长，一旦开花，轰轰烈烈，巨大数量的果实成熟后整株死亡。这种类型的生活史称作"满足捕食者"策略，即要么让捕食者胀死，要么饿死。只有通过一次性结实量巨大，让捕食者吃好后所剩下的种子才能够保证繁殖下一代（昆虫中的 13 年蝉和 17 年蝉也是采用这种生活史策略）。

阔叶箬竹（*Indocalamus latifolius*）也是多年生一次开花植物，据安徽宣城的一位老人回忆，皖南的柏枧山山脉生长大量的阔叶箬竹。1959 年秋季，正遇我国严重的自然灾害，当地粮食奇缺，非常幸运的是，柏枧山的阔叶箬竹当年竟然这么巧合地开花结实，满山遍野的一串串似红小豆大小的黄褐色果实拯救了杨林乡和新田乡无数人的性命。为什么说是巧合呢？因为竹子开花的周期一般是 60 年，也有 120 年的。为什么偏偏在 1959 年的灾荒之年开花呢？到 2019 年，正好是时隔 60 年，笔者打算专门到柏枧山考察一下，看当地的阔叶箬竹是否开花。如果没有开花，那就要再等 60 年，这个问题只有留给后人了。

2. 生殖对策

动物在权衡了环境安全程度和稳定性、生殖能量的投入、亲代的成活率和后代发育期的长短等因素后，在生殖对策上做出选择。

1）*r*-对策——当环境危险和不稳定时，生物选择产卵（仔）多，以提高生殖率，而无法保证成活率，这种繁殖方式称为 *r*-对策。

2）*K*-对策——当环境相对安全时，生物选择产卵（仔）少，集中精力保护幼子，以提高成活率，这种繁殖方式称为 *K*-对策。

r/K-对策理论——*r*-对策的特征是发育速度快，成熟个体体形较小，具有数量多而个体小的幼子，高的繁殖能量分配和短的世代周期；*K*-对策的特征是发育速度慢，大型的成体，具数量少但个体大的幼子，低的繁殖能量分配和长的世代周期。

生殖对策的核心问题是生殖价，这是指生物在可繁殖期的各个生活史阶段，对当前繁殖和未来繁殖之间在能量上进行的权衡分配。或者说，生殖价是某个年龄的雌性个体平均地对种群的未来增长所做贡献的大小。

生殖效率是指生物通过提高后代的质量与投入能量的比值，来达到提高生殖效率的目的，这是生殖对策的一个重要方面。例如，热带的鸣禽比温带的鸣禽每窝所生的后代要少，这种现象称作鸣禽悖论。从生态学来看，这可能与两类鸣禽的生活史和生殖对策有关。在热带的鸣禽，因温度高、食物充足、每窝幼鸟数量少且发育快，会加快翅膀的生长，对躲避捕食者是有利的。而温带的鸣禽，因温度相对较低、食物资源有限、每窝幼鸟数量多且发育较慢，容易受到捕食而导致存活率较低。另外，温带的鸣禽往往会有较高的成年鸟的死亡率。

环境和资源条件对生殖对策的影响是明显的。两面下注理论是指生物在恶劣或多变的环境下，采取有性生殖和营养繁殖双保险机制的繁殖方式，或者是根据生活史组分中对能量投入和预期的繁殖成效进行权衡之后，所选择的繁殖方式（如植物的单次生殖或多次生殖）。而寄生于潮湿的木头中的复变甲虫（*Micromalthus debilis*），其幼虫在母体内孵化并蚕食母体。当资源充足时，甲虫进行孤雌生殖，后代全是雌性，代代繁殖。当木头开始变干，或资源不足时，甲虫仍进行孤雌生殖，但后代中出现雄性和雌性的分化，准备迁飞寻找新的木头资源。

3. 摄食对策与反捕食对策

摄食对策——动物为获得最大的取食效率所采取的措施。动物在取食过程中，运用经济学原则即收益-成本分析方法，对所取食物的大小、觅食距离、时间花费和食物质量等都进行合理的权衡与选择，以获得最佳能量收益，称为决策最优化理论。

反捕食对策——在捕食过程中，猎物采取各种各样的对策以防御捕食者的捕食，主要是采取隐蔽（保护色和拟态）、警戒色、逃避和自卫等手段。贝氏拟态（Batesian mimicry）是指可食用的动物通过形态模仿具毒不可食的动物而免遭被捕食的生存策略，即无毒的动物（蛾和螳蛉）通过形态模仿有毒的动物（蜂）（图 3-18）；米勒拟态（Müllerian mimicry）是指具有警戒色的动物之间进行形态模仿，进一步提高安全性，即低毒的动物模仿有剧毒的动物。

图 3-18　无毒性的蛾和螳蛉模仿有毒的蜂

a. 蜂；b. 螳蛉；c. 蛾

扫一扫　看彩图

动物的不同性别个体，环境压力不同，对拟态的需求不同。例如，白巢蛾具毒不可食，雌性黄巢蛾就去模仿白巢蛾，而雄性黄巢蛾不去模仿。这可能是因为雄性黄巢蛾的数量不需要这么多，或因为担心雌性黄巢蛾交配时选错对象。

在自然界中，拟态和保护色的策略不仅被猎物所用，以减少捕食，提高存活率，捕食者也会使用这些策略，以提高捕食效率，如白色兰花上的拟态白色螳螂，红色兰花上的拟态红色螳螂，以及北极熊的白色保护色。

说到拟态，一般只想到动物，其实植物也有拟态现象。例如，北美洲的西番莲为了逃避蛱蝶的捕食会模仿周边其他植物的叶形。此外，俄罗斯的一种杂草亚麻荠（*Camelina sativa*，十字花科）常伴生在经济作物亚麻（*Linum usitatissimum*，亚麻科）地里。为了与亚麻作物生长期保持一致，亚麻荠进化为一年生植物，而该属的其他物种则是二年生习性。亚麻荠作为亚麻的伴生杂草，受到了气候、人工群落环境、亚麻种子脱离和风选的选择压力，亚麻荠主动适应这种压力，尽量模仿亚麻生长周期、种子形态和大小，始终没有被人工除草所淘汰。后来，亚麻种植向着纤维亚麻和油用亚麻两个用途发展，形成两个不同的经济品种，结果导致亚麻荠也跟着发生分化，生于油用亚麻地里的亚麻荠，其种子的含油率明显高于生于纤维亚麻地里的个体。这难道不是拟态现象吗？

（二）能量分配的经济学原则

每种动物都要从食物链中获得能量，但是动物为了获得这些能量，它们往往因为取食而必须先要付出一部分能量，这就存在能量的盈亏问题。生物在得到能量以后，要用于生长、生殖、运动和呼吸等，这又存在着能量的合理分配问题。

在能量的盈亏问题上，生物都要进行收入与付出的能量成本"核算"，选择最佳的食物或获得能量来源的方式与途径。

在能量的分配问题上，生物在营养生长与生殖生长、休眠与迁移、生殖与抚育后代能量投入等方面，都要进行全面权衡，以做出合理的能量分配。

体形效应是指一个物种的体形大小与其寿命的长短呈现出很强的正相关，而与其内禀增长率表现出明显的负相关。

八、种群性别生态学

（一）有性生殖与性别决定

1. 性别生态学

研究生物种群的性别分化、性别比例、繁殖方式和交配行为等与环境条件的关系的学科，称为性别生态学。其中最重要的是研究亲代投入和生殖细胞的结合。前者是生态对策问题，后者是有性生殖的代价问题。生物性别的分化在寒武纪，但关于性别起源的问题则一无所知。

2. 有性生殖的代价

为什么大多数生物都选择了有性生殖为主要的繁殖方式？有性生殖同无性生殖相比，为了获得基因重组，亲代所付出的代价要高得多，这些代价包括减数分裂价（分裂过程）、基因重组价（染色体交换）和交配价（雄性不直接产生新个体，配子需要受精结合，雄性生殖细胞数量太多造成浪费）。因此，生物通过有性生殖所获得的益处，一定要高于有性生殖的代价。而无性繁殖，是在特定的环境和特殊情况下，生物为了快速增殖所采取的应急措施。蚜虫的生活史中会出现孤雌生殖就是一个很好的例子。同样，植物也会出现无融合生殖，如有花植物中约有80科300属出现了无融合生殖。

在进化的过程中，许多生物的无性繁殖方式为什么还一直保留着？因为对于一个低风险的、可预测的环境条件来说，生物采取单一的并有良好适应性的基因型迅速占领生境，无性繁殖也是一种极佳的选择或策略。

3. 动物的性别决定

动物的性别决定有多种不同的类型，在哺乳动物中是由性染色体决定的，称为XY型，即XX雌性，XY雄性。在鸟类中，性别决定也是由性染色体起作用，称为ZW性，即ZW雌性，ZZ雄性。在昆虫中，一般也是由染色体决定性别，如果蝇，XX雌性，XO雄性。有些动物的性别决定因素复杂，爬行类动物的卵的孵化温度，往往决定着性别。有些鱼的卵在不同环境下影响雌雄分化。后螠也是由环境决定性别，卵若落入雌虫的口中发育为雄性，在体外是雌性。更复杂的是，有些动物具有性逆转现象。例如，线虫的性别是先雄后雌，自体受精。黄鳝是先雌后雄。更奇特的是，蛭形轮虫只有雌性，进行孤雌生殖，并属于隐生生物。

4. 植物的性别决定

植物的性别和性别决定机制不同于动物。从植物生活史看，植物可分为两类：一类是没有世代交替的，另一类是有世代交替的。

对于没有世代交替的植物来说，只有一种植物体，或只有一种生殖方式。其中，有性生殖方式，绝大多数是由同配，发展到异配，再到卵式生殖，而接合生殖只是一个特例。

然而，具有世代交替的植物，有性生殖都是由配子体完成的，孢子体只进行无性生殖。由于配子体是单倍体，蕨类植物的配子体是两性的，既产生精子又产生卵。而种子植物的雌雄配子体全是分开的。所以，从这个意义上讲，种子植物的性别分化就简单了，由小孢子发育为雄配子体，产生精子；由大孢子发育为雌配子体，产生卵。

对于种子植物来说，我们所讲的性别分化，不是指配子体的性别，而是指孢子体的性别问题。绝大多数的植物（孢子体）既产生小孢子又产生大孢子，即两性花植物——同一花中具有雄蕊和雌蕊。问题是为什么有些植物（孢子体）只产生一种类型的孢子，即单性花。根据雌雄同株和雌雄异株，植物性别分化分为两类。

（1）雌雄异株（单性异株）

1）性染色体决定性别：分为两类，第一类XY型，即XX雌性，XY雄性，如芦笋。第二类ZW型，即ZZ雄性，ZW雌性，如草莓。

2）X染色体/常染色体值（A）决定性别：当比值 $A \geqslant 1$ 时，为雌性；当 $A \leqslant 0.5$ 时，为雄性；当比值为 $0.5 \sim 1$ 时，为两性，或具有相等的雌花和雄花，如蓼科和大麻科。

（2）雌雄同株（单性同株）

由性别决定基因控制花的性别，如喷瓜和菠菜。研究发现喷瓜的性别是由三个等位基因控制的，基因 $a^D > a^+ > a$，均显性。当基因型分别为：aa（雌性）；$a^D a^+$，或 $a^D a$（雄性）；$a^+ a^+$，或 $a^+ a$（雌雄同体）；$a^D a^D$（不存在）。

然而，雪松（*Cedrus deodara*）的性别分化是不"严肃"的，雌雄同株或雌雄异株（图 3-19，这是很少见的雌雄同株现象）。有些植物为了与传粉动物进行协同进化，可以改变雌雄花的比例。另外，有些植物花的性别分化与营养状况有关，植物体内的 C/N 值的高低会影响花芽的性别分化。有些蕨类植物是通过不同发育速度的个体间的合作决定性别比例，先成熟的个体为雌性，释放信息素，后成熟的个体接收信息并"解码"后发育为雄性个体，如海金沙（*Lygodium japonicum*）。

图 3-19　雪松的雌雄同株现象（沈显生于 2006 年摄于山东烟台）

扫一扫　看彩图

（二）动物的婚配制度与社会等级

1. 动物的婚配制度

1）单配制——一雌一雄配对制（天鹅、家燕、鸳鸯、草原田鼠、棕色田鼠、海马等）。经过观察发现，已配对的家燕如果被家猫捕杀一只，过几天后，它会重新找另一只配对。据说，已配对的大雁或天鹅，夫妻间很忠贞，但偶有移情别恋的。当一方因被捕食或意外死亡，落孤的一方则成为孤雁，不再婚配，雁群夜晚休息时多由孤雁站岗放哨。同样，作为美好爱情象征的鸳鸯，夫妻间也是非常忠贞的。

单配制的动物一般具有提前繁殖习性，充分利用珍贵稀缺资源，以适应艰苦的自然环境。

2）多配制——一雄多雌制（蝙蝠、狐猴、猕猴、大猩猩、多纹黄鼠、松鸡等）；一雌多雄制（蜜蜂、鹤形目、鹬形目、一些海鸟等）。

多配制的动物一般具有长寿、性二熟（雌雄不同时间成熟）、幼仔早熟、季节性食物资源丰富和具较大被捕食风险的特点。

3）混配制——动物没有固定的配对繁殖，如非洲的一种鸟是 3 雌 4 雄进行群居。

注意，混配制区别于动物的乱交性行为，因为乱交是没有婚配制度的，如昆虫中的豆娘和蜻蜓，爬行类的蛇，哺乳动物的狗、牛和猪等。

对于许多乱交的动物，雄性动物在交配前，一般是将雌性动物生殖腔或阴道中的原有精液清除干净，或交配后进行短暂的看护，防止其他雄性个体再次进行交配，这些行为都是保证自己的遗传基因在种群中得以传递。

2. 求偶行为

动物求偶行为的不同，被认为是栖息于同一地区的近缘种之间辨认对方和实现互相生殖隔离的一种有效方法。求偶仪式的作用如下。

1）异性间行为相吸引，是一种定向行为。

2）保证交配在同种动物间进行，实现生殖隔离。

3）使得在交配过程中做到雌雄同步化。

Bruce 效应——英国生物学家 H. M. Bruce 在 1960 年发现，刚受孕的雌鼠若移离原配雄鼠后，而与另一陌生雄鼠生活 24 h 以上，会导致雌鼠初始妊娠中断，在一周内恢复性周期，并与新雄鼠交配，并且所生的后代为新雄鼠的后代。

Coolidge 效应——在一雄多雌的鼠群中，新的雌鼠能够引发性满足的雄鼠恢复交配的能力。单配制的鼠群没有 Coolidge 效应。

动物的求偶行为是很复杂的，人们对脊椎动物的求偶行为研究得较多，而对无脊椎动物的求偶行为研究得相对较少。但是，我们不要以为无脊椎动物的求偶行为一定比脊椎动物简单。例如，蛞蝓的求偶行为与交配行为就很复杂。蛞蝓是雌雄同体，它们在阴雨天的夜间进行求偶，一只蛞蝓沿树干向上爬，沿途分泌有黏液和化学物质，以吸引另一只蛞蝓。当后来的蛞蝓发现了前面的蛞蝓后，便紧跟在后面，并用嘴去咬前面蛞蝓的尾部，它们快速向树枝上端爬去。到达树枝端部，一只蛞蝓分泌更多的黏液，把树枝粘牢固，然后身体向下凭借一段较粗的黏丝悬垂着，头朝下；另一只蛞蝓随后也沿着这根黏丝滑下来，头也朝下，两只蛞蝓靠拢后，便扭曲在一起，按同一方向高度螺旋化扭曲一段时间后，头部松开并外展，在身体腹面距口附近各自伸出一片白色似花瓣状的交配器官（"阴茎"），进行交换精液。由于是雌雄同体，各自需使用尾部的"交接刺"刺破对方的"阴茎"，便于精子射出，这种现象称为创伤性授精。待交换精液结束后，花瓣状的器官收缩至体内。一只蛞蝓慢慢地身体变直缩短，滑落地面。而另一只蛞蝓沿着黏丝又向上爬回树枝，各自进行有性繁殖。

更奇特的是；一种大口涡虫（*Macrostomum hystrix*）为雌雄同体，长度只有约 1 mm，通体透明。在集群分布的涡虫中，身体尾端有大量的精子，便于交配时相互交换。然而，单独培养的涡虫，体内既有精子又有卵子，精子可集中在头部。当"性伴侣"稀缺的时候，涡虫只能掉转身体尾端的交接刺，朝自己的头上刺去，便于精子流淌出来完成体外受精。

有些动物的求偶行为非常怪异，为了获得雌性的青睐，雄性动物事先要送礼物。例如，缝蝇类昆虫在交配前，雄性昆虫捕获一只小型昆虫或寻找一片昆虫的残翅作为礼物送给雌性昆虫，而有的雄性昆虫干脆编织一个空心的丝质球送给雌性昆虫，这样的"骗婚"竟然也能成功！

3. 双亲抚育行为

双亲抚育行为是要花费能量和时间的，对于寿命长、体形大、重复间隔繁殖的动物一般采取 K-对策。动物的双亲抚育行为包括孵卵行为和育幼行为。在双亲进行抚育后代的行为中，根据双亲对生殖细胞形成的贡献大小，或是能量的投入多少，抚育行为可由某一单亲来完成。根据双亲对后代投资的理论，双亲中投资多的一方在性选择中占主导地位。例如，海马（脊椎动物）的雌性个体在交配后将所有的卵转移到雄海马的育儿囊中，并在囊内受精后进行发育，直到保护小海马游出育儿囊。可雌海马在交配后，因产卵耗能太多就不负责育幼，而去觅食使得身体快速恢复，以积累营养准备再次产卵。另外，双亲抚育行为是阶段性的，幼崽成熟后会产生亲子冲突，迫使子代动物离开双亲。

在高级社会动物中，具有异亲抚育行为及领养行为。

4. 社会性昆虫与社会等级

社会性昆虫称超级有机体，是由一些不同功能职级的个体组成的。社会性昆虫的繁殖成功，应该说是遗传成功更合适。例如，膜翅目的蜜蜂，姐妹之间的亲缘系数是 0.75，而兄妹或姐弟间是 0.25，兄弟们没有父亲，而姐妹们是有父亲的。所以，像蜜蜂等膜翅目昆虫，姐妹间与兄妹间的遗传亲缘关系被平衡掉了。然而，等翅目的社会性昆虫白蚁，母蚁和雄蚁是有翅和无翅的生殖个体，它们在婚飞时是具翅的，交配后翅脱落；工蚁和兵蚁为无翅的非生殖个体，所有白蚁个体都是二倍体，仅功能职级不同，雌雄两类个体都由受精卵发育而来。在哺乳动物中，只有非洲的裸鼹鼠是具不同职级的社会性动物。

对于群居的动物，动物个体间具有社会地位等级。社会等级使得动物个体之间形成一种相对固定的支配与从属关系。其形式包括独霸式、单线式、循环式。例如，在狒狒和大猩猩等动物中，社会等级制度十分明显。尤其是社会性动物，种群内部具有严格的社会分工现象。

具有社会等级制度的动物种群，其共同特征是：①领域和资源的排他性；②优势个体的利他性；③雄性与雌性动物的社会等级互不相干，各自分离；④等级和分工导致社会惰性；⑤种群内部的权利欲。

九、动物的通信与行为

（一）动物的通信

通信是一种有机体（或单细胞生物）的部分反应，从适应性的程度上改变另一个有机体（或单细胞生物）行为模式的可能性。

1）视觉通信——动物可通过眼杯、单眼、复眼和透镜型眼观察环境。动物直接从环境中获得信息的最快、最有效的途径，主要是依靠姿势、体态相貌、故意炫耀、特别警示等。一般来说，环境越是危险，动物的视觉越是发达。

2）化学通信——化学信号在自然界是普遍存在的，同种间的化学通信是靠外激素，而异种间的化学通信是依靠异种外激素。昆虫释放性信息素受虫龄、昼夜节律、光照和温度的影响。不同的物种在释放时间上也不同，主要受昼夜节律和温度的影响。

3）听觉通信——动物通过某个器官发生震动，产生音频信号作为通信方式。各种动物发出的频率是不同的，如果有两种亲缘关系较近的动物占用了相同的频率，它们则会在活动时间上错开，一个在白天活动，另一个在晚上活动，防止雌雄动物间发生信号的错误识别。同时，同一种动物也会发出几种不同频率的声音。

4）触觉通信——动物的触觉非常敏感，所感受物质的种类也较多，除了物理接触外，还有对震动、温度、风、化学物质等，都有特殊的感受器来接收信号。特别是哺乳动物，对不同强度、不同部位、不同性别和不同年龄个体的触觉感受，是具有许多不同的生物学意义的。

（二）动物行为学

1）动物行为学（ethology, animal behaviour）——应用生物学、生态学和其他相关学科的原理和方法，专门研究动物行为的一门新的交叉学科。由于人们研究的角度不同，行为学家从动物的行为角度提出了生态行为学（eco-ethology），研究行为与环境间的关系；而生态学家则从生态学角度提出了行为生态学（behavioural ecology），关注行为机制和行为的生态学意义。

2）动物行为的机制——动物行为的机制是一个非常复杂的问题。各种动物都会有一些独特的行为，其发生机理属于近期原因，是由环境、激素、遗传和发育机制决定的。各种动物为什么要发生一些独特的行为？这属于终极原因，是由行为的生态学功能和行为的进化历史决定的。

3）定型行为与学习行为——定型行为是由遗传决定的，在进化中形成，称为本能行为，这对生物的生存与繁殖是非常重要的。学习行为是动物后天获得的，是凭借经验来调整行为以适应环境的，称为习得行为，主要有习惯化、经典的条件化、试错学习和印痕。

4）摄食行为——包括摄食对策、反捕食对策、储存食物对策。动物可根据食物资源丰富程度和环境特点，选择最理想的摄食对策。例如，东北的松鼠会根据东北的气候特点，如年降水量少，冬天有大雪，它们在秋天会将榛子和橡子等坚果储藏在树洞里，盖上树叶，不会腐烂变质，作为冬天和春季的食物。而华南的松鼠知道当地年降雨量大，空气潮湿，温度高，它们在秋天会将橡子先用嘴在果实中央啃个环形凹痕，然后放在森林中的箬竹"Y"形枝丫上卡着，如果不先啃出环形凹痕，由于竹枝和椭圆橡子都具坚硬光滑的表面，放上去会滑落。一个个橡子都卡在离地面1 m多高的竹丫上，依靠风吹进行干燥储藏，以作为松鼠冬季的食物（南方冬季坚果资源短缺，如放在地面或洞中，会因湿度大和温度高而腐烂）。由此可见，松鼠是一种多么勤劳可爱的动物。尽管松鼠有时候会祸害庄稼或果树，但我们千万不能去偷掏它们的越冬"储备粮"，更不能用毒饵诱杀它们。

【重要概念】

1）竞争——同种的不同个体或不同种群之间，营养资源和空间资源的有限，使得它们发生相互争夺和相互干扰的现象。

2）生态位——每个种群在群落中的综合地位（作用）都是不同的，包括对生境的需求、对资源谱的利用范围、占据的空间位置和对群落的作用与贡献等。如果在同一群落中有两个种群的生态位完全相同，通过竞争，最终必然淘汰或排挤掉其中的一个种群。

3）协同进化——一个物种的性状作为对另一个物种性状的反应而进化，而后者的这一性状本身又是作为对前者性状的反应而进化。在自然界里，协同进化发生在捕食者与猎物之间，或寄生者与宿主之间，以及植物和传粉者之间。

4）r/K-对策理论——r-对策的特征是种群的发育速度快，成熟个体体形较小，具有数量多而个体小的幼子，高的繁殖能量分配和短的世代周期；K-对策的特征是种群的发育速度慢，大型的成体，具数量少但个体大的幼子，低的繁殖能量分配和长的世代周期。

5）自疏现象——随着种群密度的进一步增加，植物个体间的影响不仅表现在器官的形态和寿命以及生长发育的速度方面，而且会影响到植物体的成活率，最终使得种群密度下降，这个过程称为自疏现象。另外，自疏现象也可发生在器官水平，如疏花、疏果或疏枝条。

6）动态生命表——通过连续观察某一群同龄个体从出生到死亡的全部过程的数据进行分析之后编制的生命表，以反映出不同时期每个个体的平均生命期望值。

7）生态入侵——一个外来种群在新的栖息地里，通过提高适合度，不断扩大种群数量和分布范围，并对当地土著物种产生了抑制作用、伤害或致死，这个过程称为生态入侵，也称为生物入侵。生物入侵一般是指外来生物侵入的早期阶段，强调某种外来物种入侵的事实；而生态入侵则指外来物种已造成严重生态环境的后果。但现在两者经常混用。

8）两面下注理论——生物种群在恶劣环境下，采用有性生殖和营养繁殖双保险机制的繁殖方式，或者是根据生活史组分中对能量投入和预期的繁殖成效进行权衡之后，所选择的繁殖方式（单次生殖或多次生殖）。

9）生活史对策——生物种群对个体的大小、迁移、夏眠、冬眠、生殖对策与方式、宿主的类别与大小等，经过长期的选择，最终将生活史的组分固定下来，这个复合组分必将是一个风险最小、效率最高、最经济的生活史。

　　10）摄食对策——动物为了以最小的成本获得最大的取食效率所采取的措施。动物在取食过程中，运用经济学原则，即"收益-成本"分析方法，对所取食物的大小、觅食距离、时间花费和食物质量等都进行合理的选择，这称为最优化理论。

　　11）阿利氏定律——对于一个集群动物的种群来说，都有一个最适合的种群密度，过密或过疏，都是不利的，都可能对种群产生抑制性的影响。

　　12）种群平衡——种群的数量波动，可以是周期性的，也可能是不规则的，在较长时期内，种群的数量能够维持在大致相同的水平时，叫作种群平衡。

　　13）密度制约效应——种群的实际增长率会随着密度的增大而下降，随密度的减小而上升，这种现象称为密度制约效应，这是一种负反馈作用机制。除了增长率外，密度制约效应往往对种群的死亡率、个体大小和个体质量等都有影响。

　　14）性别生态学——研究生物种群的性别分化、性别比例、繁殖方式和交配行为等与环境关系的学科。

　　15）哈迪-温伯格定律——在一个足够大的种群中，没有个体的迁入和迁出，无突变，自然选择没有作用（干扰），个体间可随机交配，在随后的各代之间的基因频率和基因型频率将保持稳定，这就是哈迪-温伯格定律，也称为遗传平衡定律。

【难点解疑】

　　种群生态学是基础生态学中诞生最迟的一个分支学科，它是连接个体生态学与群落生态学的桥梁，对于理解群落和生态系统的功能方面是十分重要的。请关注下列 7 个问题。

1. 物种与种群的关系

　　物种是分类学基本单位，是生物繁殖单元（自然条件下物种间保持生殖隔离）。而种群是生物进化的基本单元，是组成群落的生态功能单元。一个物种可有一个或多个种群。对于地方特有种来说，一个物种往往就是一个种群。例如，安徽琅琊山的特有种琅琊榆只有一个种群。而一个广布种到底有多少个种群，是难以确定的，如蒲公英，分布极广。那么，种群的范围如何界定呢？一般根据基因流来确定种群大小，而基因流会受到地理的空间隔离。所以，自然地理环境屏障常用来划分种群的范围，如岛屿、山脉、平原、河流等。

　　在自然界中，生物为什么要以物种的形式存在呢？首先，物种的分异是生物对环境异质性的应答，成为分类学鉴别的基本单位。其次，物种间的不连续性，可抵消有性生殖带来的遗传不稳定性（因遗传重组），使得生物分类的界线分明。再者，一个物种是有寿命的，不同的物种寿命也不同，如化石脊椎动物的平均寿命为 500 万～1000 万年。物种的客观存在与物种的不断更替，体现出生物与环境间既可保持协调又会产生冲突的辩证关系（通过种群进化来解决），所以，物种最终成为生物大进化

（种以上的进化）的基本单元（区别于种群是小进化的基本单元，可以形成变型、变种或亚种，即种下单位）。

物种的概念有形态学种和生物学种之分，两者均有其应用价值。生物学种最终要依靠实验生物学来验证，而形态学种在化石研究中具有不可替代的作用。然而，在分类学上还是依靠形态特征划分物种，但有时形态区分的标准太细，除了专家外一般人难以掌握，这样的分类就会失去应用价值，如苔草属（Carex）的分类。另外，自然界中尚存在一些隐形的物种，在形态上无法识别，需要靠生理生化或分子生物学技术才能给予鉴定。例如，美洲豹蛙过去依据形态学认为只有 1 个物种，现通过基因分析却有 27 个类型，并且各类型间存在生殖隔离，但在野外依据形态却无法识别。

2. 什么是构件生物

构件生物（modular organism）是由一个合子发育的形成一组在繁殖、生理、功能或结构上不同的器官（构件）组成的超级有机体，生态学上也称为集群（colony）。例如，动物中的海绵、管水母、水螅和珊瑚等均是构件生物（水螅除了具营养繁殖功能的构件外，在有性生殖时还有水母体形）。高等植物中有许多是构件生物，最常见的是竹子和苔藓。另外，禾本科和莎草科植物具有极强的萌生能力，其丛生的茎秆均为构件。不仅如此，禾本科植物在抽穗之前的最后一枚叶片称作旗叶，它不同于一般的叶，因为它是茎上最高节位的一片叶，位于圆锥花序基部，相当于花序的总苞片，叶片始终保持直立，在灌浆期的光合作用产物大部分都是由旗叶提供的。所以，旗叶不是普通叶，属于特殊的构件器官。我们知道，棉花有果枝（母枝）和叶枝（公枝）两种枝条，在生产上要摘除公枝，棉花具有功能型构件器官。更奇特的是，由不同细胞核相所嵌合的构件生物，如菊科的 Xathena texanum 植物（我国不产），其根中的染色体数 $2n=8$，而茎叶中染色体数 $2n=10$。同样，苔藓的营养体（配子体）是单倍体，孢子体是二倍体并嵌合其顶部，在孢子体顶端还有一个单倍体的蒴帽，后两者在生长的早期是绿色自养的。

我们再来看竹子的构件组成。竹子在什么时候开花？为什么会开花？一直没有准确答案。竹子开花的周期很长，可达 60～120 年，并且难以预测。所以，竹子是依靠土壤中的竹鞭进行无性繁殖。根据竹鞭上的竹笋分布式样，分为散生型和簇生型，前者如毛竹和刚竹，后者如凤尾竹和孝顺竹。地下的竹鞭是竹子的真正的"茎"（地下茎），而由竹笋发育的一棵竹子其实是"枝"，我们将其称为构件。因此，生于山坡上的一片竹园是由一"群"或若干"群"构件（单棵竹子）所组成的，其"群"的具体数量要取决于当初栽植母竹的数量。每一棵母竹通过竹鞭在土壤中生长形成竹笋，最终可成为一整片竹林，它们是一个遗传物质相同的无性繁殖（克隆）系。

双子叶植物中某些木本植物和草本植物也具有构件，主要是指具有萌生习性或具地下茎的植物，如领春木（萌生成簇的茎）、草莓（由匍匐茎萌生）和地笋（由地下茎萌生）。

在种群数量统计中，对于构建生物需进行两个层次的数量统计，即由合子（种子）产生的个体数和每个个体形成的构件数。在野外调查时，理论上只有分别对两个不同层次的数量进行统计，才能掌握构件生物的种群动态。事实上，对前一个层次（合子或种子数）的统计往往最为困难，有时甚至是不可能做到的。一般情况下，种群调查统计的是构件数量。

因此，作为构件生物的器官，要么能独立繁殖，要么在生理、结构或功能上有所区别。我们不能说一棵樟树或松树（均为单体生物）的枝条也是构件器官。因为构件生物的概念是相对于单体生物而言的。

3. 遗传平衡与基因水平转移

在群体遗传学中，哈迪-温伯格定律是一个重要的内容。遗传平衡只发生在大种群中，而小种群容易发生遗传漂变。这"大"与"小"是相对的，种群要大到什么程度才能实现遗传平衡呢？条件是要保证基因可自由交流。另外，还有几个附加条件，如没有迁入与迁出。在自然条件下，难以满足这些附加条件，所以它只是一个理想状态下的遗传平衡理论，遗传平衡既是有条件的也是相对的。

遗传平衡是描述封闭的种群内部世代间的遗传组成的稳定性，但在自然界中，种群间的关系是复杂的。过去，人们只关注种群间在形式上的相互作用，而现在发现种群间竟然存在基因交换，最早发现的是细菌间存在基因水平转移现象。目前已发现果蝇、线虫和其他几种模式动物都存在基因水平转移现象。尤其是人类基因组中发现有 145 个基因水平转移的基因，和细菌的高度近似，可能是细菌的同源基因，而软体动物、果蝇、真菌和植物根本就没有这 145 个基因，这些基因很可能来自肠道共生微生物。越来越多的研究证明，基因水平转移在生物界是广泛存在的现象。除了突变和自然选择外，基因水平转移成为寄生和共生关系中的协同进化的动力之一。

4. 关于种间关系的划分

在种间关系中，从理论上根据两种生物之间是否有益、有害和中性作用划分为 6 种关系。但在实际研究中，有些种间关系难以把握。例如，寄生、拟寄生、放牧和捕食归为一类，即一方受到伤害，另一方获得益处。其实，在这 4 种关系中，受害方所遭受的损失程度是不同的，捕食关系中的猎物丢了性命，这与拟寄生中导致猎物最终死亡的性质是相同的。而在寄生和放牧中，仅使宿主或植物受到伤害，而不会危及生命安全，受伤后还可以恢复，甚至有代偿功能。

种间关系既微妙又复杂，它会随着环境的变化而变化。例如，捕虫植物猪笼草与昆虫之间是偏害关系，但在高海拔的热带雨林中，由于昆虫稀少难以捕捉，猪笼草竟然将蜜腺从"瓶口"内缘移到"瓶盖"内侧，并与小型哺乳动物树鼩形成了共生关系。当树鼩跳上猪笼草宽大的喇叭形"瓶口"后，用舌舔"瓶盖"引起振动，导致"瓶盖"内侧分泌大量含糖的液体，树鼩尝到甜头便坐在"瓶口"上不停地舔食，因糖液内含一种高效快速的泻药，会立即引起树鼩的肚子不舒服并伴有响声，树鼩拉下大便后才急忙离去，而大便正好落在猪笼草的"瓶底"，从而获得了氮素与营养。

5. 互利共生的类型与进化

在自然界里，两种生物的互利共生现象是相当普遍的。互利共生的主要类型有：特化的传粉植物与传粉动物互利共生，动物消化道内的微生物或原生动物互利共生，栽培植物（切叶蚁与真菌）与饲养动物（猫）互利共生，维管束植物与真菌互利共生，珊瑚虫与藻类互利共生，地衣中藻类与真菌互利共生，根瘤菌与豆科植物互利共生，动物或植物的细胞内共生体（蟑螂的脂肪体内共生许多细菌，百合科和兰科的一些植物细胞内共生细菌，并通过种子传递到下一代），还有一些动物在行为上互利共生，等等。

参与互利共生的两种生物，有的是兼性的，有时可以分离，这样的互利共生是原始合作，许多行为互利共生的动物往往就是这样的。而互利共生的高级形式是专性的，双方谁也离不开谁。由于专性互利共生的发展，两种生物在形态、结构和生理甚至行为上都产生了适应性进化，有些类群已经通过特殊的内环境隔离，形成了新的物种。例如，地衣中的共生真菌与自然界中游离生存的同种真菌，已经在生理、生化和基因上出现差异，成为不同的物种。

6. 变态和形态转换是生物适应环境的最佳策略

在生物的生活史中，有些生物表现出非常复杂的变化过程，有时难以想象。藤壶的一生有三种体态和三种不同类型的眼睛；蚜虫除需要转主寄生外，出现孤雌生殖，有时因密度过大还会长翅迁飞；锈菌也要转主寄生，产生多种令人记不住的孢子，有性生殖过程还引诱昆虫来帮忙；苔藓和蕨类植物具有明显的单倍体与二倍体，缺一不可；青蛙由蝌蚪变态而来。当然，昆虫的各种变态极其繁杂，蛹是幼虫与成虫的过渡状态，幼虫的组织器官分解和转化（幼虫体内成虫盘细胞团发育后，经过外翻就形成新器官），以及成虫组织器官的重建均在蛹内完成。所以，昆虫的蛹就像"变魔术"一样，把前后两个完全不同的生物形态联系在一起，世界上难道还有什么能够比蛹的作用更神奇吗！

记住，无论某一种生物的生活史多么复杂，它一定是对当前环境的高度适应，是一种最经济、最科学的生态策略。昆虫复杂变态生活史的合理解释，是将个体的发育与繁殖和个体的捕食与生长分隔开来，两者互不影响，各自实现最大化，称为生境利用最优化理论。

值得庆幸的是，在大自然里，大多数昆虫的"吃"和"飞"是被分开的，仅以幼虫的咀嚼式口器取食，而像蝗虫类昆虫既能"吃"又能"飞"的，并以成虫咀嚼式口器取食的昆虫不是多数，否则，整个地球上的植被和庄稼必将受到灭顶之灾！

7. 关于物种生活史进化的思考

提到生物的生活史进化问题，一般人会想到昆虫的生活史最复杂，因为它们出现了变态。其实，纵观整个生命世界，发现真菌界的禾柄锈菌（*Puccinia graminis*）

生活史的复杂程度令人赞叹不已，见图 3-20。禾柄锈菌的一生需要 2 种寄主植物（小麦和小檗），属于转主寄生，过冬时进入土壤。不可思议的是，它的一生竟然发育出 5 种孢子，见图 3-20。最有意思的是，要想完成生活史还需要一种昆虫来帮忙传播孢子。为了吸引昆虫，唯有这种性孢子表面具有糖液，在昆虫的舔食与搅拌中让不同性别的孢子相遇。难怪人们把原属于植物界的真菌，单独列为一界，与动物界和植物界并列构成 5 界系统。

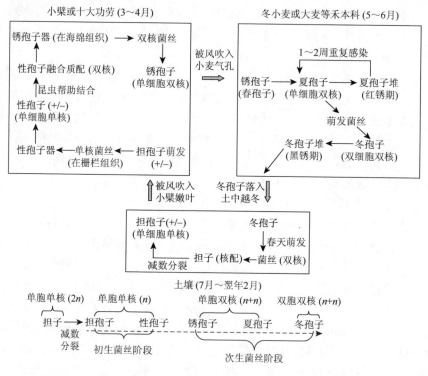

图 3-20　禾柄锈菌的生活史组成与 5 种孢子发育的顺序（沈显生绘）

　　仔细想来，禾柄锈菌生活史共涉及 4 种生物。其中，禾柄锈菌与小麦和小檗是寄生关系，一方受益，另一方受害。而禾柄锈菌与昆虫却是互利共生关系。为了酬谢昆虫，禾柄锈菌分泌出糖汁。问题是真菌怎么会知道这个伙伴昆虫的爱好呢？正如前面的第 4 个问题中猪笼草怎么知道哪种泻药对树鼩最有效一样。如果用随机突变来解释，似乎是不可能的。当今，我们已经知道 DNA 的遗传密码，这是整个生命世界共享的遗传语言。2013 年，*Science* 报道 DNA 还暗藏第二套编码，有一些密码子具双重生物学含义，一种与蛋白质序列相关，另一种与基因何时、何地表达的控制相关。从协同进化的角度看，一种生物不仅具正确地表达自身 DNA 遗传信息的能力，它还能解读对方 DNA 的遗传语言，再根据实际需要调整自身 DNA 信息的表达。

否则，我们仅凭随机突变，难以理解两种生物间的"你中有我，我中有你"的合作机制，或"道高一尺，魔高一丈"的竞赛机制。

【试题精选】

一、名词解释

1. 物种	2. 种群	3. 基因库	4. 生态位
5. 基础生态位	6. 孤雌生殖	7. 种间竞争	8. 竞争释放
9. 进化稳定对策	10. 减数分裂价	11. 多型现象	12. 生殖对策
13. 领域性	14. 社会等级	15. 构件生物	16. 遗传漂变
17. 奠基者效应	18. 贝氏拟态	19. 米勒拟态	20. 利他行为
21. 拟寄生	22. 定向选择	23. 分摊竞争	24. 婚配制度
25. Bruce 效应	26. 性状替换	27. 实际生态位	28. 生态对策
29. 他感作用	30. 产量衡值法则	31. 最大持续产量	32. 红皇后假说
33. 让步赛原理	34. 最小可存活种群	35. 广义适合度	36. 协同进化

二、填空题

1. 调查研究种群密度的基本方法有_____、_____、_____。
2. 种群的空间格局的分布类型有_____、_____、_____。
3. 通常检验种群空间分布格局的判断指标是_____。
4. 影响种群密度变化的因素有_____、_____、_____。
5. 种群年龄锥体的三种类型是_____、_____、_____。
6. 逻辑斯蒂方程曲线可划为 5 段，即_____、_____、_____、_____、_____。
7. 自然选择的类型有_____、_____、_____。
8. 物种形成的三个步骤是_____、_____、_____。
9. 动物婚配制度的类型有_____、_____、_____。
10. 广义的捕食作用（关系）包括_____、_____、_____。

三、判断是非题（对的划"√"，错的划"×"）

1. 种群是生物类群层次中的最小基本单位。
2. 相对密度是描述生物多样性的一个相对指标。
3. 重捕标志法是根据 $N:M=n:m$ 等式估算种群大小的。
4. r_m 总是大于 r_4，两者都是瞬时增长率。
5. 在种群离散增长模型中，当 $0<\lambda<1$ 时，种群稳定。

6. 当种群的增长与密度有关，$N_t = N_{eq}$ 时，种群稳定。

7. 在逻辑斯蒂增长模型的方程中，环境剩余空间的表示是 $K-N/K$。

8. 狼在生活史策略中选择了 r-对策。

9. 食草动物的吃草活动必然会引起草场初级生产力的下降。

10. 在种间竞争时，对甲资源的竞争，会影响对乙资源的竞争。

四、单项选择题

1. 某个种群基因库中有 50%B 基因和 50%b 基因，则 Bb 基因型的频率是：

　　A. 25%　　　　　B. 50%　　　　　C. 75%　　　　　D. 100%

2. 当 $K_1 < K_2/\beta$，$K_2 < K_1/\alpha$ 时，两个物种的种群竞争的结果是：

　　A. N_1 胜　　　　B. N_2 胜　　　　C. 不稳定　　　　D. 共存

3. 当某一真菌的菌丝侵入生长到达植物的根尖时，只在表皮细胞和根毛中生长，不伸入皮层细胞内，这种菌根称为：

　　A. 外营养菌根　　B. 内营养菌根　　C. 菌根　　　　　D.根瘤

4. 在描述种群增长动态时，其内禀增长率是：

　　A. r_4　　　　　B. r_m　　　　　C. R_0　　　　　D. λ

5. 根据种群增长模型中的 R_0、r_4 和 T 的关系式，判别下列描述正确的是：

　　A. r_4 和 R_0 成正比　　　　　　B. r_4 和 T 成正比

　　C. R_0 和 T 成反比　　　　　　D. r_4 和 R_0 成反比

6. 在不同的种间关系类型中，两种生物的密切联系程度是不同的。请判断下列哪一项种间关系会始终保持着极其密切的联系？

　　　　　A. 附生　　　　B. 偏利　　　　C. 原始合作　　　D. 寄生

7. 生殖对策属于 K-对策类型的动物，其生活史特征是：

　　　　　A. 个体小　　　B. 生长速率慢　　C. 扩散能力强　　D. 生命周期短

8. 生殖对策属于 r-对策类型的动物，其生活史特征是：

　　　　　A. 生长速率快　　B. 繁殖周期长　　C.竞争能力强　　D. 死亡率低

9. 专性互利共生是指互利双方的永久合作。下列哪一项不属于专性互利共生？

　　　　　A. 菌根　　　　B. 地衣　　　　C. 根瘤菌　　　D. 珊瑚

10. 种群数量调节有外源性因素和内源性因素。下列哪一项不属于内源性因素？

　　　　A. 由寄生物的作用大小引起的数量变化

　　　　B. 由个体遗传素质差异引起的数量变化

　　　　C. 由个体之间神经内分泌系统活动强弱不同引起的数量变化

　　　　D. 由环境资源的异质性导致个体行为的不同而引起的数量变化

五、问答题

1. 植物种群增长的动态模型有哪些特点？

2. 何谓最后产量衡值法则？该法则在农业生产上有何意义？

3. 从理论上分析两个物种竞争的 4 种结局。

4. 分析寄生物与宿主间相互作用的动态变化时，应注意哪些因素？

5. 何谓互利共生？请列举出三个例子。

6. 传粉昆虫与虫媒花的协同进化，由于长期的相互作用，最后出现了花结构的高度特化。请问，这种传粉昆虫与虫媒花的协同进化有什么意义？

7. 为什么说逻辑斯蒂增长模型是一个非常重要和有实际意义的模型？

8. 在猎物和捕食者的协同进化中，两者的进化速率是均等的吗？为什么？

9. 不连续增长的种群，增长模型的方程 $N_{t+1}=[1-B（N_t-N_{eq}）]N_t$，请问 B 的大小对模型有什么影响？

10. 许多动物产生集群现象的原因是什么？其生态学意义是什么？

11. 如何定义动物行为学？何谓动物行为的终极原因？

12. 简述动物的本能行为与学习行为的关系。

13. 从生态学来看，动物的消化道是一个微生态系统。你是如何理解的？请举例说明。

14. 根据动物的寄生关系，试论其起源有哪些途径。

15. 植物与食草动物间的相互适应有哪些形式？

16. Lotka-Volterra 的捕食关系的数学模型是什么？

17. 动物食性的分化有哪些类型？其生态学意义是什么？

18. 在动物交配行为中，什么是 Bruce 效应和 Coolidge 效应？

19. 动物的婚配制度有哪些类型？

20. 什么是雌性先熟型雌雄同体现象？并举例说明。

21. 同无性繁殖相比，动物的有性繁殖需要付出哪些代价？

22. 动物种群的扩散有哪些方式？迁徙和迁移有何区别？

23. 何谓阿利氏规律（Alee's law）？该规律具何生态学意义？

24. 种群的密度大小对其出生率和死亡率都会有影响。当种群的出生率和死亡率相等时，种群的大小保持稳定，此时的密度称为平衡密度（qx）。平衡密度的获得有下列三种情况，见图 3-21，请说明其作用原理。

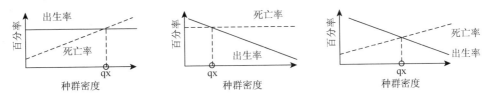

图 3-21　密度对出生率和死亡率的影响

25. 植物对于动物捕食的功能补偿作用是什么？

26. 物种是否属于生命的一个层次？为什么？

27. 为什么说集群分布是最常见的种群分布类型？

28. 根据 Titman 模型，参与竞争的两个物种出现共存结局时的条件是什么？

29. 性选择为什么主要是雌性选择雄性？

30. 宏进化与微进化（或大突变与小突变）两者间的关系是什么？

六、综合论述题

1. 试分析种群存活曲线的三种类型各具何特征。

2. 分析逻辑斯蒂方程的"S"形曲线形成的原因。

3. 生物的生殖对策有 *r*-对策和 *K*-对策，两者各具何特征？

4. 在自然界中，为什么很少甚至不会发生捕食者把猎物捕杀灭绝的现象？

5. 利他行为对种群的发展有什么积极的生态学意义？

6. 种群间的互利共生有哪几种表现形式？

7. 苦草（水鳖科）是雌雄异株的沉水植物，雄花在水下发育，生于闭合的佛焰苞内，成熟脱落后漂浮至水面传粉；而雌株需要通过细长的花柄把雌花送向水面进行受精。在安徽合肥董铺水库生长有两种苦草，安徽苦草（*Vallisneria anhuiensis*）生长在比较浅的水域，水深 0.5～1 m，全部进行有性生殖，花期 6～7 月，雄蕊 1 枚，果实三棱形，果柄弹簧卷曲紧密。而长梗苦草（*V. longipedunculata*）生长在较深的水域，花期 9～11 月，雄蕊 2 枚，果实圆柱形，果柄弹簧卷曲松弛（图 3-22）。在野外观察发现，生长在 1～2 m 深水中的长梗苦草只进行有性生殖；而当水深超过 2.5 m 以后，它们便放弃了有性生殖，利用匍匐茎进行营养繁殖。当把这种具有匍匐茎的苦草放在水箱中进行栽培时，第二年它们却开花了。请问长梗苦草生长在过深水中

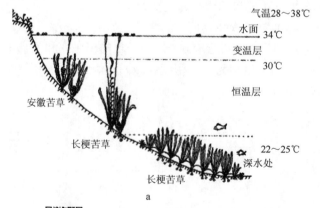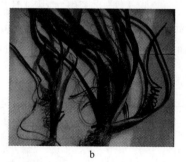

图 3-22　合肥两种苦草的生境对比

a. 两种苦草不同的生境（沈显生绘于 2003 年）；b. 安徽苦草雌株，

示弹簧状果柄（沈显生摄于 2000 年）

为什么只进行营养繁殖？苦草属植物在受精完成后，通过雌花柄的螺旋化收缩把雌花拉入水中进行发育，这样有什么好处？

8. 卷丹百合常生长在林冠下面，比较耐阴，它除了具有地下鳞茎可进行营养繁殖外，还可通过开花进行有性生殖，此外，还在各叶片的叶腋处生长出一个珠芽，珠芽落地便可生根（图 3-23）。请问，这种植物具有三种共存的繁殖方式（两个营养生殖和一个有性生殖），对适应环境有什么生态学意义？

a　　　　　　　　　　　　　b　　　　　　　　　　　　　c

图 3-23　卷丹百合的三种繁殖方式

扫一扫　看彩图

9. 野蒜具伞形花序，除正常的小花外，在花葶顶端生有许多珠芽（图 3-24a）。花期过后，绝大多数的子房发育不良，不能形成正常的种子。而珠芽发育良好（图 3-24b），并在脱落前已经萌发。为什么野蒜会出现"花而不实"的现象？

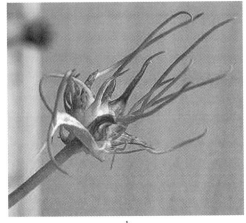

a　　　　　　　　　　　　　　　　　　　　　b

图 3-24　野蒜的两种繁殖方式

a. 小花和珠芽；b. 珠芽已萌发（照片拍摄者不详）

扫一扫　看彩图

10. 在太平洋里有一种小鱼叫作裂唇鱼，喜欢钻进笛鲷的口腔中专吃寄生虫。而另一种小鱼叫作尉鱼，其体形和体色酷似裂唇鱼，但当它钻进笛鲷的口腔中却不吃寄生虫，而是趁其不备咬下一块鲜肉（图 3-25）。由于笛鲷口腔中的寄生虫需要清除，所以，它对尉鱼的这种袭击行为却毫无办法。请问，这三种鱼之间在生态学上是什么关系？

扫一扫　看彩图

图 3-25　笛鲷与裂唇鱼的共生关系

a. 笛鲷；b. 裂唇鱼；c. 尉鱼（http://roll.sohu.com）

11. 假设有三种哺乳动物分别用 A、B、C 表示，它们各自的基础代谢率与环境温度的关系曲线如图 3-26 所示，判断它们各自生活在哪种气候带环境里？说明你判断的依据是什么。

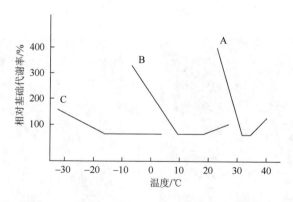

图 3-26　基础代谢率与环境温度的关系示意图

12. 在海岸边的潮间带上，小藤壶（*Balanus* sp.）和紫贻贝（*Mytilus edulis*）对水的耐受性是不同的，小藤壶比较耐旱，可以忍受较长时间的缺水，所以，它们分布在潮间带的最上部分。紫贻贝对水的耐受性比小藤壶要弱，缺水时间不能太长，所以紫贻贝的种群分布在潮间带的稍低处，或分布在潮间带较高处的水坑中。总之，小藤壶比紫贻贝耐旱。在青岛海滨潮间带较上部分所拍摄的三张照片显示不同高度下种群的分布情况。图 3-27a 是位于最高处非常干旱的石壁上，只有小藤壶；图 3-27b 是稍低处的石壁，有小藤壶和紫贻贝混合分布；图 3-27c 是比较低的石壁，比较潮湿或积水，石壁表面全部为紫贻贝所覆盖。

a　　　　　　　　　　　b　　　　　　　　　　　c

图 3-27　青岛海滨小藤壶和紫贻贝对环境的适应（沈显生摄于 2004 年）

扫一扫　看彩图

根据你从图 3-27 中看到的种内和种间的竞争态势，分析它们在哪个生境条件下的竞争最为激烈？依据是什么？

13. 什么是集群效应（grouping effect）？集群的生态学意义是什么？

14. 种群的扩散（dispersal）有哪些形式？扩散的生态学意义是什么？它与迁飞或迁徙的区别是什么？

15. 动物的通信存在于种内和种间。在种群内部和种群之间，通信的作用各是什么？

16. 生态学的理论精髓是适应与进化。根据热带沙漠的环境特征，生活在那里的生物是如何适应特殊环境的？请举两个例子。

17. 自然选择与人工选择有什么不同？

18. 性选择属于自然选择的范畴吗？

19. 试分析竞争与互助哪个对生物进化的作用更大？

20. 同源器官与同功器官在生态学上的意义各是什么？

七、应用题

1. 某湖岸边的森林中栖居着一群鹭鸶和白鹭，一位动物学家第 1 次张网捕捉了 150 只鸟，其中鹭鸶 60 只，并对其进行脚环标记，然后放回去。在一个月后，他又在该区捕捉了 50 只鹭鸶，其中只有 4 只是有标记的。请问：这个鸟群中鹭鸶共有多少只？

2. 通过晚婚晚育和限制每对夫妇的子女数，可以达到控制人口的目的。请分析其理论依据是什么？

3. 表 3-3 是藤壶生命表中的一部分数据，请填写出表格中空白处的数据。

表 3-3　藤壶的生命表

年龄 x/年	各年龄开始的存活数目 n_x	各年龄开始的存活分数 l_x	各年龄死亡个体数 d_x	各年龄死亡率 q_x	生命期望值 e_x
0	250	1.00	50		
1			60		
2			70		
3			60		
4	10	0.04	10	1.00	
5	0	0	—	—	—

4. 在一个资源和空间无限的条件下，某种寿命仅为 1 年的动物（终生繁殖一次），开始时有 20 个，雌雄各半；到第二年时，总数达到 400 个，雌雄各近半。请问到第 4 年时，该种动物的种群有多大？

5. 假如在某一池塘养鱼，环境最大容量为 1000 尾，瞬时增长率为 2.5；当池塘中鱼的数量分别增加到 200 尾、500 尾、800 尾和 1200 尾时，分别求出在各自种群数量时的增长率（即群体变化速率）。

6. 车轴草（*Trifolium*）和粉苞苣（*Chondrilla*）在单独栽培条件下，各自的生物量为 100%。当把车轴草与粉苞苣栽培在同一容器中，而将各自的枝叶分开互不影响时，其粉苞苣的生物量只有原来的 65%。如果将车轴草与粉苞苣各自栽培在两个容器中，而它们的枝叶不分开，其粉苞苣的生物量只有原来的 47%。最后，将车轴草与粉苞苣共同栽培在一起，枝叶也不分开，结果，其粉苞苣的生物量只有原来的 31%。请问：这个试验说明了竞争的哪些特点？

7. Titman 竞争模型以某种植物为实现生存和增殖所利用两种必需资源的临界值为边界，称为零增长线（zero net growth isoline，ZNGI），可在二维坐标中根据两个物种的零增长线判断竞争结局。例如，大草履虫（A）和小草履虫（B）对资源 X 和 Y 竞争结果，见图 3-28，根据两种生物的 ZNGI 坐标，当资源供应点分别位于①②③④位置时，判断它们竞争的胜负情况。

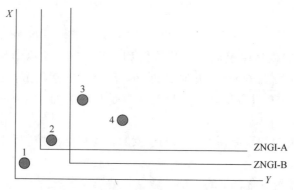

图 3-28　大草履虫（A）和小草履虫（B）竞争的 ZNGI 坐标图

8. 在调查阴生植物天南星（*Arisaema* sp.）的空间分布格局时，共做样方 4 个（1 m×1 m），天南星的频率为 75%。1 号样方有 5 株天南星，2 号样方有 10 株，3 号样方有 1 株，4 号样方无天南星，求其空间分布类型属于哪一类。

9. 在去除取样法中，采取"牛耕式"取样对一块面积 50 m² 草地的蝗虫进行捕捉，第一次捕捉 105 只，第二次捕捉 85 只，第三次捕捉 54 只，第四次捕捉 42 只，第五次捕捉 38 只，第六次捕捉 27 只。请问：这块草地里的蝗虫估计有多少？如果采用两次捕获法，可通过公式 $N=(y_1)^2/(y_1-y_2)$ 进行计算，其结果会出现较大的误差，为什么？

10. 在云南省西双版纳热带雨林中，生长着一种大型草本植物海芋（*Alocasia macrorrhiza*）（天南星科）。有一种昆虫特别爱吃其叶片，通过实地观察发现，昆虫啃吃叶片前，先在叶片上咬出一个圆环状的痕迹（图 3-29a）。等过了一夜后，昆虫再次来到叶片上，在圆环痕迹内开始啃吃，直到把该圆环内的叶片吃光。吃过以后的叶片，会留下许多圆形的洞孔（图 3-29b）。请问这种昆虫为什么要采取这种方法啃吃海芋的叶片？

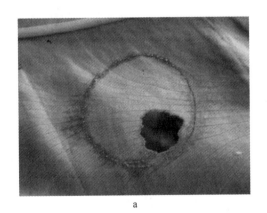 

图 3-29　昆虫啃吃海芋叶片的方法（沈显生于 2006 年摄于西双版纳）

扫一扫　看彩图

11. 加拿大一枝黄花（*Solidago canadensis*）像许多其他外来物种一样，在入侵者刚到达新的环境后，要经过几十年或上百年的潜伏期后，再发生大暴发，在路边、河岸边或撂荒的农田里可形成几乎单一的种群（图 3-30a）。加拿大一枝黄花的根系特别发达，并伴生有根状茎（图 3-30b），以进行营养繁殖。请问：生物入侵为什么需要有一个较长时期的潜伏阶段？目前，加拿大一枝黄花已经在我国东部地区暴发，你有什么比较好的方法和措施可以控制它的进一步蔓延吗？

12. 如果在一片草地上做了 10 个 1 m×1 m 的样方，共得到了 3 种草本植物（荠菜、车前草、蒲公英）的密度数据。现将各样方中的统计数据列于表 3-4。

a　　　　　　　　　　　　　　　　b

扫一扫　看彩图

图 3-30　加拿大一枝黄花的野外种群及根系和根状茎（沈显生摄于 2005 年）

a. 摞荒农田中的种群（位于甘薯地和水稻田之间）；b. 根系和根状茎

表 3-4　3 种草本植物的样方数据

样方序号	荠菜（株数）	车前草（株数）	蒲公英（株数）
1	2	0	1
2	3	5	0
3	1	0	2
4	1	4	1
5	2	6	0
6	3	1	1
7	1	0	2
8	2	3	2
9	0	0	1
10	1	4	0

通过 S^2/m 计算后，请你判断这 3 种植物各属于哪种空间分布类型。

13. 种子植物以自养为主，但也有营寄生和腐生的。被子植物松寄生（*Taxillus kaempferi*）常寄生在裸子植物华东黄杉（*Pseudotsuga gaussenii*）上（图 3-31，感谢南京农业大学强胜教授赠送照片）。仔细观察照片，请问松寄生在营寄生生活中遇到的主要矛盾是何种？它是通过何种途径解决这个矛盾的？

14. 种植豌豆是不能重茬的，就是说上年种植豌豆的耕地，来年不能接着继续种植豌豆，而是要改种其他作物。如果豌豆重茬播种，幼苗会发黄萎缩，甚至死亡。这是为什么？

15. 种植西瓜也不能重茬。近些年来，农民想办法，通过事先培育西瓜、南瓜或瓠子的幼苗，在苗期进行嫁接，可将西瓜的幼苗（接穗）嫁接到南瓜或瓠子的幼苗（砧木）上，成活后再将嫁接苗移栽到地里，这样就可实现西瓜重茬种植。请问利用嫁接苗为什么就能实现西瓜的重茬种植？说明其生态学原理。

图 3-31 寄生在华东黄杉上的松寄生

16. 水稻和杂草稗子的关系几乎陪伴着整个农业发展史。几千年来，农民一直想消灭水稻田里的稗子，可稗子仍顽强地存活下来了。请问稗子在人工选择环境下发生了哪些进化？

17. 陆生草本植物菊科的鬼针草（*Bidens*），瘦果顶端具有 2～4 枚硬刺，刺上密生倒刺。浮水植物菱科的野菱角（*Trapa incise* var. *quadricaudata*），其坚果具有 4 个角，角尖呈刺状（图 3-32a），并密生倒刺（图 3-32b）。两种植物的生境不同，亲缘关系疏远，但它们的果实却有着十分相似的传播器官，这个现象在生态学上如何解释？

a   b

图 3-32 野菱角的坚果（a）和刺尖的倒刺（b）（沈显生摄于 2008 年）

18. 狮子是群居动物，不仅领域性强，而且社会等级明显。在狮群中有一只雄性狮王控制着整个狮群（一夫多妻制）。当外来的雄狮打败了老的狮王成为新的狮王后，它要杀死那些幼小的狮子。对于这样一个 *K*-对策的种群，新狮王的这种行为在进化上有什么生态学意义？

19. 早春，蟾蜍在水中产卵，整个胶质卵带像链条状或念珠状（图 3-33a）。奇特的是，蟾蜍所产卵呈平行的"双线"分布于水中（图 3-33b）。请问蟾蜍为什么能够产出两条平行的胶质卵带？同成球的青蛙卵相比，这种"双线"卵带在生态学上有什么意义？

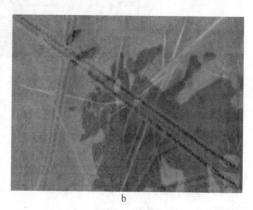

a　　　　　　　　　　　　　　　　　　　b

图 3-33　蟾蜍的胶质卵带（沈显生摄于 2008 年）

扫一扫　看彩图

20. 在蜜蜂养殖过程中，经常出现蜜蜂分箱的现象。突然有一天，一大群蜜蜂在一只新蜂王的带领下，离开原来的蜂箱，降落在附近的树上。养蜂人发现后，赶紧找来一只新的蜂箱，利用糖水或蜂蜜水把它们再引回新箱内。蜜蜂分箱的现象在生态学上如何解释？

21. 猫捕捉老鼠是常见的事情。但是，经常听人抱怨他家的猫最近变懒了，见到老鼠时睁只眼闭只眼，不管不问。请问，猫的这种偷懒行为在生态学上如何解释？

22. 我国农民在利用池塘养鱼时，到了秋冬季节，往往将鱼塘的水排放完进行捕鱼，把所有的大鱼、小鱼和虾蟹都捕获干净。到了第二年春天，重新将鱼塘蓄满水后再投放鱼苗。请问，这种养殖方法符合生态学原理吗？为什么？

23. 如果一位母亲生有多个子女时，从遗传学和生态学进行分析，请问做母亲的应该不应该有宠儿（宠儿是指受到特殊关爱的那个子女）？

24. 在判断种群内利他行为的适合度时，亲缘关系大小是一个指标。亲缘系数（r_3）与两个个体间的代距（n）和祖先数（N）有关。计算公式：$r_3 = N(1/2)^n$。请问，你和你伯父（你父亲的哥哥）的亲缘系数是多少？你和你父亲同母异父的妹妹（你的姑姑）的亲缘系数是多少？

25. 一只猴子在山区的某农户旁边发现桃树上有 8 个桃子，估计每个桃子营养价值约+6 个单位。由于桃子较大，这只猴子最多能吃 3 个。可在附近活动的猴子还有 3 只，其中一个是它的兄弟 A，另一个是堂兄弟 B，还有一个是几乎没有亲缘关系的 C。如果这只猴子不作声张，它可以独自吃到 3 个桃子，获得+18 单位的营养。如果它主动发出"有食物"的信号，会招来附近的 3 只猴子，平均每只猴子吃 2 个桃子，这只猴子只能得到+12 单位的营养。请问在这种情况下，这只猴子是否应该主动发出利他行为的食物信号？依据是什么？

26. 从生态学角度分析昆虫的变态有哪些适应进化的意义？不完全变态是在生活史中哪个阶段完成的？

27. 昆虫的多样性在生物界是独一无二的。试从昆虫的形态对策、发育对策和生殖对策谈谈昆虫是如何适应环境的。

28. 近几年，我国北方地区开始引种落叶植物美国红枫（北美槭）作为观赏树种。合肥大蜀山公园也引进了该植物。但这两年发现，该树在秋天受天牛危害严重，每年春天死亡几株，实地考察发现死亡树干最基部被天牛蛀孔 2～3 个，部分树皮也被啃食。为什么在秋天天牛喜欢啃食该树干的基部？

29. 在植物嫁接繁殖中，在遗传进化上是利用植物接穗和砧木的亲缘关系，在植物学上是利用两者的形成层形成愈伤组织。在水果生产中，将红酸莓嫁接在鹅莓上很容易成活。但反过来，将鹅莓嫁接在红酸莓上则难以成活。请问这是为什么？

30. 岛屿在生物进化的作用方面表现出两种截然不同的效应。一种是小型生物变大，称为岛屿巨大症。例如，在加拉帕戈斯群岛上各岛屿都进化出特有的巨龟。另一种是大型生物变小，称岛屿侏儒症。例如，在西西里岛和克里特岛及加里曼丹岛，都进化出与狗一样高的侏儒象。请问，这两种现象的进化机理各是什么？

31. 昆虫的社会性寄生现象比较普遍，寄生者常称为客虫。在非洲，客居在奇齿白蚁巢穴中的一种隐翅甲，通过腹部膨大并向背部翻卷进行拟态，整个腹部像白蚁工蚁的身体，两侧各生长 4 个附肢状分泌乳突（图 3-34a 是俯视图；图 3-34b 是侧面

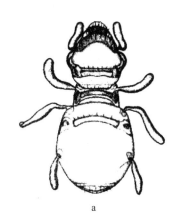

a

b

图 3-34　一种隐翅甲的社会性寄生拟态现象（引自威尔逊，2007）

观）。隐翅甲的头和胸部仅占身体的很小一部分，它在地下巢穴中过这种寄生生活也是很艰辛的。在黑暗的地下巢穴中，隐翅甲这种惟妙惟肖的拟态行为说明了什么？

32. 客虫比较喜欢生活在蚂蚁和白蚁的巢穴中。为什么在社会性昆虫中的黄蜂和蜜蜂的巢穴中很少有客虫寄生？

33. 青凤蝶的幼虫喜欢吃樟树的幼叶，在白天，幼虫通过体色拟态呆在老树叶的腹面（图 3-35a，3 只幼虫在叶片上休息，只能看见身体前部具 1 条横向黄色线条，可能具警戒作用），在夜晚它们爬到树枝顶端啃食幼叶。当青凤蝶的幼虫化蛹时，在老叶片的背面通过拟态结成一个树叶形状的蛹（图 3-35b），蛹的一端模仿成叶柄和叶缘，还模仿有基出侧脉 1 对，但就是少了一段主脉。由青凤蝶的拟态现象，再联想一下枯叶蝶，请谈谈昆虫拟态的机理是什么？仔细对比图 a 和图 b，青凤蝶的蛹为什么会少模仿了一段主脉呢？

图 3-35　樟树叶上青凤蝶的幼虫和蛹的拟态现象（王良俊和沈顺其摄于 2011 年）

a. 叶片腹面 3 只休息状态的幼虫；b. 位于叶背面的蛹

34. 生活在海岛上或生活在高海拔山体上的昆虫，翅膀通常退化或变短。为什么？

35. "先有鸡，还是先有蛋？"这是一个古老的哲学命题。如何从进化生物学的角度来回答这个问题？

36. 动物的生殖价是能量分配的主要组成部分。其中，性选择所占能量的比例应该保持适当的水平，或维持较低水平，而过大的能量比例有时反而不利。为什么？

37. 在北美洲，西番莲遭到美洲蛱蝶的捕食。自墨西哥至阿拉斯加不同的西番莲为了有效逃脱蛱蝶的捕食，它们都通过"模仿"周边其他植物的叶形以迷惑蛱蝶。请问西番莲是通过什么途径实现"模仿"其他植物叶片形态的？

38. 对独生子女来说，父母和爷爷奶奶都会将爱集中在自己一个人身上，感到备受宠爱。但在过去多子女的年代里，爷爷奶奶会更加宠爱长孙或长孙女，而父母则会更加宠爱最小的那个子女。为什么？

39. 在安徽医科大学校园里，生长在路边的狗尾草的花序长度平均为 6.4 cm（图 3-36a）；而生长在绿篱（灌木为海桐，高 90～100 cm）中的狗尾草，其花序长度平均只有 4.3 cm（图 3-36b）。请问同一种植物的花序为什么差异如此悬殊？

图 3-36 生于路边的狗尾草（a）和生于绿篱中的狗尾草（b）（沈显生摄于 2016 年）

40. 一个种群的生态耐受幅是大于生理耐受幅的。在物种 1 的某种具过渡性生境中，如果遇到物种 2 的入侵之后并占据最优的生态位时，结果导致物种 1 的生理耐受幅与生态耐受幅发生了分离，如图 3-37 所示。请解释物种 1 发生耐受幅分离现象的生态学机理。

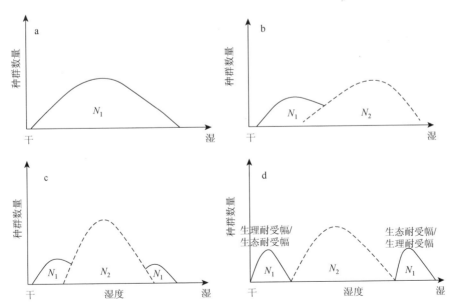

图 3-37 物种 1 遇到物种 2 入侵后发生了生理耐受幅与生态耐受幅分离的现象（仿绘自孙儒泳，1997）

【参考答案】

一、名词解释

（答案大部分略）

6. 孤雌生殖——没有雄性配子参与的生殖方式，一般指某些动物直接形成二倍体卵的过程，往往是在环境资源特别丰富条件下特殊的生殖过程。

11. 多型现象——一个种群中的个体特征或基因型具有两个或以上明显形态的现象。

15. 构件生物——由一个合子发育而成的由多数形态相似的器官所组成有机体的一类生物。绝大多数高等植物是构件生物，根、茎、叶都是构件；但绝大多数动物却是单体生物，而水螅则是构件生物。

31. 最大持续产量——在不减少或不增加种群的规模大小情况下，长期地从该种群中获得的群体最大收获率（持续产量），即保证即时种群的每个个体都是以最高产量贡献于群体，在此情况下，种群的补充量等于或接近收获量。

32. 红皇后假说（red queen hypothesis）——捕食者与猎物，或宿主与病原体之间，通过有性生殖产生变异，以对方新的进化特征为选择压力从而达到新的互相竞赛的结果，这种"道高一尺，魔高一丈"的"军备竞赛"式的进化现象称作红皇后假说。宿主能够产生遗传上与自身不同的后代，具有亲本中的病原体不能很好适应的独特基因组成。有性生殖和遗传重组就是以这样方式给病原体进化提供了运动的"靶子"，并且保持病原体也能得到有利的地位。正如"逆水行舟，不进则退"一样，物种进化是相互制约的，相关物种在进化，要不断努力以获得新的适应。（红皇后假说的命名取自《镜中缘》，身着红衣的皇后与舞伴爱丽斯在舞池中无论怎么跑动，结果在她们身边跳舞的人还是原先的那些人，仿佛她们停留在原地一样。）

33. 让步赛原理（handicap principle）——在性选择方面，动物的雄性或雌性个体精彩的炫耀行为和华丽的装饰，都是在有意地向异性的对方表明自己的高适合度。这的确有点像精心装扮、风度翩翩的绅士们在跳让步赛舞蹈的社交作用一样。

34. 最小可存活种群——在自然环境里，能够防止种群遗传变异的丧失，或维持种群免遭随机灭绝所需要的最小的种群数量。这在物种保护工作方面具有重要意义。

35. 广义适合度——也称为总适合度，指个体适合度与根据动物亲缘关系程度进行加权的亲属适合度之和，常用于判断亲属间社会相互作用的后果。

二、填空题

（答案略）

三、判断是非题

1. ×；2. ×；3. √；4. ×；5. ×；6. √；7. ×；8. ×；9. ×；10. √。

四、单项选择题

1. B；2. D；3. A；4. B；5. A；6. D；7. B；8. A；9. C；10 A。

五、问答题

（答案与提示大部分略）

6. （提示）两者相互适应，提高酬谢水准和传粉效率。

8. （提示）是不对称的。从两者间的种群数量、密度、世代周期，以及捕食效率、能量收支平衡、"饱餐-活命"理论等方面进行思考。

21. （提示）减数分裂价，基因重组价，交配价。所以说，有性生殖是昂贵的。

六、综合论述题

（答案与提示大部分略）

2. （提示）将"S"形曲线划分为 5 段，即初期低速增长期、低密度转折期、对数增长期、高密度转折期和后期低速增长期。应分别从种群大小与环境资源的关系进行分析。

5. （提示）利他行为是有利于具亲缘关系的个体，属于亲属（缘）选择。通过行为供体的适合度降低，增加行为受体的适合度。对于群体来说，利他行为供体的花费少，行为受体的收益多，才有利于种群的发展。

7. （提示）沉水植物的光合作用效率低，因水环境中的植物获得能量少。长梗苦草需将雌花送到水面接受花粉，因花柄的延长需要消耗能量。如果水越深，则花柄越长。

通过能量收支权衡，当水深超过一定的范围后，有性生殖成本太高，植物只好放弃，转而利用匍匐茎进行营养繁殖。

8. （提示）由于在森林里，物种间竞争激烈，卷丹百合采用两面下注对策，因为营养繁殖最可靠，而有性生殖会有较大的风险。

9. （提示）因为珠芽与种子（果实）之间进行着营养的竞争。

10. （提示）裂唇鱼与笛鲷是互利共生关系；鳚鱼与笛鲷是寄生关系。

11. （提示）A 为热带环境，B 为温带环境，C 为寒带环境。根据热中性区的范围大小进行判断。

12. （提示）小藤壶耐旱，紫贻贝喜水；在潮间带中间部分，由于这里既不旱也不积水的环境，小藤壶和紫贻贝竞争激烈。

17. 自然选择与人工选择不但没有相似之处，实际上是完全不同的两回事。①自然选择和人工选择在作用方式上是不同的，自然选择更加精细和复杂；②自然选择是为了生物自身利益，人工选择着眼于人类自身利益；③自然选择时间漫长，人工选择历时短暂；④自然选择不仅作用于生物外表，而且对内部器官结构与功能发挥作用，人工选择一般只对生物外在的和可见的性状起作用；⑤自然选择的对象与结果比人工选择的更加丰富多彩。

七、应用题

（答案与提示大部分略）

7. ①大草履虫和小草履虫都不能够生存；②大草履虫获胜；③大草履虫可能获胜；④小草履虫可能获胜。

9. 一般采用重捕标志法。当实施该方法有困难时，可采用去除取样法。由于去除取样法的捕获次数太多，难以保证没有迁出的个体，每次捕获对动物警觉的影响是不可忽视的。所以，它比两次捕获法的准确率要低。

10. （提示）该植物的汁液是有毒的，通过环形伤口流出部分汁液后，降低圆环内植物组织的毒性，然后昆虫再食用。而圆环外的组织因昆虫取食受到刺激后，会诱导产生更多的毒素。

11. （提示）在潜伏阶段，入侵植物通过较长时期接触当地各种环境因子和各因子的变化幅度，在群体中产生一些基因的变异并不断得到积累，以增加入侵植物的适合度。

13. 最主要的是水分供应的问题。因为双子叶植物寄生在裸子植物体上，水分需由裸子植物的管胞转运到被子植物的导管里，两者的运输效率不同。通过松寄生

的叶片面积变小，气孔数减少，再通过吸器与宿主有较大面积的结合部位来解决水分平衡问题。

15. （提示）利用不同植物根系，避免产生自毒作用。

16. （提示）竞争关系。稗子获胜。

21. （提示）"避稀效应"。

23. （提示）从遗传学角度考虑是无。从生态学角度考虑则有。

28. （提示）槭树含"高糖"有利于抗旱和抗寒。深秋季节落叶后，糖分向根部转移，所以茎干基部含糖量较高，同时，冬天地面辐射可增加茎干基部温度，有利于天牛幼虫越冬。

29. （提示）两种植物的形成层产生愈伤组织的能力不同。就像有些植物容易扦插，而有些植物即使用生根粉处理也扦插不活。

31. （提示）一是客居也有风险，为了不被攻击，必须对宿主有酬谢的方式；二是白蚁在地下黑暗巢穴中要有特殊视觉，否则这种模拟毫无意义。

32. （提示）因为客虫中的螨类、甲虫和蝇类都是腐生性的和同巢共生的。蜜蜂和黄蜂都把它们的幼虫放入巢室里而不会移动它们，不会接触客虫。蜜蜂和黄蜂都倾向于把巢穴建在树枝上，结构紧密，相对密封，具蜡质和钙质，不容易入侵。蜜蜂和黄蜂的巢穴卫生条件好，无垃圾，所以，客虫的生活环境不具备。

33. 昆虫的拟态是一个复杂而有趣的问题，可用随机突变加自然选择来解释，也可用生物的本能进行解释，但本能是由基因操纵的，也是进化的产物。这两种解释都是强调生物被动地适应环境。但本人主张的观点是昆虫的拟态是一个主动过程，先由眼睛从环境中获取信息，通过大脑转换信息，或改变激素水平，或在基因分子水平发生改变，最终通过蛋白质的表达，发育出的形态结构与模拟对象相一致。青凤蝶幼虫的颜色与叶片腹面的颜色完全一致，而其蛹的颜色与叶背面的颜色一致。青凤蝶蛹的外形为什么会少模仿了一段叶片主脉，那是因为它们白天在叶片上休息时，因自己的肥胖身体把那段主脉压在身体下面而看不见了。为什么说是主动拟态，因为拟态是反捕食行为，属于生物的应激反应。生物应激性与眼和神经系统有关。眼是高等生物接收环境信号的快速准确的途径。见到捕食者就逃跑，但这是耗能的。而拟态是最节省能量的，但有风险。所以生物想模拟的非常像才更加安全。捕食压力是外因，而猎物主动进化是内因，外因通过内因而起作用。

34. （提示）主要是风大的原因（高海拔地区还有温度低的原因）。

35. 这是一个古老的哲学命题。如果从生物进化的角度来回答这个问题，应该是"先有蛋，后有鸡"。为什么说"先有蛋，后有鸡"呢？①蛋是属于羊膜卵，羊膜卵是从爬行类开始出现的，不是鸟类所独有。②鸟类比爬行类在进化上要高级，今天的研究发现，鸟类起源于恐龙。③由恐龙进化为鸟的过程中，通过在蛋中的基因突变或遗传重组，诞生了所谓鸟的祖先。所以，在进化上，是先有蛋，后有鸡。

36. 性选择的特征要尽量少地占用能量的比例，最好使用颜色、气味或行为进行求偶。如果在性选择方面占用更多的能量，会影响生活史其他部分的能量分配。

例如，生活在东南亚热带雨林中的突眼蝇（*Diopsis* sp.），

蛹在地面羽化，刚从蛹中钻出的成虫通体透明，立即向树上爬去，到达树叶上后，翅膀开始生长，嘴巴不停吞食空气，先把头部胀大起来，然后继续吞食空气把两个复眼向外推出，在空气膨胀力作用下形成一对细长的眼柄，当眼柄达到要求后便停止吞气，并用前肢将眼柄捋直。过一会儿，眼柄变黑，翅膀长齐。到了夜晚，突眼蝇种群开始交配。当两个雄突眼蝇争夺交配权时就是通过比一比谁的两眼间距宽的方式（图 3-38a）。同样，在北美的太平洋沿岸生活的勃氏新热鳚（*Neoclinus blanchardi*），雄鱼的嘴巴具有皱褶，当两个雄鱼争夺交配权时就是通过比一比谁的嘴大的方式（图 3-38b）。像这样的性选择特征耗能较少，争斗过程中消耗体力也少，是非常经济的策略。

图 3-38　突眼蝇（a）和勃氏新热鳚（b）（www.duitang.com；www.lieqi.com）

扫一扫　看彩图

但是，也有一些动物在性选择特征方面因投入太多能量而导致绝灭，称为性选择失控。例如，爱尔兰巨鹿（*Megaloceros giganteus*）的雄鹿的角就特别巨大，两鹿角之间最大的距离可达 3.6 m（图 3-39）。由于鹿角越长越大，最终与身体比例失调，且每年脱落再生，以至于鹿角成为

图 3-39　爱尔兰巨鹿的化石（引自古尔德，1997）

巨大的物质和能量的负担，并让颈椎承受不起，在 1 万多年前最终走向绝灭（有人认为是气候变化导致绝灭的）。

37. 在墨西哥由于植物种类很多，西番莲所模仿的叶形多达 10 余种，除了有深裂的叶片外，还有盾状着生的叶片。而在阿拉斯加因当地植物种类少，模仿的叶形只有 4～5 种。这种模仿叶形的机理是：①由于西番莲的柱头可以接收到附近其他植物的花粉，虽然这些花粉不能够与西番莲受精，甚至不能萌发，但花粉所携带的蛋白质或线粒体可将这些植物叶形的信息传递给西番莲。②可能是昆虫口器所携带其他植物的 DNA 污染所致。③或许是地下植物根系盘根错节，通过地下"嫁接"获得其他植物的 DNA 信息。因此，西番莲属植物的叶形在分类学上是没有任何价值的。但有些西番莲的叶形变化幅度不是太大。例如，三角叶西番莲（*Passiflora suberosa*）的叶形变化是幅度很大的，也可能是由与叶片形态相关的 DNA 片段遗传多态性所致。

第四章　群落生态学

学习要求：掌握植物群落的概念、基本特征、分类系统和命名规则；熟悉地带性植物群落的类型、分布规律、结构特点，以及群落调查方法；了解植物群落发育和演替的类型与规律；理解植物群落空间结构、时间结构、生态结构和营养结构，植物群落的水平分布与垂直分布的相关性，以及了解水分和热量同期相遇是影响植物群落的分布和结构组成的关键因素。

【知识导图】

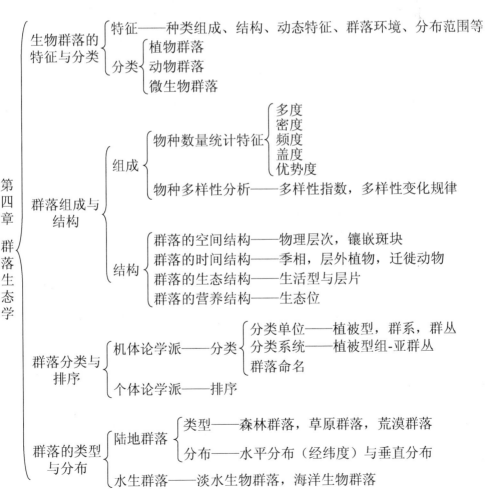

【内容概要】

一、生物群落的概念和基本特征

（一）生物群落的概念

生物群落（biocoenosis）是指共同栖息在一定地域内的各种生物种群的复合体。一般将生物群落再分为植物群落、动物群落和微生物群落。群落（community）是一个高级的生物学层次，它具有个体和种群层次所不具备的一些特征和发育规律。研究群落的组成、结构、分类和发育的学科，称为群落生态学（community ecology）。

植物群落（plant community）是指在一定地域内由各种植物种群组成，并且在相似环境可重复出现的特定的集合体。植物群落是一个生态学术语，而植被（vegetation）是指在一定地域上所有的各种植物群落的总和，是指各种植物群落对地球表面的覆盖，它是一个地理景观术语。有些学者把植被和植物群落等同起来混用，严格来说，两者是有区别的。

（二）植物群落的基本特征

1）每个群落均具一定的物种（实际上是种群）组成（物种的丰富度）。

2）具形态结构（物理结构）、营养结构（营养关系）、生态结构（生活型）和季相（不同季节的外貌特征）。

3）发育形成群落环境（内部的环境）。

4）各种群间具复杂的相互关系（共生、竞争、捕食、寄生等）。

5）具动态的发育过程（结构和种群数量在不断变化，即群落演替）。

6）具地带性分布规律（受水分和热量因子的影响）和特定的范围（植被带）。

7）应该有明显的边界特征（有些学者对此持不同的观点）。

二、植物群落的数量统计特征

我们要了解和认识植物群落，必须要调查群落的物种组成，以及各个物种的种群数量、分布式样、生物学特征和在群落中的生态作用等，这是研究植物群落发育、演替和功能的基础性工作。

（一）多度和密度

1）多度（abundance）：是指群落内各个种群的个体数量。多度是某一个种群个体的绝对数量，或是估计值，如极多、很多、多、常见、一般、较少、偶见、罕见，但也可以用某一个种群的个体数与群落中个体数量最多的种群数量的比例，即相对多度来表示。在群落中，凡是多度大、个体体积也大的物种，对群落环境和其他物种的影响必然也大，这样的物种为群落的优势种（乔木层、灌木层、草本层都可能有各自的优势种）。

2）密度（density）：是指单位面积（或体积）内的某种生物的个体数目。样方（quadrat）是群落调查的重要手段，在做样方之前，要选择具有代表性的典型地段，称为样地（sampling plot）。然后，在样地内选取一定的面积，统计该面积内的物种数和各物种的个体数，以及树冠大小、树干胸高直径和高度等。这个固定的面积就是样方。样方究竟取多大面积呢？在调查一个未曾研究过的群落时，首先要做样方面积曲线，根据这个曲线，选择合适的最佳样方面积。一般是通过巢式样方法，采取面积逐步翻倍的办法，依次统计各个面积内的物种数（图4-1a）。最后，以面积为横坐标，以样方内物种数为纵坐标，便得到一条曲线。曲线的转折处所对应的面积即最佳样方面积（图4-1b）。乔木层、灌木层和草本层都需要分别进行制作样方面积曲线。根据过去的研究经验，在亚热带地区，乔木层的样方面积是 10 m×10 m，灌木层是 4 m×4 m，草本层是 1 m×1 m。在样方面积曲线中，位于最佳样方面积以上所对应的物种，称为冗余种，它们在群落样方调查研究中往往被遗漏。

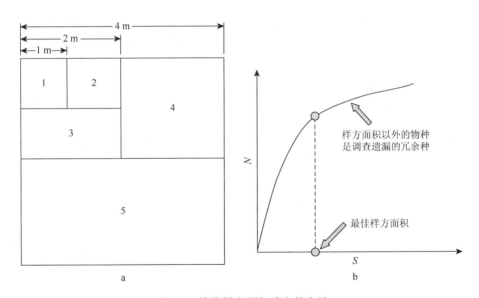

图4-1　植物样方面积确定的方法

在做群落样方调查时，会遇到一些植物正好压在样方线上，特别是密度较大的草本群落。我们可采用将 4 条线上的植株数量累加后除以 2，或采用数左不数右，数上不数下的计数方法。另外，有些植物的萌发能力强，没有明显的主干，在统计数量时应该特别注意，并在调查表的备注栏里说明统计方法。作为乔木层树种，只计算胸径大于 18 cm 以上的茎干；小于 18 cm 的乔木萌发枝作为灌木处理。如果灌木层树种具萌发枝（萌发枝必须是从土壤中伸出的，若从地面以上部分萌发的枝条不可计数），应该逐一进行统计。对于像禾本科和莎草科草本植物来说，每个萌生的茎秆都要进行统计。

（二）频度与频度定律

在用一定面积的样方进行调查某一群落中的物种组成时，其中某一个物种所出现的样方数，占整个调查的样方总数的百分比，称为频度（frequency）。

1934 年，丹麦植物生态学家 C. Raunkiaer 曾在北欧草地上做了 50 个 $0.1\ m^2$ 的样方，共调查出 80 种植物。然后逐个计算出每一种植物的频度，经过统计和归类：将频度为 1%～20% 的所有植物归为 A 级；21%～40% 的归为 B 级；41%～60% 的归为 C 级；61%～80% 的归为 D 级；81%～100% 的归为 E 级。

最后，分别求出 A、B、C、D、E 各级的植物种数占总种数的百分比。经过多次实验证实，其结果是：A>B>C≥或<D<E（注：C 与 D 的大小关系不定），并将其称为频度定律。

频度定律为什么是这样的一种比例关系呢？它是否符合每个植物群落的特征呢？一般的解释是：①A 级的频度值是最小的，该级比例大，说明群落的物种较丰富；②E 级的频度值是最大的，该级比例也较大，说明群落不是具有单个优势种，而是具多个物种的共优势种；③B、C、D 各级的频度值是中等的，说明是伴生物种，如果这些数值过大，说明群落组成不均匀。值得注意的是，该定律不符合单优势种和少优势种的群落。

频度与密度的关系：频度与密度的关系主要取决于分布格局。如果密度大，且分布均匀，频度值一定高；如果密度大，但呈块状分布，则频度值不一定高；如果密度中等大，且均匀分布，则频度值高；如果密度小，则频度值一般也较低。

另外，有两个术语与样地或样方调查有关系。①存在度：是指在相同类型的群落中，某种植物出现的群落数占总群落数的百分比。②恒有度：是指在相同类型的群落中，以相同的固定面积样方进行调查，某种植物出现的样方数占总样方数的百分比。

（三）盖度

盖度（cover-degree）：通常是将群落中植物树冠对地面的遮阴覆盖程度，称为投影盖度；而树干基部面积，称为基盖度（真盖度）。在群落生态学中，将树干的胸高（离地面高 1.3 m）横断面积占地表面积的百分比，称为显著度（dominance）。群落的结构和层次越复杂，其总盖度越大。另外，阔叶林的盖度比针叶林大。

在植物群落中，植物的叶片面积为多少才是最佳叶面积呢？叶片大小与光合作用有关，另外，叶片大小与水分的蒸腾也有关，但是这两者之间是矛盾的。所以，根据收益-成本分析法，在叶片的耗水曲线和光合曲线之间最大的差值所对应的叶面积，就是最佳叶面积（图4-2a）。在肥沃的土壤和贫瘠的土壤上生长的植物，耗水速率不是主要因素，而光合速率是关键因素并存在差异，所以，肥沃土壤里的植物叶片比贫瘠土壤的大（图4-2b）。同样，在干旱环境和潮湿环境下的植物叶片大小也不同，由于水分的消耗是关键因素，所以，潮湿环境里的植物叶片比干燥环境的大（图4-2c）。

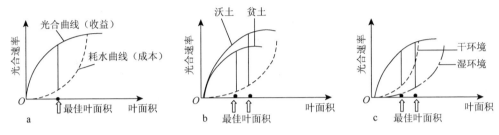

图 4-2 植物最佳叶面积的估算原理

a. 光合与耗水的叶面积分析；b. 沃土与贫土的叶面积分析；c. 干环境与湿环境的叶面积分析

（四）优势度与重要值

优势度（dominance）是判断一个物种在群落中的作用或贡献大小的综合指标。凡是优势度最大并且能够决定群落外貌特征或功能的物种，通常称为优势种。有的群落可能只有一种优势种，其外貌和特征非常明显。而另一些群落可能有几种或多个物种决定着外貌和特征，对优势种的确定有些困难。对于这样的群落如何确定优势种呢？一般可通过优势度来判断。一般来讲，优势种应是个体数量最多，生物量最大，在能量流和物质流中贡献最大，决定群落内生境条件的物种。优势种的优势度如何计算呢？目前，我国植物群落学研究多采用重要值（importance value）作为物种优势度的综合指标，通过重要值排序确定优势种。

$$重要值 = \frac{相对密度(\%) + 相对频度(\%) + 相对盖度(\%)}{3}$$

在森林群落中，各层常都有自己的优势种。关键种是指在群落结构、组成和功能方面起着重要作用的物种。森林群落中的乔木层的优势种就是关键种。如果关键种消失，群落结构立即会发生改变。

三、植物群落物种组成的分析指标

在分析群落的物种组成时常使用两个指标，即物种丰富度和物种多样性。

（一）物种丰富度

群落的物种丰富度（species richness）是指组成群落的动物或植物的物种数量。

物种丰富度就是物种的数目，与群落所处的地理纬度有关，一般受热量和水分分布的影响。

1. 物种丰富度的变化规律

1）随纬度变化，纬度越高，丰富度越低。

2）随海拔变化，海拔越高，丰富度越低。

3）随年平均温度变化，温度越低，丰富度越低。

4）随年降水量变化，降水量越少，丰富度越低。

5）随水体深度变化，水体越深，丰富度越低。

6）随群落演替程度变化，一般随群落演替到顶极阶段，丰富度变高。

在大陆上，植物的物种丰富度和纬度之间的关系比较复杂。根据拉波波特（E. H. Rapoport）定律，与热带地区的植物相比，中高纬度的物种具有广阔的地理分布区，以及巨大的植株高度变化范围和较宽的生态耐受幅度。

2. 影响丰富度变化的因素

从较大的空间尺度看，群落丰富度的大小可以反映出纬度、栖息地异质性和群落生产力的差别。由于纬度直接反映热量变化，群落丰富度与输入环境的总能量可能直接相关。潜在蒸发蒸腾量是指在平均气温和湿度条件下，土壤蒸发和植物蒸腾的水分总量，这是输入环境总能量的一个指数，它与丰富度程度呈正相关。至于群落生产力对丰富度的影响力，不及群落结构对其影响的程度大。栖息地异质性对群落丰富度的影响，还要取决于不同的环境尺度，从局域丰富度到区域丰富度的差异明显。

3. 岛屿群落的物种丰富度变化规律

由于岛屿群落的物种丰富度受到岛屿的地理位置、面积和周围水环境的影响，岛屿距离大陆的远近，不仅会影响物种的迁移速率，也影响该物种的种群灭绝的速率。根据大岛屿和小岛屿对物种迁移和种群灭绝综合因素的影响，各类不同岛屿上的物种丰富度的变化规律如图 4-3 所示。在岛屿群落中，物种丰富度由大到小的排列

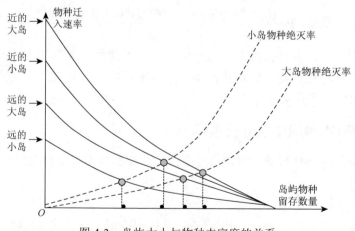

图 4-3　岛屿大小与物种丰富度的关系

顺序是：近的大岛＞远的大岛＞近的小岛＞远的小岛。一般地说，岛屿面积增加 1倍，其物种数量将会增加 9 倍。

另外，岛屿在生物进化的作用方面表现出两种截然不同的进化效应，即小型生物会变大，称为岛屿巨大症；而大型生物会变小，称为岛屿侏儒症。例如，在加拉帕戈斯群岛的巨龟，因食物资源不同而分化出形态差异明显的几个物种，这是典型的岛屿巨大症。同样，像马达加斯加岛上的菊科植物千里光，由草本变成乔木习性。而在西西里岛和克里特岛及加里曼丹岛生活着和大狗一样高的侏儒象，这是典型的岛屿侏儒症。2003 年，在印度尼西亚的佛洛勒斯岛发现的佛洛勒斯人的化石，也称为霍比特人，男性身高约 1 m，女性更矮，是典型的小矮人。毫无疑问，产生岛屿巨大症和岛屿侏儒症这两种进化现象的生物学机理是各不相同的。

（二）物种多样性

群落的物种多样性（species diversity）是指组成群落的物种数的多寡和各个种群数量的大小，多样性是一个综合指标。而丰富度仅是指物种的数目单一指标，所以，物种多样性和物种丰富度是两个不同的概念。群落所含的物种数和每个物种的个体数越多，群落的多样性就越大。表示一个群落的物种多样性的指标主要如下。

1. 香农-威纳指数

香农-威纳指数（Shannon-Wiener index）是信息论中用于测定系统中的信息的方法。MacArthur（1955）和 Margalef（1958）将其应用到生态学研究中测量异质性问题。在群落多样性的测量上，借用了这个信息论中不定性测量的方法，即在群落调查中可预测下一个所采集的个体可能属于什么物种。如果群落的多样性大，其不确定性就越大。

香农-威纳指数的公式为

$$H = -\sum_{i=1}^{s} P_i \cdot \log_2 P_i$$

式中，H 为样品的信息含量＝群落的多样性指数；S 为物种数；P_i 为样品中属于第 i 物种的个体的比例。如样品总个体数为 N，第 i 物种个体数为 n_i，则 $P_i = n_i / N$。

在公式中，对数的底数可以为 2、e、10，其单位分别对应的是 bit/individual（indi.）、nit/individual、dit/individual。

例如，有甲和乙两个群落，甲群落有 2 个种，个体数比是 50∶50。而乙群落也是 2 个种，个体数比是 99∶1。那么，甲群落和乙群落的丰富度是相等的，但两个群落的多样性程度哪个高呢？

当取底数为 2 时：

甲群落 50∶50　　　$H_甲 = -(0.5 \times \log_2 0.5 + 0.5 \times \log_2 0.5) = 1.0$ bit/indi.

乙群落 99 : 1　　　$H_乙 = -(0.99 \times \log_2 0.99 + 0.01 \times \log_2 0.01) = 0.81$ bit/indi.

当取底数为 e 时：$H_甲 = 0.693$ nit/indi.；$H_乙 = 0.036$ nit/indi.

当取底数为 10 时：$H_甲 = 0.301$ dit/indi.；$H_乙 = 0.024$ dit/indi.

因此，无论对数的底数取什么，甲群落的多样性都是高于乙群落的。

2. 均匀性指数

在群落内部各物种之间，个体分布格局越均匀，H 值越大。如果在所取的样本中每一个体都属于不同的物种，说明群落多样性指数就最大；如果在所取的样本中每一个体都属于同一物种，则多样性指数就最小。那么，均匀性指数（equability index）是如何测定的呢？我们可以通过估计群落理论上的最大多样性指数（H_{max}），然后以实际的多样性指数对 H_{max} 的比率，从而获得均匀性指数。具体公式如下。

$$H_{max} = -S\left(\frac{1}{S}\log_2\frac{1}{S}\right) = \log_2 S$$

式中，H_{max} 为在最大均匀条件下的物种多样性指数；S 为群落中的物种数。

均匀性指数 $E = H/H_{max}$（H 为实际测的多样性指数）

为了研究和比较单个群落和相邻群落间的物种多样性差异，以及环境梯度对群落物种多样性的影响，多样性指数可分 3 种。α 多样性指数，是用以判断某个群落内部的物种多样性，如上述的香农-威纳指数和均匀性指数都属于 α 多样性指数。β 多样性指数，用以判断两个群落间的物种多样性沿着环境梯度的变化速率，为群落间多样性指数。γ 多样性指数，则是判断一个较大区域或完整地区（如岛屿）内多个群落总的物种多样性。三种多样性指数的关系式为 $\gamma = \alpha \cdot \beta$。

四、植物群落的时空结构

（一）群落的空间结构

群落的空间结构包括群落的垂直结构（分层现象）和群落的水平结构。陆地群落外貌的差别，主要取决于植被的空间结构特征。

在群落的空间结构方面，我们了解更多的是群落的垂直结构，在亚热带和温带地区，群落内部的分层现象是比较明显的。森林群落一般分为乔木层、灌木层、草本层和地被层。在乔木层中一般还可分为几个亚层。在植物群落中，有一些植物如藤本植物和附生、寄生植物，它们并不形成独立的层次，而是分别附生在各个层次的植物体上，称为层间植物。

在植物群落的土壤中，由于各种植物的根系深浅不同，盘根错节，相互交织，形成了地下空间结构。因根系位于地下，不便观察，对此研究得不多。曾发现在一片水杉林中，被砍伐 10 余年的树根，其中心部分已经腐烂，而周围的树皮却继续生长，变成了筒状的膝状呼吸根，这说明在地下出现了水杉根系之间相互"嫁接"的现象。

（二）群落的生态结构

1. 生活型

群落外貌（physiognomy）是指生物群落的外部物理形态，它是群落中各种群之间，生物群落与环境间相互作用，以及物种生物学特征的综合反映。例如，针叶林群落和阔叶林群落树冠的形态不同导致群落外貌的不同。不同季节群落所表现出的物理外观形态特征，叫作季相。例如，同一群落在休眠期、发芽期、花期、果期和落叶期都有不同的群落外貌或景观。陆地生物群落的外貌主要取决于群落的生态结构特征和优势种的生活型（life form），同样，水生生物群落的外貌主要取决于优势种生活型和水体的性质等特征。

生活型是指不同的植物长期生长在相同或相似环境下所形成相同或相似的生物学特征，这是趋同适应的结果。生活型的类型划分一般是采用丹麦植物学家 Raunkiaer 提出的分类系统，他按照芽或休眠芽所处位置的高低和保护方式，把高等植物划分为 5 个生活型。Raunkiaer 的生活型分类系统如下。

1）高位芽植物（phanerophytes）：主要是指木本植物的芽或休眠芽位于距地面 25 cm 以上，又可根据高度分为 4 个亚类，即大高位芽植物（高度>30 m）、中高位芽植物（8~30 m）、低高位芽植物（2~8 m）与矮高位芽植物（25 cm~2 m）。

2）地上芽植物（chamaephytes）：在生长不利的季节，休眠芽位于土壤表面之上，高度在 25 cm 之下，多为半灌木或多年生草本植物。

3）地面芽植物（hemicryptophytes）：在生长不利的季节，休眠芽位于近地面土层内，冬季地上部分全部枯死，常为多年生宿根草本植物。

4）地下芽植物（geophytes）：或称隐芽植物（cryptophytes），在生长不利的季节，休眠芽位于较深土层中或水中，一般为鳞茎类、块茎（根）类或根茎类的多年生草本植物或水生植物。

5）一年生植物（therophytes）：是以种子度过不良环境（低温、高温、干旱）的植物。在生长环境恶劣的条件下，植物以种子中的胚芽来代替休眠芽更能适应不利环境，如春小麦、南瓜和豇豆等。二年生植物比较特殊，在深秋季节种子发芽，以幼苗度过冬天，春季开花结实，如冬小麦、豌豆和荠菜等。严格地说，二年生植物属于地面芽植物。

2. 生活型谱

Raunkiaer 的生活型被认为是植物在进化过程中对气候条件适应的结果。在一个地区的植物群落中，各种不同生活型的百分比组成，叫作生活型谱。一个群落生活型谱的结构组成可反映出当地的气候条件和环境特征。例如，我国南北几个代表性地段的生活型谱，见表 4-1。

表 4-1　我国几个代表性群落的生活型谱

植被类型与地点	Ph	Ch	H	Cr	T
西双版纳热带雨林	94.7	5.3	0	0	0
天目山中亚热带常绿阔叶林	76.7	1.0	13.5	7.8	0
秦岭北坡温带落叶阔叶林	52.0	5.0	38.0	3.7	1.3
长白山寒温带针叶林	25.4	4.6	39.8	26.6	3.6
东北温带草原	3.6	2.0	41.1	19.9	33.4

　　根据各个群落所在的纬度的变化，从表 4-1 中很明显能够看出生活型谱的变化规律。所以，特定的生活型谱组成是对当地气候条件的客观反映。每个类型的植物群落都是由几种生活型的植物所组成的，但其中至少有一类生活型的植物占优势。生活型谱对群落环境的指示作用是清晰的，以高位芽植物占优势是温暖、潮湿气候地区群落的特征，如热带雨林群落；以地面芽植物占优势的群落反映出具有较长的严寒季节，如温带针叶林、落叶林群落；以地下芽植物占优势，反映了该群落环境比较湿冷，如长白山寒温带针叶林；一年生植物占优势则是干旱气候的荒漠和草原地区群落的特征，如东北温带草原。

　　3. 层片

　　在植物群落中，凡是由相同生活型的物种所组成的结构单元叫层片（synusia），这是生态学结构单元，不是指物理空间结构。例如，在乔木层中就可根据常绿乔木和落叶乔木习性，分为 2 个层片，即落叶植物层片和常绿植物层片。在群落的草本层中，根据生活型可分为一年生植物层片、地下芽植物层片和地面芽植物层片。水热条件越丰富的地区，植物群落的层片结构越复杂。一般条件下，各个植物群落的层片结构数量多于空间物理结构的层次数。

（三）群落的时间结构

　　由于光、温度和湿度等许多环境因子有明显的时间节律（如昼夜节律、季节节律），受这些因子的影响，群落的组成与结构也随时间季节发生规律性变化，这就是群落的时间结构。植物群落表现最明显的就是季相，季相就是植物群落在不同季节所表现出的物理外貌特征，如温带草原的物理外貌，一年四季都有变化。动物群落时间结构主要表现为群落中动物的季节变化，如鸟类的迁徙、变温动物的休眠和苏醒、鱼类的洄游等。动物群落也有昼夜变化，如昆虫、啮齿类动物、鸟类等所进行的昼夜节律活动。

　　在群落的时间结构方面，不同季节的同一个群落的组成会发生变化。在北极和南极，由于植物群落生长发育时间太短，不同季节在组成上没有什么变化，但在色彩上存在变化。在热带雨林，群落几乎四季都在生长发育，由于竞争激烈，一年生植物不能适应这样的环境而被"淘汰出局"，所以群落组成的变化是不明显的。但是，在温带和亚热带地区，由于群落内部光照情况会发生周期性变化，所以就会出现一些层外植物，它们在乔木层植物落叶之时，趁机利用直接到达群落内部的阳光，赶快开花结果，完成生活史，或进行营养生长。例如，荞麦叶大百合是一种大型宿根草本植物，一年中大部分时间都隐藏在地下，只有到了秋季，落叶阔叶树种都落叶之后，阳光直射群落内的地表，荞麦叶大百合便趁机发芽，迅速生长，在较短时间内长到 1 m 多高，深秋和早冬季开花、结果，到了第二年 3 月，植株枯萎，以鳞茎储存营养在地下"休息"。而此时，正是落叶树种发芽长叶的时候，很快群落内部就没有阳光了。像荞麦叶大百合等具有这种特殊生活史方式的层外植物，或具有特殊生态位的植物，共同形成了群落的时间格局。

（四）群落的营养结构

营养结构是指群落中物种间的食物关系，即食者和被食者（捕食者和猎物）的关系。对于群落的营养结构，我们不能狭义地理解为动物的捕食关系。因为植物群落内部的寄生植物和绞杀植物，也是群落营养结构的一个重要方面。

五、植物群落的发育与演替

（一）群落的发育

群落作为一个高级生命层次，有其形成、发展和消亡的自然过程，称为群落发育。

一个群落从其形成开始，物种组成不断增加，群落内部环境逐渐形成，每一个群落都有一个较为漫长的形成和发育过程。群落的形成必将经过物种的繁殖体传播、定居、群聚、繁殖、竞争、稳定定居等阶段才能完成。

在自然状况下，群落的形成（发生）和发育之间很难划出一个截然的界限。但是，任何一个群落的形成必须要有一系列的条件和要素，而其发育过程也要经历三个时期。

1）发育初期。群落的种类成分不稳定，各种植物的个体数量变化幅度较大；群落结构尚未定型，层次分化不明显；群落所特有的内部环境正在形成中，小环境的特点不突出；群落的生活型组成和植物群落的外貌还没有明显的特点；群落的建群种（对群落的结构和功能起决定作用的物种）得到良好发育，这是一个主要标志。

2）发育盛期。群落的植物种类组成比较稳定，分布比较均匀；群落的结构已经定型，物理层次有了良好分化；群落的生活型组成和季相变化，以及群落的内部环境都具有显著的特点；适应于群落环境的其他物种得到良好发育，并且种类较丰富，生态位几乎饱满。

3）发育末期。建群种的生长势逐渐减弱，缺乏更新能力；一批新的植物迁入并定居，且生长旺盛；群落的结构和环境发生了新的变化。一个群落到了发育的末期，也就是孕育着一个新群落的初期。这是在一个群落发育的整个过程中，群落不断对内部环境进行改造的结果。起初，这种改造的效果对该植物群落的发育起着积极的作用。但后来，当这一改造作用加强时，被改造的环境条件往往对群落建群种本身产生了不利的影响，如光照的减弱、空气流动速度的降低、温度低、湿度大、枯枝落叶层（地被层）加厚、土壤通气性差和由苔藓植物形成的高位沼泽等，致使群落建群种的生长势逐渐衰退。

在群落发育过程中，组成群落的物种数量始终不断地发生变动，一些物种不断地加入群落，却也有另一些物种随之消失。群落发育过程开始像"筑巢引凤"一样，一旦新的生态位建造起来，附生植物、地面芽植物或地下芽植物才有定居的可能。但在群落发育后期，物种间的矛盾复杂，会出现"过河拆桥""忘恩负义"或"你死我活"的竞争局面。组成群落的物种一般需要经历 4 个发展阶段：早期的互不干扰阶段；中期的相互干扰阶段；后期的资源公摊阶段；末期的进化适应阶段。

（二）群落的演替

在同一地段上随着时间的推移，一个群落终将被另一个群落所替代的过程，叫作群落演替。群落演替的类型或系列有多种划分方法，可以按照演替发生的时间尺度、基质性质、起始条件等进行分类。

一般，根据群落发生地的起始条件分为原生演替和次生演替。原生演替是在原生裸地（无任何植物繁殖体的土壤，无群落的地方）上发育起来的群落。次生演替是在次生裸地（土壤里含有植物繁殖体——孢子、种子、块根或块茎等）上形成的群落。次生演替可以重复发生，每次发育的起点都比较高，如以撂荒的农田、茶园和果园等为起点的次生演替。原始森林是指从原生裸地上发生和连续发育的古老的植物群落。从次生裸地上发生的并经过长期发育形成的古老植物群落，叫作原始次生林。所以，对于原始森林一词的使用，要注意群落发生的性质和发育的连续性。

自然界是否存在顶级群落？当植物群落与环境达到高度协调一致时，如果环境不发生改变，群落将会永久存在，称为顶级群落。关于顶级群落存在的理论有单元顶级说、多元顶级说及顶级群落配置说。

从群落演替的角度看，一个群落不可能永久存在，它必将被另一个群落所替代。但从环境变化的角度来看，有些特殊地区的环境变化极慢，顶级群落似乎是存在的。

六、植物群落的分类

（一）分类的目的与方法

植物群落的分类是为了满足人类认识、研究、保护和开发利用植物群落的需要，必须要准确地区分出不同的群落类型。

但是，群落不同于物种，各个群落之间没有直接的"亲缘"关系。它们是由不同种群经过长期适应气候和土壤而演化的产物。所以，植物群落的分类就不同于物种的分类。

在植物群落学研究中，长期以来对植物群落性质的认识有两种观点。一种观点认为，群落是客观存在的实体，群落的边界是清楚的，是可以进行分类处理的。另一种观点则认为，群落的物种组成是连续的，没有明显的边界，各个群落间是呈过渡状态的，不宜进行简单的分类处理，而只能够根据某些标准进行排序处理。所以，就有两种不同处理群落的方法，即群落的分类和排序。

1）群落的分类：如果强调群落的间断性时，就承认在自然界中存在着边界清晰的独立的群落结构单元，并给予命名，从而实现群落的分类。

2）群落的排序：如果强调群落的连续性时，就不承认群落具有明显的边界，所有群落应该是呈梯度连续分布的，只能够从更大的尺度上去认识群落。排序就是把所研究地区内群落调查的所有样方，根据某些标准或参数进行排序归类。

（二）群落的分类

植物群落的分类单位由 3 级组成，即植被型、群系和群丛。像生物物种的分类单位具有种下单位一样，在群落的基本单位群丛之下，也有若干小单位，它们依次是亚群丛、群丛相、群丛变型、群丛片段、小群丛和阶段。

1. 群落的分类系统

在世界上，不同的群落学研究学派都有自己的分类系统。

中国植物群落的分类系统采用在各分类单位之上都增加一个"组"，在中高级分类单位之下都添加一个"亚"，这样就形成一个共有 8 级的分类系统。其系统排列如下。

植被型组（vegetation type group）以建群种的生活型来分类，如针叶林、阔叶林、沼泽等。

植被型（vegetation type）以水热条件加上建群种生活型为标准，如常绿阔叶林等。

植被亚型（vegetation subtype）以优势层片的生活型相同为标准。

群系组（formation group）以建群种亲缘关系和生活型近似为标准，如石栎林等。

群系（formation）以建群种相同为依据划分。

亚群系（subformation）以生境条件和次优势层片为标准。

群丛组（association group）以优势种（主要指乔木和灌木层）相同为标准。

群丛（association）分别以乔木层、灌木层和草本层各层中优势种来划分。

2. 植物群落的命名规则

研究植物群落时，需要对群落进行命名。根据植物群落按外貌和结构等分为 8 级，其中基本的分类单位是群丛。因此，首先要给群丛命名。群丛是具有一定的生境条件、演替关系、种类组成稳定和具有一定分布范围的植物群落的联合体。群丛的命名按各层的优势种进行，而草原群落就按草本植物的优势种命名。

当乔木层、灌木层和草本层都各有优势种时，用各层优势种来命名群丛。例如，蒙古栎—胡枝子—羊胡子草群丛，其学名为 Ass. *Quercus mongolica—Lespedeza bicolor—Carex callitrichos*。若群落（群丛）是纯林，林下无草本和灌木，则直接用单优势种命名，如马尾松群丛，其学名为 Ass. *Pinus massoniana*。

由若干个建群种相同的群丛组成高一级的分类单位，称为群系，群系的命名一般按照建群种来命名，如华栲群系，其学名为 Form. *Castanopsis chinensis*。当建群种是由两种植物组成时，则用"+"号相连，如黄山栎+紫椴群系，其学名为 Form. *Quercus stewardii+Tilia amurensis*。

（三）群落的排序

在对群落排序之前，需要做大量的样方调查，然后，对样方进行分析，选择合理的属性进行排序。一般使用的方法如下。

正分析法（Q 分析）——根据属性（特征）排实体（群落）。

逆分析法（R 分析）——根据实体（群落）排属性（特征）。

在研究群落排序时，具体研究和分析的方法主要有：①间接梯度分析——主分量（成分）分析（PCA）；②直接梯度分析（群落连续指数法）；③极点排序法（PO-polar ordination）。

Bray（1957）的极点排序法是把群落相似系数用于排序。具体步骤如下。

第 1 步：相似系数（C）的计算。

$$C=2W/(A+B) \quad （C 值为 0～1）$$

式中，W 为 2 个样方中共有种数量最小值的总和；A 为甲样方的所有种的株数总和；B 为乙样方的所有种的株数总和。

第 2 步：求出相异系数；并排矩阵。

第 3 步：确定 X、Y 或 Z 轴，进行作图。

具体过程非常复杂，分析方法请参考阳含熙和卢泽愚（1981）的《植物生态学的数量分类方法》。

七、植物群落的主要类型

（一）植物群落的划分方法

1）Robert H. Whittaker 采用年降水量和年平均温度进行分类。他设计了一个简单的三角形图（图 4-4），在三角形的 3 个角处分别代表了温暖—湿润、温暖—干旱、凉爽—干旱 3 种特殊气候类型。

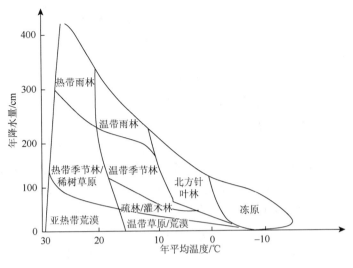

图 4-4　植物群落类型的划分方法

2）Heinrich Walter 根据全年的温度和降水过程，划分为 9 个气候带，对应有 9 个植物群落分布带，见表 4-2。

表 4-2　群落类型与气候带的关系

群落名称	气候带	群落特征
1. 热带雨林	赤道气候带：持续湿润无温度的季节性变化	常绿热带雨林
2. 热带季节林/稀树草原	热带气候带：夏季的雨季和"冬季"的旱季	季节林，灌丛或萨王纳
3. 亚热带荒漠	亚热带气候带（热荒漠）：高度季节性和干旱的气候	开阔的荒漠植被
4. 疏林/灌木林	地中海气候带：冬季的雨季和夏季的干燥	硬叶（适应干旱）对霜冻敏感的灌木和疏林
5. 温带雨林	暖温带气候带：偶尔有霜冻，夏季降水量最大	温带常绿林，对霜冻较敏感
6. 温带季节林	南温带气候带：气候温和，冬季有冰冻	抗霜冻的温带落叶林
7. 温带草原/荒漠	大陆性气候带（冷荒漠）：夏季干旱温暖或炎热，冬季寒冷	草原或温带荒漠
8. 北方针叶林	北方气候带：气温较低，夏季凉爽，冬季漫长	常绿极耐霜冻的针叶林（泰加林）
9. 冻原	极地气候带：夏季短暂凉爽，冬季漫长寒冷	低矮常绿植被，生于永久冻土上

（二）植物群落的主要类型

各种植物群落类型的分布格局，主要是受水热条件所限制（要求水和热同期相遇）。在地球上，不同气候带生长着 9 种不同类型的植物群落，组成了南北不同的地带性群落类型。下面简单介绍 6 种主要的植物群落类型。

1）热带雨林。主要分布于赤道南北 5°～10°的热带气候地区，年平均温度 25～30℃，最冷月平均温度在 18℃以上，年降水量超过 2000 mm，全年高温多雨，无明显的季节区别。热带雨林的特征是层次结构复杂；乔木树干高大而光滑，具支柱根和板状根；老茎生花现象较普遍，叶先端尾尖；藤本植物和附生植物异常丰富；植物终年生长发育，全年都有植物开花结果；物种多样性丰富，群落生产力很高；有机物质分解迅速，地面上枯枝落叶不多。在我国云南西双版纳有热带季雨林，虽然有四数木的大板根现象，以及高大的望天树，但会出现短暂的旱季。而海南岛的热带雨林比较典型，桫椤在林下生长极为茂盛，附生在树干上的皇冠蕨比比皆是。

在热带地区，如果降水稀少，蒸发量大，则发育成稀树草原植被，或称为萨王纳植被。这属于热带草原植被。

2）亚热带常绿阔叶林。该林带具有明显的季风气候特征，年平均气温为 13～18℃，1 月平均气温为 3～8℃，年降水量在 800～2000 mm，霜期很短，四季分明。亚热带常绿阔叶林的特征是群落层次明显，具乔木层、灌木层、草本层和地被层；组成常绿阔叶林的树种繁多，主要为壳斗科、木兰科、樟科和山茶科的常绿植物，故又称为照叶林；林内常混杂一些落叶树种。

3）温带落叶阔叶林。该林带也称为夏绿林，是温带气候条件下的地带性植被之一，属温暖湿润的海洋性气候，最冷月平均气温在 0℃以下，最热月平均气温为 13～23℃，年降水量为 500～800 mm，全年有 4～6 个月的生长季节。温带落叶阔叶林的特征是森林结构层次清楚，有乔木层、灌木层、草本层和地被层；群落外貌有明显的季相变化；林下草本层的季相变化与林内光照条件变动密切相关；落叶树种主要为栎属（*Quercus*）、山毛榉属（*Fagus*）、槭属（*Acer*）和榆科植物等。

4）亚寒带针叶林。该林带也称为寒温带针叶林，气候特点是夏季温凉，冬季严寒，最热月为 7 月，平均气温为 10～15℃，一年中日平均温超过 10℃的只有 1～4 个月，年降水量 300～600 mm，植物生长期很短。亚寒带针叶林的特征是群落结构简单，林冠不太茂密，林下苔藓和地衣较多；群落的物种多样性较低，多是喜冷的广适应性的物种；塔形树冠的外貌非常特殊；组成群落代表树种是云杉属（*Picea*）、冷杉属（*Abies*）和松属（*Pinus*）。亚寒带针叶林的北方界线就是森林带的最北界。因西伯利亚的泰加林（Taiga）最具特色，地势低洼、沼泽化、环境阴暗，故人们把亚寒带针叶林称为泰加林。

针叶林的叶面积指数大，可达 16（叶面积指数是指群落叶片总面积与群落土壤面积之比）。

植物群落类型对土壤的发育产生了积极的作用，因为土壤是植物群落发育的产物。由于不同类型的植物群落是在不同的热量和降水条件下形成的，植物的枯枝落叶在森林中的分解速度与再循环的途径，都与环境温度和降水量有关系。图 4-5 中的 a、b、c 分别是热带雨林、温带阔叶林和寒带针叶林的植物群落土壤剖面。在热带雨林中，由于环境温度高，降水量大，分解作用快，分解产物很快又被植物群落吸收利用，所以尽管淋溶作用强，但土壤中没有出现淀积层和明显的淋溶层。在温带阔叶林中，由于环境温度随季节变化，降水也比较集中，植物的枯枝落叶的分解也不是匀速的，分解产物的利用也是季节性的，所以在雨水淋溶下，分解产物在土壤中得到了积累，在淋溶层下出现了深色的淀积层。而在寒带针叶林中，情况类似于温带阔叶林，但是浅色的淋溶层上移了。这是由于北方降水量较小。

  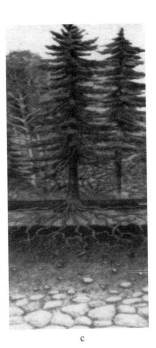

a   b   c

图 4-5　不同类型植物群落的土壤结构（引自 Stern，2004）

a. 热带雨林；b. 温带阔叶林；c. 寒带针叶林

扫一扫　看彩图

5）草原。草原群落根据地理分布，分为热带草原和温带草原。温带草原的水热条件大体保持温带半干旱到温带半湿润的气候指标，年平均气温 $-3\sim9$℃，最冷月平均气温为 $-7\sim2$℃，降水量为 $150\sim500$ mm，多集中在温暖的夏季，无霜期为 $120\sim200$ d。草原植被的特征是分层简单，主要是草本层；草原以禾本科植物为主，伴生豆科和菊科等植物；火灾现象很常见，可阻止灌木和乔木的入侵；土壤的腐殖质层很发达。根据草原水热条件的差异，草原可分为草甸草原、典型草原和荒漠草原。"天苍苍，野茫茫，风吹草低见牛羊"是对我国温带草原植被特征的真实写照。

6) 冻原。这种植被出现在高纬度和高海拔的寒冷地区,生长季节很短,每年气温在 0℃以上的时间不过两三个月,最热月的平均气温也不超过 10℃;最低极端温度达−55℃,年降水量约 250 mm,气候非常寒冷,在夏季土壤也只能融化约 30 cm深,在此之下为永冻层。在北极地区,由于每年夏天光照的时间非常有限,因此在冻原的木本植物都具低矮垫状且常绿的习性,草本植物都是多年生常绿的,在冻原里就没有一年生植物。

八、植物群落的水平分布与垂直分布

植物群落的分布格局受当地降水和热量的限制,水分要与热量同期相遇。所以,植物群落的地带性分布类型便是对当地气候条件的直接反映。

植物群落的水平分布,是指从赤道向两极的纬度地带性,以及由沿海向内陆的经度地带性的植物群落分布格局,它们通常都呈大尺度的带状分布。一般来说,从赤道向北极会依次出现热带雨林、常绿阔叶林、落叶阔叶林、草原、北方针叶林和冻原等大型植被带。

另外,在较高的山体上,从山麓到山顶,植物群落类型随海拔的上升会发生规律性变化,各种不同的植物群落也依次随海拔呈带状分布,称为垂直分布。

水平分布与垂直分布之间存在着对应关系,山体所在的纬度位置决定了山体的基带植物群落类型。所不同的是,在山体上的各个植物群落带的高度是几十到几百米,而水平分布的植物群落带的宽度是几十到几百公里。另外,高山山顶上的环境和极地地区的环境还是有差别的。

对于非地带性植物群落,其分布格局是没有规律性的,分布区是不连续的,又称为隐域植被,如水生植物群落和草甸。像湖泊植物群落和沼泽植物群落的组成,南北相差无几。

九、淡水生物群落与海洋生物群落

淡水生物群落与海洋生物群落都属于非地带性分布的群落。

(一)淡水生物群落

在湖泊、池塘、河流里的生物群落,由水生植物和水生动物组成。水体有静止的和流动的,水体中的营养盐有富养的和贫养的,其生产力的大小取决于水体温度和阳光到达的深度,一般在春夏季的生产力是最高的。

水生生物群落的物种组成和空间结构有其特殊性,是由水体环境决定的。首先,像池塘和湖泊是相对封闭、孤立的水体,其生物群落组成往往有自身特点,尤其是浮游生物更加明显。其次,河流是开放的水体,除了接纳河流沿途的池塘和湖泊中生物繁殖体外,河流上游的生物群落对下游的影响非常明显,但由于河流的整个流域在海拔、地形、水质、流速和营养盐浓度等方面都不同，会直接影响生物群落结构。最后，水鸟是水生生物群落的缔造者和传播者，通过鸟腿和鸟喙上的泥土，以及鸟的粪便，在较大尺度范围内进行不同生物繁殖体的传播。

湖泊中水生植物群落发育状况取决于湖水的深度、水质和水位变化。对于水质清澈、水位较浅或适中的湖泊，水生植物群落茂盛，有挺水植物、浮水植物和沉水植物构成不同季节的湖泊景观，特别是夏季，往往会形成一望无际的花的海洋。在群落结构方面，自湖底到湖面，或自湖心到湖岸，群落组成都会发生变化。尤其是湖底中的种子库，在繁殖体（果实、种子、块根和块茎等）的密度、分布格局、组成和寿命方面，差异十分明显。不同于森林群落的种子库，湖底的种子库会受到水流和风浪对繁殖体的搬运作用的影响，分布极不均匀。

水的物理性质使得水环境具有较稳定的温度变化幅度的特点，所以从大范围地理尺度来看，大型水生植物的群落组成在水平分布方面的变化不明显。水生植物群落属于隐域植被。

（二）海洋生物群落

由于海洋的内部环境复杂，营养盐一方面来自河流，另一方面来自由洋底上升的洋流，群落生产力的高低取决于阳光的透射深度。从沿海岸带一直往开阔的大洋，深至阳光可到达的最深界限，称为海洋带。海洋带由浅向深处依次分为：潮间带或沿岸带、浅海或亚沿岸带（深度由几米到 200 m）、半深海带。在海洋带往下是深海底带（2000～6000 m），无光，水温较恒定，为 2～4℃。

红树林是分布于热带、亚热带海湾、河口泥滩上特有的常绿灌木（或小乔木）群落，是由陆地向海洋过渡的特殊生态系统。红树林的突出特征是呼吸根（浅水区）和支柱根（深水区）发达，叶片具有泌盐或储盐功能，种子在树上的果实中发育为胎生胚（图 4-6）。组成红树林的植物有 50 多种，主要是双子叶的灌木和小乔木，极

a　　　　　　　　　　　　　　　　　　　　b

图 4-6　东寨港红树林滩涂景观（沈显生摄于 2015 年）

a. 浅水区的红海莲，示膝状呼吸根；b. 深水区的尖瓣海莲，示支柱根

扫一扫　看彩图

少为蕨类和单子叶植物。红树林的生态功能是防风消浪、促淤保滩、固岸护堤、净化海水和空气。我国海南省东寨港国家级红树林自然保护区保存有大片的较为完整的红树林景观。

海洋的初级生产力最高的区域主要位于大陆边缘的浅海区域，高纬度地域的浅海因水温低影响初级生产效率。世界上有 5 个渔业丰富度最大的水域，都位于中低纬度的大陆的西海岸。这是地球自转产生的惯性，使得该区域底层的洋流沿大陆坡上升所带来丰富的营养盐所致。这些区域里不仅渔业资源丰富，而且鸟类种群多样性高，密度大，次级生产力也高。

另外，位于海洋带中的珊瑚礁被形容为海底热带雨林，生物多样性极其丰富。珊瑚礁具有三维的环境因素（养分、温度和光照），其中温度比光照更重要。例如，位于印度洋的科科斯岛（Cocos Island），虽然面积只占印度洋的 1%，而岛的周围珊瑚礁中的生物种类却占印度洋的 25%。同样，大堡礁是位于澳大利亚东北部的世界上最大的珊瑚礁群，堪称海洋生物的"乐园"，大堡礁只占海洋面积的约 1%，其生物种类却占海洋生物总数的 1/4。

根据生活习性，海洋生物分为漂浮生物、游泳生物、浮游生物和底栖生物四大类。其中，漂浮生物是指生活在海水最表层中的一类生物，有水漂生物、表上漂浮生物、表下漂浮生物 3 类；游泳生物是指运动器官发达、游泳能力强的一类动物，有海洋哺乳动物、海鸟、海洋爬行类、鱼类、头足类、甲壳类；浮游生物是指在水流作用下被动地漂浮在水层中的一类生物，有浮游植物和浮游动物两大类；底栖生物由生活在海洋基底表面或沉积物中的各种生物所组成，其种类繁多，具有生产者、消费者、还原者，根据它们与海洋底质的关系可分为 3 个生态类群，即底表生活型、底内生活型和底游生活型。

海洋动物的摄食类型多种多样，如果按照食物的性质可分为 4 类：食植性动物、食肉性动物、碎食屑动物和腐食性动物。如果按照摄食方式也可分为 4 类：捕食性动物、啮食性动物、滤食性动物和食沉积物动物。

（三）水体富营养化的危害

无论是湖泊还是海洋，水体的营养盐高度富集会使水体富营养化，结果在夏秋季容易导致浮游藻类大量快速繁殖，在水面形成一层有色的薄皮状或泡沫状结构，在湖泊里称为水华，在海洋里称为赤潮。水华发生时，水质和水色发生变化，由于大量藻类死亡，分解后造成水体缺氧，可致使鱼类死亡，使水体进入缺氧状态的恶性循环。特别是由蓝藻引起的水华，藻体分解后产生藻毒素，有剧毒，使鱼类、家禽和家畜饮用后中毒或死亡。在湖泊中，由微囊藻（*Microcystis*）、鱼腥藻（*Anabaena*）、实球藻（*Pandorina*）和合尾藻（*Synura*）等蓝藻和绿藻形成的水华，常具有较浓的鱼腥气味。

　　水体污染程度相同的湖泊，一般情况下，浅湖泊比深湖泊更容易形成水华。因为在蓝藻细胞内可形成气泡，称为假液泡，可改变蓝藻细胞的相对密度。在冬季，假液泡消失，藻细胞沉入湖底。在春季，因阳光照射，水温上升，藻细胞形成假液泡而上浮水面。有时，春季的风浪可搅动水底，会加速水华现象的发生。蓝藻的竞争性和适应能力特别强，一是因为蓝藻具有菌孢素氨基酸，能抗紫外线伤害，可在水面表层进行光合作用，而一般藻类却不能；二是蓝藻在 600 nm 光波处具吸收峰（黄绿光），该光穿透力强，可达水下 1 m 深，而其他藻类无法利用。另外，蓝藻可利用大气中的 CO_2，水华发生后可维持水中很低的 CO_2 水平，造成对其他藻类生长不利。

　　防治或去除水华可施撒硫酸铜，但更多采用的是生物防治。经典生物操纵法是利用凶猛的鱼类控制蓝藻，通过食肉性鱼类捕食滤食性鱼类，增加水中浮游动物以控制蓝藻。非经典生物操纵法是利用食浮游生物鱼类直接控制蓝藻。目前，非经典生物操纵法得到广泛应用。因为鳙鱼和鲢鱼可对蓝藻的微囊藻毒素在器官中降解与重新分配，同时，肠道对微囊藻毒素也有隔离作用。生于同一湖泊中的不同鱼类，体内微囊藻毒素含量是有明显差别的。研究发现，杂食性的鲫鱼（微囊藻毒素 3.26 μg/g）和食肉性翘嘴白鱼（2.22 μg/g）的微囊藻毒素含量都比白鲢（1.65 μg/g）和鳙鱼的高。

　　形成海洋赤潮的藻类植物有很多，主要是甲藻类和硅藻类，常见以下这些浮游植物：锥形多甲藻（*Peridinium conicum*）、夜光藻（*Noctiluca scintillans*）、赤潮异弯藻（*Heterosigma akashiwo*）、中华盒形藻（*Biddulphia sinensis*）、日本星杆藻（*Asterionella japonica*）和长崎裸甲藻（*Gymnodinium mikimoto*）等。赤潮的危害主要有：赤潮生物在生长繁殖的代谢过程和死亡细胞被微生物分解的过程中，大量消耗海水中的溶解氧，导致海水严重缺氧，使得贝类和鱼等海洋动物因缺氧而窒息死亡；赤潮生物大量繁殖后会覆盖水面，或附着在贝类和鱼的鳃上，使得动物的呼吸器官不能发挥正常功能而死亡；有些赤潮生物的体内及其代谢产物含有生物毒素，可引起贝类和鱼中毒或死亡。人们如果摄食中毒的贝类和鱼会发生中毒事故，如泻痢性贝毒、神经性贝毒和麻痹性贝毒等。

　　赤潮发生的基本过程包括起始阶段、发展阶段、维持阶段和消亡阶段共 4 个阶段。引起赤潮的原因是多方面的综合因素。但是，水体富营养化、重金属污染、可溶性有机物、适宜的水温和盐度是形成赤潮的主要因素。目前，世界上海洋赤潮现象频繁发生，凡是人口稠密和经济发达的沿海地区，以及大江大河的入海口，都是赤潮的高发区，对海产养殖业造成的损失是极其惨重的。

【重要概念】

1）生物群落——共同栖息在同一地域内的各个种群的集合体。一个发育稳定的群落一定是一个物种多样和结构有序，能体现出各种群间复杂关系的高级生命层次。

2）群丛——群落分类的基本单位，指具有一定的立地条件、演替关系与种类组成稳定和具有一定分布范围的植物种群的联合体。是通过乔木、灌木和草本各层中的优势种进行命名的。

3）关键种——在群落的结构与组成方面起着决定性作用的物种，对于维持群落的发育产生重要影响。如果关键种的种群数量减少或消失，群落的结构会立即发生改变。

4）样方——在群落中选择具有代表性的典型地段，称为样地。在样地内通过选取一定的面积，统计该面积内的物种数和各物种的个体数，以及树冠大小、树干胸径和高度等，这种位于样地内一定的调查面积就称为样方。在同一个样地内可做多个样方调查。

5）生活型谱——根据 Raunkiaer 的生活型分类方法，依次统计出某一地区 5 类生活型的植物各占的百分比，称为生活型谱。它是对当地气候特征的直接反映。

6）层片——在植物群落结构中，由相同生活型的种群共同组成的集群称为层片，这是群落的生态学结构单元，不是群落的空间物理结构。

7）原始森林——从原生裸地上发生的一直连续无间断地发育的古老植物群落。从次生裸地上发生的，经过长期的发育和演替并未受到干扰的古老植物群落，称为原始次生林，有时也将其称为原始森林。

8）地带性植被——受地球上水分和热量的分布规律影响发育出的植被带，特点是自赤道向两极或由沿海至内陆依次表现出带状的规律性变化。

9）隐域植被——在地球上呈现出非地带性分布规律的植物群落，具有分布区的间断性和物种组成的相似性特征。

10）萨王纳植被——在热带内陆地区，由于降水稀少、蒸发量大，发育成以草原为主的群落，其间零星地分布一些乔木，这种植物群落称为萨王纳植被，也称为稀树草原植被。

11）群落演替——一个群落经过长期的发育以后，终将会被另一个群落所替代的过程，称为群落演替。而群落发育是一个群落的形成和成熟过程。群落演替是大时间尺度的新旧群落交接的过程。

12）水平分布——由于植物群落的分布是受降水和热量限制的，要求水分与热同期相遇。水平分布是指不同类型的植物群落从赤道向两极或从沿海至大陆深处，呈规律性的带状分布的现象。

13）群落交错区——两个或两个以上不同类型群落之间的过渡区，也称为生态过渡带或生态交错区。由于环境梯度和资源利用谱的存在，在交错区内物种竞争激烈，物种数目和某些代表性物种的密度有增大的趋势，称为边缘效应。

14）水华——在淡水湖泊里，由于水体高度富营养化，在夏秋季容易导致浮游藻类（主要是蓝藻类）大量快速繁殖，在水面形成绿色的一层薄皮状、糊状或泡沫状结构，称为水华。当水华发生时，不仅使水质和水色发生变化，而且大量的藻类死亡，分解后造成水体缺氧，并产生藻毒素，致使水中的鱼类和虾类死亡，水体进入缺氧状态的恶性循环。

15）赤潮——在海洋里，由于营养盐的积聚，水体高度富营养化，结果在夏秋季容易导致浮游藻类（主要是甲藻和硅藻等）大量快速繁殖，在水面形成红色或橙色等大面积漂浮状或泡沫状结构，称为赤潮（赤潮的危害同水华）。

【难点解疑】

毫无疑问，生物群落是一个客观存在的生命层次，它是由较大时间尺度形成的并受气候和地理因素影响的复合种群（种群集合）。生物群落与人类的生存和发展息息相关。在学习群落生态学时，要充分运用个体生态学和种群生态学的相关知识。一般来说，群落生态学比较简单，没有多少难点，大多数学生的主要问题可能是缺乏实践经验和感性认识，因为平时在野外接触太少。现就下列 9 个问题进行补充说明。

1. 植物群落学的研究需要传统研究方法与现代的先进手段相结合

生物群落研究可分为动物群落、植物群落和微生物群落三个部分（领域），其中，人们对植物群落学的研究历史最长。可以说，植物群落学是最早、最经典的宏观生态学，可分为地植物学、植物地理学、植被生态学、植物社会学。19 世纪初到 20 世纪中期，植物群落研究的四大学派已经形成，尤其是逐渐形成一些传统的研究方法，这些看起来比较经典和传统的研究手段与方法还将发挥作用。而如今，植物群落学的研究手段更加先进，研究尺度进一步扩大，像 3S 系统［遥感系统（remote system，RS）、地球定位系统（global position system，GPS）、地理信息系统（geographical information system，GIS）］和计算机网络技术都已经应用于植物群落学研究。今后，植物群落学的研究需要将传统研究方法与现代的先进技术相结合，相互配合，才能在更大尺度和更高研究水平上获得新的研究成果。

2. 关于群落的基本特征

种群具 3 个基本特征，而群落则有 6 个特征。为什么群落会有这么多特征？因为群落是一个比较特殊的生命层次，也是一个在性质上有争议的层次。群落的特殊性在于它不能够像物种一样具有繁殖能力，不同群落之间是无任何遗传关系的。对群落特征的争议是多方面的，首先，群落是否为一个客观存在体，存在个体论学派和机体论学派之争。其次，群落演替有无顶级群落问题也有不同观点。再次，组成群落的物种之间存在关联吗？关联性有多大？最后，群落的结构，无论是哪一种类型的结构，都无法与生命有机体中从细胞到组织、再到器官、直至个体那样的有序性可比。尽管如此，我们也不能够怀疑群落的客观真实性。

3. 层片是一个什么样的生态学单元

层片是一个比较抽象的概念，当初提出层片时就有三个水平的层片，我们所使用的仅是其中的一个。层片是由相同生活型或相似生态需求的种群组成的功能单位。而另外还有两个水平的层片，一个是由相同物种个体组成的层片，即种群；另一个是由不同生活型的不同物种个体组成的层片，即群落。所以，这里的层片是介于种群和群落之间一个过渡的功能单位，它具有形态上、空间上、时间上、生态上的相对特化的小型结构单元，是在群落发育过程中逐渐形成的。例如，在亚热带常绿落叶阔叶混交林中，常绿树种和落叶树种分别组成乔木层的两个层片，各层片在不同季节对群落的季相、结构和内部环境的作用是不同的。

4. 生态位与物种丰富度

在群落发育早期，物种数目不多，环境资源比较充足，物种间竞争不激烈，各个种群的生态位得到释放，展现的是基础生态位。在群落发育盛期时，物种的数目较多，环境资源得到充分利用，种间竞争激烈，生态位收缩，甚至发生部分重叠，展现的是实际生态位。在自然界中，一个物种的实际生态位要小于基础生态位。根据生态位变化情况，一个群落不是物种丰富度越高，群落就越稳定。因为群落的物种数越多，生态位重叠越严重，种群竞争过于激烈，反而导致群落的稳定性差。因此，根据群落所处环境资源，一个群落应该有一个合适的物种丰富度。这个理念对于科学地营造人工林具有重要的指导意义。

5. 群落发育和群落演替

群落的发育和演替是一个自然的连续动态的变化过程。一般地说，群落发育是群落发生、发展和成熟的过程；而群落演替是群落成熟后走向衰亡并终将被另一个群落所替代的过程。一个群落的演替过程正符合辩证唯物主义思想，即任何一个事物发展到一定阶段后必将走向其反面。

群落的发育过程是比较简单的，是一个随时间变化物种组成不断增加和群落内部小环境逐渐形成的一个过程。关于群落发生与发育阶段的划分，一般分为先锋生物阶段（初期阶段）、过渡阶段和稳定阶段；也可分为地衣苔藓阶段、草本植物阶段和木本植物阶段。但有些学者将地衣阶段和苔藓阶段分开，甚至将灌木阶段与乔木阶段分开。然而，这种划分有时是不合适的。因为在有些自然条件下，地衣和苔藓会同时出现，甚至在森林下面的苔藓层表面生长着地衣，如肺衣和地卷等。但在干燥裸露的岩石上，往往是地衣先出现。同样，灌木与乔木都有阳性树种和阴性树种，在草本阶段后接着形成的是阳性灌木幼苗还是阳性乔木幼苗，完全取决于演替所在地区的气候和植被类型，灌木是一种生物学习性，不能够发育为乔木。在荒漠、高山草甸或在海拔较高的树线以上地区只能分布灌木丛。一般情况下，许多灌木往往会生长在森林内部的乔木层下面。

群落演替是比较复杂的，类型也是多样的。如果按照群落演替发生的起始地条件，可分为原生（初生）演替和次生演替。若根据演替进行的时间尺度，可分为快速演替、长期演替和世纪演替。若按照演替发生的基质，可分为水生演替和旱生演替，这两大类可再细分为若干类演替。也可根据演替的主导因子分为群落发生演替、内因生（动）态演替和外因生（动）态演替。还有，按照演替的方向分为进展演替和逆行演替。

群落为什么要发生演替呢？主要是由于以下原因：①内外环境在不断地变化，外部环境随着时间流逝，自然而然地有一些环境扰动（波动）对群落产生影响；而群落的内部环境在开始形成时，对所有物种可能是有利的，但随着内部环境的进一步发展，必然导致对一部分物种的适应，而另一部分物种却会受到影响，这将推动群落的物种更迭；最重要的原因是阳性树种在群落发育早期成为优势种，可到了发育盛期后，占据林冠上层的阳性树种的种子无法在林内阴暗环境下形成更新苗，就像今天的大别山天堂寨山顶上的黄山栎群落一样，黄山栎的树龄均约在 200 年，但林下从未见到实生苗，甚至无幼树。②新的外来繁殖体的入侵。③种间关系在不断发生变化，群落内各个种群都需要找到合适的生态位。④群落内的种子库（seed pool）[也称种子银行（seed bank）]在不同时间提供新的实生苗。⑤人类活动的干扰。

由于群落发育和演替是一个自然的连续过程，时间尺度非常大。由于人们难以对其进行全过程的观察研究，不同类型的群落演替阶段也不同。一个群落的形成需要多长时间？何时发育成熟？演替有顶级阶段吗？所以，还有很多问题有待进一步探究。

6. 对生物群落丰富度梯度变化规律的解释

生物群落的物种组成多少，与群落所在地的经纬度和海拔等因素有关。自赤道向两极，由沿海向内陆，由山下向山上，群落的物种丰富度会逐渐减少。对于水域环境中的群落，丰富度会随着水体深度的增加而减少。

为什么会出现这样的变化规律呢？其解释主要有以下几种学说。①地质起源说：热带的地质相对于温带和寒带更古老，生物进化的时间更长。②气候说：热带地区的气候在历史上一直比较稳定，没有受到冰期的影响。③生态位竞争说：热带地区的水分和热量资源丰富，物种间的竞争和生态位分化成为生物分布和进化的制约因素。热带的物种间生态位重叠较多，可容纳更多的物种。④环境异质说：物理环境越复杂，空间异质性就越高，群落的组成越复杂。热带地区比温带和寒带的环境异质性复杂。⑤捕食说：最近研究表明，大型顶端捕食者可增加物种多样性，因为捕食者可减少猎物种群间的竞争，食草动物的减少还有利于植被发育，可提供更多的营养。热带地区的大型捕食者比寒温带多。⑥初级生产力说：一般来说，初级生产力越高，食物越丰富，物种丰富度越高。热带比寒带和温带的初级生产力高。另外，在热带地区，土壤温度比较高，土壤生物更加丰富。⑦空间扩散说：一般认为，低纬度地区是生物起源分化中心，然后向温带和寒带扩散，但扩散需要时间，并受到一些阻碍，导致扩散较慢。另外，在热带群落内部的地表，由于枯枝落叶层的分解很快，地被层既没有多少植物，也没有多少枯叶，而真菌较多。由于林冠遮阴严重，耐阴的草本植物下面土壤几乎裸露着。许多地衣、苔藓和一些小型的蕨类植物及部分被子植物会垂直向空中扩散，附生在树干和树枝上形成"空中花园"，这种现象在寒温带是少有的。

7. 对群落谱系学的商榷

群落谱系学为近年来生物多样性的研究热点之一。群落谱系学是从进化和生态相结合角度研究群落谱系结构，探究群落内部物种间的进化谱系关系。群落谱系结构研究最大的特点是可以结合进化因素和环境因素来共同分析群落中物种的组成和动态变化，为地区尺度的群落谱系多样性的决定因素。但是，我们知道，长期以来学术界对群落的性质尚存在争议，分为个体论学派和有机论学派。事实上，植物群落形成是各个物种扩散的结果，是不同物种在不同时间、在相似环境的同一地段相遇和竞争的结果，这些物种不是在现有群落内部直接进化形成的。每个物种有特定的起源地和分布区，平均寿命在千万年以上。而群落的界限往往是模糊的或过渡的，并始终处于动态演替过程中，一个群落会被另一个群落所取代。可见，一个群落的分布范围和发育寿命都无法与一个物种相比。群落内的物种可用关联度表示，群落间的物种组成可用相似性表示，两者共同反映出群落物种组成结构的种间关系和生态位的多样性。所以，组成群落的物种间不存在所谓的遗传进化"谱系"关系。

此外，近年来，国内杂志出现了几篇关于不同地区植物区系间的"亲缘"关系聚类分析的文章，用"亲缘系数"来描述两个或多个地区间的植物区系的关系。甚至出现探讨某一个植物群落内部植物区系成分的多样性和起源，或研究某个孤立小山丘的植物区系特征等情况。然而，由于一个地区的植物区系组成是历史的、地理的和气候的诸多因素共同作用的产物，探讨植物区系组成特征和起源往往需要一个相对完整的地理区域，也就是说植物区系研究需要较大的空间尺度，各植物区系间不存在繁殖或发育上的亲缘关系；不同地区之间的植物区系组成的差异或共性，只能用相似性表示。根据各地植物区系相似性大小，这些数据可为大地区的植物区系划界提供依据。所以说，关于植物群落的"谱系"结构，或植物区系的"亲缘"关系，或群落内的植物区系组成和起源的研究是否妥当均值得商榷。

8. 关于浮游生物的概念和滤食性鱼类的食性

浮游生物不是分类学专业术语，是对一些体形细小，缺乏或仅有微弱游动能力，受水流支配而移动的水生生物的总称。浮游生物非常庞杂，包括单细胞（群体）动植物、细菌、酵母、小型无脊椎动物和某些动物的幼体（浮浪幼体）或卵（浮性卵）等。通常情况下，人们将浮游生物简单地分为浮游植物和浮游动物。事实上，这种划分是存在科学问题的，因为在浮游植物中具鞭毛可游动的藻类，绝大多数又属于浮游动物中的鞭毛虫类，也就是说，在分类学上这些浮游生物既是动物又是植物。例如，裸藻也称绿眼虫。由于浮游植物与浮游动物存在交集，因此在使用浮游植物或浮游动物的概念时应该谨慎，最好一般统称为浮游生物。

同样，滤食性动物也不是分类学专业术语，是对一些以水中的浮游生物、小体形的虾和鱼等为食的动物的总称。滤食性动物大小不一，像单细胞的纤毛虫和异养鞭毛虫，小型无脊椎动物中的枝角类和桡足类，鱼类中的鳙鱼和鲢鱼，哺乳类动物须鲸亚目中的蓝鲸和座头鲸等。值得一提的是，滤食性鱼类与食草性和食肉性鱼类不同，滤食性鱼类像鳙鱼和鲢鱼的鳃弓上具有鳃耙（像梳齿一样），其作用是过滤吞进的水体中的浮游生物。鳙鱼的鳃耙细密呈合页状，但鳃耙间不联合；鲢鱼的鳃耙之间具一列骨质小板，小板外面覆盖着海绵状的筛膜，可防止浮游生物随水流滤出体外。

关于鳙鱼和鲢鱼的食性区别，有些人认为鳙鱼专吃浮游动物，而鲢鱼专吃浮游植物，这个问题很值得商榷。本来生物学家花了 200 多年都没有区分清楚的浮游植物和浮游动物，鳙鱼和鲢鱼却在口腔里就能够区分开来，然后还要把不想食用的浮游动物或浮游植物吐出去（经过实验检测，在鳙鱼和鲢鱼体内含有很低的微囊藻毒素）。实际上，鳙鱼和鲢鱼都以浮游生物为食，包括细菌和酵母，可能是浮游植物和浮游动物所占比例不同。另外，鳙鱼的嘴大，滤食效率高。而鲢鱼的嘴小，仅仅靠滤食吃不饱，还必须食用一些底泥中的碎屑食物，故其鱼肉带有土腥气。

9. 隐域植被中的轮藻不是藻类植物

隐域植被是指水生植物群落，因水环境的稳定性较高，水中的植物生存压力相对陆地植物要小一些。除了藻类植物外，水生植物群落中的成员几乎都是由陆生植物再次进入水生环境的，包括一些蕨类植物和被子植物，尤其是一些植物沉于水下难以发现，故名隐域植被。在沉水植物中，轮藻对水环境的要求比较苛刻，一般在水质清澈、富含钙、水温不宜过高的环境生长。轮藻同其他生活在水中的沉水被子植物金鱼藻和黑藻一样，虽然名称都带"藻"，但它或许根本就不是藻类植物。

长期以来，植物学中关于轮藻的分类地位一直存在争议，系统位置摇摆不定。绝大多数植物学家把轮藻属（包括丽藻属）植物放在绿藻植物门中，建立了轮藻目和轮藻科。而另有一些植物学家则把轮藻属植物分类地位向上提升，建立轮藻植物门，与绿藻植物门并列，但仍属于藻类植物范畴。

我们通过环境扫描电子显微镜对其生殖器官进行研究后认为（李树美等，2004），轮藻根本就不属于藻类植物。因为就目前人们所知，藻类植物没有出现多细胞组成的专门的生殖器官，它们的卵囊和精子囊通常是由 1 个细胞分化形成的。即使像几米长的海带，或 100~300 m 的巨藻，都是如此。而轮藻则不同，它有由 5 个长条形细胞螺旋状围成的藏卵器，叫卵囊，内含 1 枚卵，顶端还有 5 个短细胞组成的冠，整个形状像个"手雷"，其在放大镜和体式显微镜下形态非常优美。尤其是藏精器，也叫精子囊，结构更加复杂，像足球一样，由 8 个类似图钉"帽子"一样的三角形盾细胞围成球，向内的 8 个柄细胞末端生有几枚头细胞，每个上面再生有几枚次头细胞，在每个次头细胞上着生多条单列细胞的精囊丝，丝的每个细胞形成 1 个带鞭毛的精子。轮藻的这种生殖器官的结构复杂性，在藻类植物中是罕见的和独特的，甚至超过了苔藓植物。

　　不仅如此，轮藻的营养体是单倍体，植物体顶端的细胞有严格的分裂方向和细胞排列位置，最终形成"节"和"节间"，以及"主枝"和"短枝"，整个植株外形看起来十分像金鱼藻，是淡水中极其独特的袖珍型碧绿色的"翡翠树"。

　　所以说，轮藻不属于藻类植物，在植物进化系统树中，轮藻植物门起源于无世代交替的绿藻植物门，虽然它们从没有登上过陆地，但一直默默地在水体中进化着。所以，它们不需要颈卵器保护卵细胞，从而形成一个独特的卵囊植物门（新拟）。在植物系统位置排列上，我们应该将卵囊植物门（轮藻植物门）与苔藓植物门并列，都是属于进化的盲支，如图 4-7 所示。令人遗憾的是，轮藻在进化上选错了植物体，又没有世代交替。假如当初它们再选择一个二倍体的植物体形成世代交替，一旦登陆的话，那将会改变我们今天的世界景观面貌。

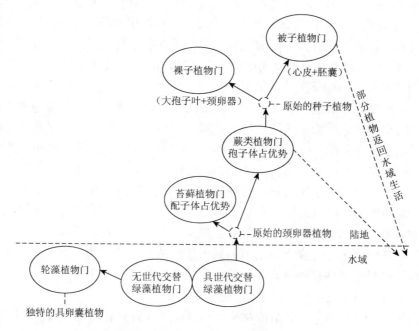

图 4-7　轮藻植物门在植物系统树的位置（沈显生绘）

【试题精选】

一、名词解释

　　1. 生物群落　　　　2. 群落盖度　　　　3. 相对频度　　　　4. 水平分布
　　5. 高位沼泽　　　　6. 生活型　　　　　7. 生长型　　　　　8. 层片

9. 群落季相　　　10. 边缘效应　　　11. 群落演替　　　12. 隐域植被

13. 优势种　　　　14. 建群种　　　　15. 丰富度　　　　16. 相对密度

17. 优势度　　　　18. 生活型谱　　　19. 层间植物　　　20. 群落镶嵌性

21. 群落交错区　　22. 萨王纳植被　　23. 冻原　　　　　24. 原生裸地

25. 原始森林　　　26. 次生林　　　　27. 水华　　　　　28. 泰加林

29. 多样性指数　　30. 群落排序

二、填空题

1. 生物群落可以分为_____、_____、_____。

2. Raunkiaer 频度定律的关系表达式是_____。

3. 单株乔木的木材体积计算公式 $V=$_____。

4. 生物多样性的内容包括_____、_____、_____3 个方面。

5. 群落的物种多样性有两种含义，即_____和_____。

6. 影响物种丰富度的因素有_____、_____、_____、_____、_____、_____6 种。

7. 群落的空间结构由_____和_____两个要素决定。

8. 植物生活型的类型一般划分为_____、_____、_____、_____、_____。

9. 森林群落的垂直结构一般分为_____、_____、_____。

10. 生物群落发育的动态包括_____、_____、_____。

11. 一个发育成熟群落的波动有_____、_____、_____3 种类型。

12. 群落演替过程包括_____、_____、_____3 个阶段。

13. 中国植物群落分类的基本单位是_____、_____、_____。

14. 地带性植物群落类型有_____、_____、_____、_____、_____。

15. 植物群落的排序方法常有_____和_____两类。

三、判断是非题（对的划"√"，错的划"×"）

1. 植物群落的盖度可分为种（种群）盖度、层盖度（物理层次）和总盖度（群落）。

2. 在 Raunkiaer 频度定律中，属于 A 级物种的比例一定大于 E 级的。

3. 具低丰富度和高均匀度的群落与具有高丰富度和低均匀性的群落，可能得到相同的多样性指数。

4. 在香农-威纳指数中，H 值越大，物种多样性越高。

5. 一个群落中的种间关联总是以正关联为主的。

6. 植物群落的层片等同于垂直结构中的层次。

7. 所有生态交错区的物种较为丰富。

8. 在热带雨林中没有群落的季相变化。

9. 在分析生态位与资源总量的模型中，设资源总量为 R，物种数为 n，各种群生态位幅度为 o。当 n 和 o 是固定值时，那么 R 值越大，群落的物种越丰富。

10. 一个群落在波动之后，还能完全恢复到原来的状态。

11. 当某种群的密度大且均匀时，其频度大。

12. 当某种群的密度大且呈块状分布时，其频度大。

13. 高位芽植物和一年生植物，都是指植物的生活型。

14. 建群种往往是群落的优势种，但优势种不一定都是建群种。

15. 在群落调查时样地和样方是同一个概念。

16. 绞杀植物可以促进群落种类的更新。

17. 栽培的作物同其野生种相比，次生化学物质的含量会增加。

18. 伴人植物的竞争力都是比较强的。

四、单项选择题

1. 根据 Raunkiaer 频度等级划分规则，频度为 41%～60%的物种应属于：

　A. B 级别　　　　B. C 级别　　　　C. D 级别　　　　D. E 级别

2. 在我国的北亚热带地区，芭蕉的生活型属于：

　A. 高位芽植物　B. 地上芽植物　C. 地面芽植物　　D. 地下芽植物

3. 在亚热带山地植物群落中，是以哪种生活型的植物为优势？

　A. 高位芽植物　B. 地面芽植物　C. 地下芽植物　　D. 地上芽植物

4. 生于我国南方的常绿阔叶林，在植物群落分类系统中属于：

　A. 植被型组　　B. 植被型　　　C. 群系组　　　　D. 群系

5. 黄山松林在植物群落分类系统中属于：

　A. 植被型　　　B. 群系　　　　C. 群丛组　　　　D. 群丛

6. 一片柳树林，在植被类型或植物群落分类中应属于：

　A. 常绿林　　　B. 夏绿林　　　C. 常绿阔叶林　　D. 落叶针叶林

7. 下列哪种植物群落的叶面积系数最大？

　A. 阔叶树林　　B. 针叶树林　　C. 灌木林　　　　D. 竹林

8. 地球上温带气候带的年平均温度是：

　A. 小于 5℃　　B. 5～10℃　　　C. 10～20℃　　　D. 大于 20℃

9. 在干旱温热的地区，植物叶片会变小。对于植物体散热来说，叶的哪个部位最为关键？

　A. 叶片背面　　B. 叶片腹面　　C. 叶缘　　　　　D. 叶尖

10. 热带雨林地区的年降水量大小应该是：

　A. 大于 1000 mm　　　　　　　B. 大于 2000 mm

　C. 大于 3000 mm　　　　　　　D. 1000～1500 mm

五、简答题

1. 你是如何理解植物群落丰富度（多样性）梯度变化的？
2. 我国植物群落丰富度梯度变化有何规律？
3. 岛屿生态理论对自然保护区的设计有何意义？
4. 如何根据平衡学说来预测岛屿物种的丰富度？
5. 中国植被的分类系统是什么？基本单位又是什么？
6. 群丛是如何命名的？请举例说明。
7. 影响陆地生物群落分布的因素有哪些？
8. 群落（community）和植被（vegetation）两个术语之间有何区别？
9. 何谓协同分解现象？请举例说明。
10. 冻原（苔原）群落有什么特征？
11. 草甸群落有何特点？
12. 沼泽群落有哪些类型？
13. 什么是荒漠？它有什么特点？
14. 草原群落有什么特点？它有哪些类型？
15. 热带雨林群落具有哪些主要特点？
16. 生活型有哪 3 种划分方法？C. Raunkiaer 是根据什么标准进行生活型分类的？
17. 根据不同地区的生活型谱与标准谱比较，可得出哪些气候类型？
18. 在野外选择样地时应该注意哪些方面？
19. 群落的数量特征主要有哪几项指标？
20. 植物群落的发生和发育过程包括哪些阶段？

六、综合论述题

1. 同种群相比，生物群落具备哪些基本特征？
2. 设 R 为资源连续体，n 为生态位宽度，o 为生态位重叠部分，请论述单物种种群丰富度的简单模型。
3. 何谓生物入侵？请举例说明。只要是外来物种最终都会产生生物入侵大暴发吗？为什么？
4. 世界气候带与植被带之间有什么联系？
5. 何谓单元顶极论、多元顶极论？两者有何异同？
6. 关于植物群落的"群丛单位"理论，以及"种的独立性"假说和"群落连续性"理论，你有什么看法？
7. 植物群落的垂直分布有何特点？与水平分布有什么联系？
8. 各类除草剂的使用，将会对杂草的生物多样性产生什么影响？
9. 中国自然保护区发展状况如何？目前已经具有哪些类型的保护区？

10. 简述 Whittaker 的世界植物群落分布类型的划分方法。

11. 研究水生植物群落的初级生产量，常采用"黑白瓶法"，请解释其原理。

12. 从高等植物的器官系统发生和演化过程看，植物的芽是如何起源的？植物的向光运动实验材料通常使用燕麦的胚芽鞘，为什么不使用燕麦苗的幼叶或顶芽？

13. 从植物界的系统演化和水生环境及陆生环境特点分析，植物的叶、茎和根三个器官的起源时间哪个最早？为什么？

14. 蕨类植物几乎所有的叶片形态在幼嫩阶段都是呈拳卷式的，为什么？

15. 在热带雨林中林冠下的草本植物经常出现紫色或红色，有时是具黄色或白色斑点的花叶，为什么？

16. 为什么热带地区的生物群落丰富度要明显高于温带和寒带地区的？

17. 地衣是由藻类或蓝藻与真菌共生形成的复合有机体，其生态作用是什么？

18. 某些植物的根系与微生物之间具复杂的关系。这些根际微生物对植物有哪些益处？

19. 菌根有外生菌根和内生菌根之分。形成菌根的真菌对植物会产生哪些益处？

20. 在云贵高原，山顶的南坡通常是阔叶林植被，北坡是针叶林植被。而在大别山区，情况相反，山顶的南坡是针叶林植被，北坡是阔叶林植被。请问这是什么道理？

七、应用题

1. 根据表 4-3 中的数据，计算化香（*Platycarya strobilacea*）和茅栗（*Castanea seguinii*）的种间关联系数。

表 4-3　某样方调查结果中化香和茅栗的调查数据

物种	有化香	无化香
有茅栗	10	6
无茅栗	4	2

2. 某山区有种子植物 500 种，其中高位芽植物有 100 种，地上芽植物有 25 种，地面芽植物有 40 种，地下芽植物有 200 种，一年生植物有 135 种，计算该山区的生活型谱。

3. 人们形象地把植被比喻为"陆地水库"。请问竹林和阔叶林两个类型的植物群落，哪一个的蓄水量更大，蓄水更持久？为什么？

4. 只有完整而连续的植物群落，其生态功能才能得以充分发挥。当群落受到破坏，变成不连续的孤岛状的群落片段时，群落的内部和外部环境将会发生哪些变化？

5. 在平原地区，往往需要在农田和村庄周围建设防风林。假如在黄淮海平原上需要新建一个防风林，你将会选择什么树种？如何进行设计？设计的理论依据是什么？

6. 当前在城市绿化中，人们热衷于建设大面积的草坪。从群落学角度看问题，你对城市绿化设计有什么新的理念？

7. 近些年来，在城市绿化中喜欢栽大树、栽古树。对这种做法最形象的描述是："早晨栽树，晚上乘凉"。你对当今我国城市绿化流行栽大树的现象有什么看法？这是否符合可持续发展的理念？

8. 落叶阔叶林中的物种丰富度往往是很高的。在冬末和早春，阳光透过落叶林直射地面，林下生长着茂密的草本植物（图 4-8a）。可是，到了夏天，林冠郁闭，早春生长的草本植物结实后已经枯萎，只有块根或块茎在地下长时间"休眠"（图 4-8b）。这些植物在生活型上属于哪一类植物？在群落空间结构分析中，它们又属于哪一类植物？

图 4-8　在不同季节里同一个植物群落的季相（引自 Starr，1994）

扫一扫 看彩图

9. 每个植物群落都有一个发生、发育和消亡的过程。在 20 世纪 80 年代和 90 年代，笔者观察到安徽黄山白鹅岭的黄山栎（*Quercus stewardii*）群落衰退阶段的一些特征。黄山栎是阳生植物，已在白鹅岭发育成纯优势种的群落。由于群落内出现茂密的泥炭藓，形成高位沼泽，导致群落的建群种死亡，随之发生群落的替换现象，如图 4-9 所示。为什么说群落是生命现象的一个重要层次？哪些因素会促进一个群落自身的更替？

10. 在大别山区天堂寨的烂泥坳，发育有一片山地草甸。图 4-10a 是作者摄于 1983 年秋季，而图 4-10b 是作者于 2003 年秋季在同一位置拍摄的。前后 20 年间，草甸中的很多双子叶植物都消失了，几乎全部被禾本科和莎草科植物所取代。为什么双子叶植物竞争不过单子叶植物？你从这两张照片中是否还能看出植物群落演替的其他变化？

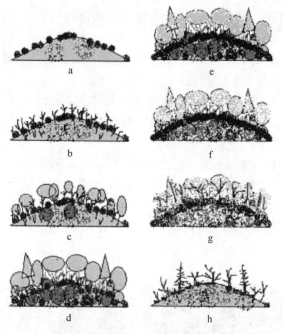

图 4-9　黄山栎群落演替过程示意图（沈显生绘）

a. 如果前一个群落消亡以后，一些喜光的阳生植物如黄山栎和黄山松的种子开始萌发生长；b. 另一些伴生的阳生植物不断入侵，增加物种多样性；c. 一个新的黄山栎群落初步形成；d. 黄山栎成为优势物种逐渐明显，群落小环境开始形成；e. 各种阴生植物大量入侵，地被层开始形成，是群落发育的旺盛时期；f. 泥炭藓地被层高度发育，形成高位沼泽，开始影响乔木树种根系的生长，首先使得黄山松发育不良；g. 逐渐使黄山栎这样的阳生优势树种开始衰败；h. 最终乔木层树种死亡后，阳光可直射地面，阴生植物因灼伤而死亡，即将开始新一轮的群落演替

图 4-10　天堂寨烂泥坳群落演替对照（沈显生摄）

扫一扫　看彩图

11. "植树造林，绿化祖国"和"植树造林，调节气候"是常见的宣传标语。植树造林能调节气候的原因在于森林植被可改变地表（下垫面）接收阳光辐射的状况，

并形成特定的小环境。图 4-11a 是山区农村，图 4-11b 是大城市，两者天空的大气状况和周边环境因子质量明显不同。从生态学角度谈谈植树造林的生态效益是什么。

图 4-11　农村和城市的生态环境差异

a. 沈显生摄于金寨；b. 上海

扫一扫　看彩图

12. 植被具有社会效益、经济效益和生态效益。你是如何理解这 3 个效益的？在生产实践中，我们应如何实现这 3 个效益的兼顾与统一？

13. 在热带雨林中，乔木层的树种高矮不一。位于林冠最上层的树种，其叶片较小；而位于林冠中间部位的树种，其叶片较大（图 4-12），如西双版纳雨林中的红光

图 4-12　热带雨林中的大型叶片（在西双版纳沟谷雨林中笔者手持红光树的叶片，唐建维摄于 2005 年）

扫一扫　看彩图

树（*Knema* sp.）的叶片长达 60～70 cm；位于林冠下层的树种，其叶片也较小。因此，热带雨林中的乔木层叶片大小，由林冠的上层到下层依次出现"小叶片—大叶片—小叶片"的空间分布规律。如何解释这种现象？

14. 在热带雨林中具有"板根"现象。有些物种的树干基部向四周辐射状生有板状根，如四数木科的四数木（*Tetrameles nudiflora*）（图 4-13a），一些热带地区豆科的乔木也具板状根。有些树木［梧桐科的翅萍婆（*Pterygota alata*）］的板状根非常薄（图 4-13b）。热带雨林中的板状根现象具有什么生态学意义？

a　　　　　　　　　　　　　　　　　b

图 4-13　板根

a. 四数木的较厚板根，沈顺其于 2006 年摄于西双版纳；b. 翅萍婆的极薄板根

15. 在热带雨林中，一些藤本植物的茎是扁平的，而不是圆柱形的，如扁担藤（*Tetrastigma planicaule*）。有意思的是，这些藤本植物的花和果却都生于茎的中下部，有的靠近地面（图 4-14）。热带雨林中藤本植物茎的"扁化"现象应该如何解释？

a　　　　　　　　　　　　　　　　　b

图 4-14　热带雨林中的扁担藤

a. 沈顺其摄于 2006 年；b. 南宁仙女摄

16. 同阔叶林群落相比，针叶林群落对生态环境的要求有什么特殊性？

17. 在南非的北开普省的那马夸兰（Namaqualand）荒漠地区（位于南非西北部，与纳米比亚交界，邻近大西洋，常受大西洋寒流影响），这里生长的许多单子叶植物如百合科和石蒜科，它们的叶片呈现螺旋状卷曲，有的像弹簧，有的像闹钟的卷曲发条，还有的卷曲的叶缘呈波状等（图4-15）。

图4-15 生长在南非荒漠地区的单子叶植物具有螺旋形叶片（Vogel and Müller-Doblies，2011）

请问，生长在南非荒漠地区的这些植物为什么会出现叶片卷曲的特殊现象？说明其在生态学上的适应意义。

18. 世界上的岛屿可分为大陆岛屿和海洋岛屿两大类型。前者如大不列颠、马达加斯加、日本、斯里兰卡等；后者如夏威夷群岛、加拉帕戈斯群岛、费尔南德斯群岛等。在海洋岛屿上的生物类型比较特殊，见表4-4。

表4-4 海洋岛屿上生物类型的特殊性

海洋岛屿上的本土生物种类	海洋岛屿上缺失的生物种类
植物	陆生哺乳动物
鸟类	爬行类
昆虫	两栖类
	淡水鱼类

请问，海洋岛屿上的生物类型为什么会如此失衡？为什么海洋岛屿上只有植物、鸟类和昆虫？

19. 在富营养化湖泊中，蓝藻为什么能够成为适应能力极强的优势种？

20. 在群落演替过程中，组成群落的每个物种需要经过哪几个演替阶段？

21. 如果在亚热带落叶阔叶林和寒带针叶林中分别利用 10 m×10 m 的 100 个样方调查乔木树种组成以验证 Raunkiaer 频度定律，均会获得与草地群落同样的结果吗？试分析其中的原因。

【参考答案】

一、名词解释

（答案大部分略）

5. 高位沼泽——沼泽是指土壤水分过饱和条件下，在一定空间范围内由水生或耐水习性的植物组成的非地带性群落，一般包括森林沼泽、草本沼泽和苔藓沼泽。在地势非低洼地段，由于苔藓群落高度发育形成很厚的含水丰富的地被层，位于苔藓层下面的土壤低温缺氧，这样生于山坡上的苔藓沼泽称为高位沼泽。

29. 多样性指数——一个群落中的物种多寡称为丰富度，而一个群落中的某个物种的分布格局称为均匀度，多样性指数就是反映一个群落的丰富度和均匀度的综合指标。特别注意的是，应用多样性指数时，具高丰富度和低均匀度的群落与具低丰富度和高均匀度的群落，可能会得到相同或相似的多样性指数。

30. 群落排序（community ordination）——当认为群落是连续的非客观存在的实体时，可把在一个地区调查的所有群落样方，按照相似度在二维坐标系中排定各样方的位序，从而分析和判断各样方间的相似性和关联度大小，达到识别群落的目的。

二、填空题

（答案略）

三、判断是非题

1. √；2. √；3. √；4. √；5. √；6. ×；7. √；8. ×；9. √；10. ×；11. √；12. √；13. √；14. √；15. ×；16. √；17. ×；18. ×。

解释：8. 虽然热带雨林是常绿的，但在不同乔木树种的花果期时群落的季相也会不同。

四、单项选择题

1. B；2. C；3. A；4. B；5. B；6. B；7. B；8. C；9. C；10. B。

五、简答题

（答案大部分略）

8. 植被通常是地理学名词，是地理景观用语，它是指覆盖在一定面积的地表上的植物或植物群落的总称，如世界植被、中国植被、黄山植被。群落是生物学和生态学名词，是指一定的时间和地域内的各种植物种群的组合，群落是生命结构层次之一，以种群为基本单元。

10. 物种组成非常简单；群落低矮，木本植物铺地生长；无一年生植物，且都是常绿的。

12. 木本沼泽、草本沼泽、苔藓沼泽（高位沼泽）。

15. 主要特征如下。

1）群落结构复杂，树冠不整齐，结构层次较多；

2）物种组成特别丰富；

3）附生植物多种多样，有"空中花园"之称；

4）出现"扁化"现象，包括板状根、扁茎的藤本植物，还有支柱根和气生根发达；

5）木本植物多为常绿的，终年生长，没有一年生植物；

6）多为大型羽状复叶，乔木林冠中叶片的面积由上层至下层的分布规律是"小叶片—大叶片—小叶片"，叶尖呈尾尖状；

7）树皮光滑，色浅而薄，树干通直，分枝少；

8）木质藤本植物丰富，绞杀植物较普遍；

9）老茎生花现象比较常见；

10）群落的草本层有"花叶"现象，而花朵、嫩枝和幼叶常具鲜艳色彩。

六、综合论述题

（答案大部分略）

8.（提示）从农业发展史看，农药比除草剂早出现近 200 年，然而，尽管农药的品种不断增加，但害虫的种类却没减少，反倒有增加的现象。同样，随着各种除草剂的使用，对杂草的生物多样性和抗性可能起到促进的作用，因为除草剂将成为环境选择压力的一部分。

11. 在实验开始前，在水下某一深度利用取水器取出水样，依次装满对照瓶（初始瓶）、黑瓶和白瓶，并立即测试对照瓶水中的溶解氧（mg/L），其值记为 IB。然后，将黑瓶和白瓶分别放置在相同深度的水环境下，在规定时间（6 h、12 h 或 24 h）后测试水中溶解氧，黑瓶的值记为 DB，白瓶的值记为 LB。最后，根据公式求得各项数据：

$$浮游生物呼吸量 R = IB–DB$$
$$总初级生产量 Pg = LB–DB$$
$$净初级生产量 Pn = LB–IB$$

根据光合作用和呼吸作用反应方程式，依据有关 O_2 和 CO_2 间的转化关系，可以求得水体浮游植物群落的初级生产量。

12.（提示）芽属于外起源，根尖也可算作"芽"，但由于位于土壤中生长所遇到的阻力太大，所以有了保护组织根冠。胚芽鞘的生长点在顶端，而幼叶的生长点位于基部或均匀生长，单子叶植物的顶芽位置非常低。

13.（提示）根据三者的功能和它们之间的关系，茎是最早出现的。

14.（提示）这样的叶都是大型复叶，每个羽状裂片都是均匀生长，整个叶片以拳卷式从土壤中伸出，其阻力最小。

17. ①分泌有机酸溶解岩石中的无机盐。②生活环境十分恶劣，为土壤形成过程中的开路先锋。③抑制其他微生物生长。④一些地衣具有固氮功能。

18. ①促进种子萌发和根毛发育，有利于植物生长。②有利于植物吸收钙离子。③使土壤中不溶性无机盐转化为可溶性无机盐，便于植物吸收。④有些微生物产生的激素物质可加速植物生长。⑤通过竞争或拮抗作用抑制或杀死植物病原微生物。⑥固氮微生物为植物提供无机和有机氮源。⑦去除土壤中对植物有毒和有害的物质。

19. ①提高植物从土壤中吸收营养物质的速率。②菌根菌分泌生长激素，改变根的形态，增加根尖的寿命。③菌根菌帮助植物有选择性地从土壤中吸收某些离子。④菌根菌可产生抗生素，增加植物对致病微生物的抗性。⑤增强植物对毒性物质和有害物质的抗性。⑥提高植物对干旱和高温等不良环境的抗性。

七、应用题

（答案大部分略）

3.（提示）阔叶林植被的蓄水量更大，蓄水更持久。因为竹林的根系很浅，依靠竹鞭在地表土壤层中横向分布，竹鞭的节上和竹秆的基部生长着许多不定根。另外，竹林的物种单一，群落内部结构也简单。地面枯枝落叶层也较薄。

4. 当群落受到破坏，变成不连续的孤岛状的群落片段时，与周围环境的接触面积大大增加，群落内部的保温和保水能力下降，生境发生改变，引起群落物种丰富度的下降，使得有的种群丧失生境，有灭绝的危险；同时，群落对外部环境的调控能力明显下降。

5.（提示）选择速生的、落叶的、阔叶的、适应当地气候的、有重要经济价值的树种。根据空气动力学特征，营造半透风的、由乔木、灌木和草本植物共同组成的防风林。

6. 在城市绿化中，一定面积的草坪是需要的，但不能太多太大。因为从群落学角度看，草坪对太阳能的利用率太低，功能单一。应该要营造乔灌草相结合的人工森林，在考虑到城市景观的同时，还要考虑到群落对阳光资源的利用，以及对吸尘、消音、放氧、降温、增湿、观赏、休闲和娱乐等综合功能的发挥。

7. 当今，在城市绿化中流行栽大树、栽古树的现象，可能是认为栽大树会立即见效。然而，大树进城之风造成了巨大的自然资源浪费问题。首先，栽大树的成活率是很低的，当对大树进行截干与断根后移栽，虽然有一部分能够成活，但后期生长缓慢，发育不良，也容易造成烂树心，形成具空洞的大树，会直接影响景观效果。其次，大树的根系发达，为防止遭到致命的破坏，使用挖掘机或人工大面积开挖，造成山区水土流失，容易形成塌方。最后，生长在农村或郊区的大树，它们对农村人文环境具有重要的生态功能和景观功能，我们为何非要花费较大代价将其搬到城里？这无疑是浪费自然资源，破坏生态环境的利己行为。

从表面上看"大树进城"是为了搞活地方经济，一方受益，而另一方受害（指当地生态环境和景观受到破坏，而仅卖树人受益），其实从城乡整体生态系统看这是得不偿失的。国家应该严厉禁止这种做法。对于那些必须进行移栽保护的古树，如确实妨碍城市道路建设规划或国家大型建设的古树，它们可能是国家级保护植物，或具有历史史料意义的、或具有历史传说或反映地方文化的古树，需要在园林专家亲自指导下实施移栽，确保成活。

8.（提示）地下芽植物。草本层或层间植物（为避免竞争，调整生态位）。

9. 在次生裸地上，黄山栎种子萌发，喜光的幼苗定居—黄山栎通过竞争成为群落优势种—黄山栎成为建群种，内部营造出小环境，地面上草本植物和苔藓发育旺盛—黄山栎群落发育成熟，层次结构明显，林内阴湿，形成泥炭藓高位沼泽—引起黄山栎根系缺氧，生长势下降，出现枯死现象，群落衰败——其他植物入侵，逐渐替代黄山栎。

10. 在山地草甸中，由于单子叶植物通过营养繁殖，有较大的密度，再加上它们都是多年生植物，所以，这里生长的双子叶植物大多是一年生的，果实或种子很难在群落中完成生活史。从照片上看，20 年前的物种多样性程度高，不仅有双子叶植物，单子叶植物也有多个物种；而 20 年后的草甸，其物种组成较单一，形成单优势种的群落。另外，山坡上的松树，已经长大成林。

11. 森林具有经济效益、社会效益和生态效益。从生态学角度看，森林的生态效益主要有：①吸收了大气中的 CO_2，释放 O_2，吸附尘土，改善大气质量；②白天吸热，夜晚放热，减少温差，调节气候；③蒸腾作用会增加大气湿度，降低地下水位，加速了水分循环；④因枝叶面积巨大，扩大地面与空气的接触面，通过在枝叶上形成的露、霜、淞，可增加降水量；⑤由于枯枝落叶被分解，促进土壤结构的发育和增加微生物区系；⑥为地上和地下的各种动物提供栖息地，丰富生物的多样性。

12. 经济效益是指从森林中直接收获的有经济价值的林产品，如粮、油、棉、麻、丝、茶、糖、果、烟、酒、药、树脂、木材等。社会效益是指为人类社会生活带来的益处，如绿化遮阴、观赏、防风固沙、水土保持等。根据气候、土壤、造林目的和社会需求，尽量把森林的社会效益、经济效益和生态效益结合起来，使得植物资源得到充分合理的利用。如果不能够实现森林的效益兼顾，则要因地制宜，营造功能单一的森林林被，如经济林、薪炭林、防护林、用材林和特种用途林。

13. 热带雨林乔木层叶片出现这种"小叶片—大叶片—小叶片"的分布规律，是由于林冠上层在阳光直射下，叶片吸收热量过多，小叶有更大面积和叶缘长度，便于散热（温度高）、保水（风大和蒸腾量大）；中层大叶，有利于保温（因阳光透射，叶增温慢，温度低）、叶大能够更多更好地利用透射光；下层小叶，因凭借地面辐射维持叶温，不需要保温，小叶有利于通风和传粉，同时，因要接收更多中上层的雨水，小叶比较便利。所有叶片的先端尖，利于水珠流淌，减轻重量。

14. 关于雨林的"板根"现象，过去人们更多的是强调板状根的支持作用。笔者曾多次到过西双版纳雨林现场考察，凡具有板根结构的四数木（*Tetrameles nudiflora*）绝大多数生于沟谷地带，由于地势低洼，雨水较多，土壤透气性极差，所以根的呼吸是比较困难的。通过几个放射状的薄的板根扩大了树干基部与空气的接触面积，似木板状的板根由于较薄，有些植物的板根非常薄，两侧密布的皮孔很容易将空气送进板根组织内部，供根系呼吸需要。由于板根内部全部是边材而没有心材，这样就大大增加了树干基部边材的比例，也有利于水分的运输。所以说，板根的作用首先是呼吸作用，其次才是支持和运输作用。

15. 雨林中的藤本植物多数茎是扁的，花序和果实生于藤干的中下部或基部。扁茎要比圆茎更加有利于植物的呼吸和水分运输，位于扁茎两侧的皮孔容易将空气送入茎中所有木质部（同圆形茎相比，扁茎自韧皮部到髓的距离缩短了，不会形成无输导功能的心材，见图 4-16），以保证根系的呼吸。另外，同圆形横截面积相比，长椭圆形横截面积的单位周长所对应的面积要小得多，利于营养物质由韧皮部向木质部横向输送。同时，由于扁担藤的花和果生于茎干的中下部，远离茎端的枝条和叶片，像这种花果与叶片生长部位的分离，就加大了茎干对水分和氧气运输的需求。所以，像飘带一样的扁茎就能很好地解决这个问题。

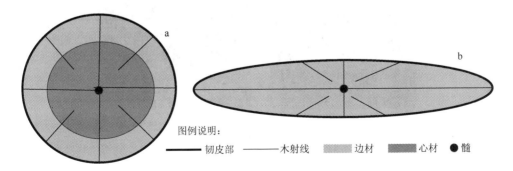

图 4-16　圆形茎（a）与扁茎（b）的心材和木射线长度的对比示意图（沈显生绘于 2015 年）

同样，热带雨林中的豆科藤本植物菱果羊蹄甲（*Bauhinia championii*）生长在沟谷之中，因地面积水，为了解决根系呼吸和茎干导水的问题，不同生长年龄的茎干外形变化多样，增加茎的表面积，使得茎干木质部全部为边材。现场观察发现，2～5年生的细茎干是正常的；约10年生的茎干不仅变扁平，而且呈"W"形波状折叠；约20年生的茎干，扁平茎干的两边开始增厚，而中间部分继续内凹或外凸，形成交互的深坑和鼓包；在藤本植物基部，约50年生的茎干两边部分呈棱状继续加厚，纵棱脊明显，深坑和鼓包进一步增大，整个茎干像一段生锈的铁索，故形象地称该植物为"铁索藤"，见图4-17。

扫一扫　看彩图

　　　　　　　　　　图4-17　菱果羊蹄甲（沈显生摄于2015年）

a. 不同年龄粗细的茎干外形；b. 约20年的茎干一部分；c. 藤本植物基部约50年的茎干一部分

另外，热带雨林中的藤本植物适应策略是多样的。使君子科的翅叶风车子（*Combretum* sp.）生于热带雨林的山坡上，为了与大树争夺阳光，需要向上攀爬，随着高度增加，水分供应成为主要问题。为了确保茎中木质部的生理功能，中部和基部的茎干呈螺旋状扭曲并纵裂，裂隙随着年龄增长越来越深，最终将整个茎干像麻花一样被分裂为5～7枚分离的绳索状茎，并且各自分离的茎干都形成了自己的周皮，通过这种方式确保茎干中无整体的心材，所有分离的茎都仅有鲜活的边材，见图4-18。

再如，豆科的藤本植物见血飞（*Caesalpinia cucullata*）

扫一扫　看彩图

　　　　　　　　　图4-18　翅叶风车子（沈显生摄于2015年）

a. 藤本植物茎干中部的一部分，示意螺旋状裂隙；b. 藤本的基部茎干，
裂为5～7枚分离的绳索状茎

生长在热带雨林的水沟边，为了解决根系缺氧问题，藤本植物茎干生长出许多棘刺（不是皮刺，皮刺可以剥落），棘刺的基部逐年膨大，形成具环形年轮线的瘤状刺，以增加茎干与空气的接触面积，见图4-19。

　　　　a　　　　　　　　　　　　　b　　　　　　　　　　　　c

扫一扫　看彩图

图 4-19　见血飞（沈显生摄于 2015 年）

a. 生境；b. 藤本植物茎干的一部分；c. 茎干放大，示意逐年膨大的瘤状刺

17.（提示）从平整叶片与卷曲或扭曲叶片的面积变化进行考虑，在这样的环境下植物需要扩大叶片与空气的接触面积。

21.（提示）落叶阔叶林如果为共优势种的，可能会符合草地群落的调查结果。而针叶林往往都是单优势种，一般不会符合草地群落的调查结果。

第五章　生态系统生态学

学习要求：本章需要掌握生态系统和生态效率的一些基本概念，以及生态系统中物质生产与循环（物质流）、能量转化与流动（能量流）和信息产生与传递（信息流）的运动规律；熟悉生态系统的结构组成和各个组分的功能，以及食物链类型和食物网中的同资源种团的功能；了解生态系统的类型和服务功能；正确理解生态平衡的条件和生态系统管理的意义。

【知识导图】

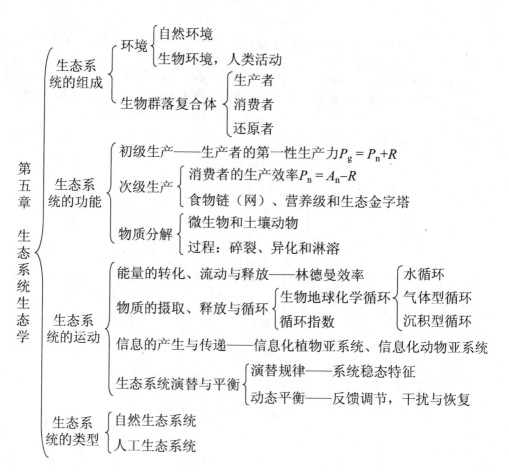

【内容概要】

一、生态系统的基本概念

（一）生态系统的定义

生态系统（ecosystem）是由英国学者 A. G. Tansley 于 1935 年首先提出的。在一定空间和时间内所有生物和非生物成分（环境）之间，通过物质循环、能量流动和信息联系而发生相互作用，构成一个互相依存的统一的生态学高级功能单位。生态系统是生命结构层次的最高级单位，是以许多不同种群为功能单元的复杂系统。

生态系统概念的提出：人们把生态学研究的层次由群落生态学又提升到一个新的高级层次，开始注重研究各个子系统之间及生物群落与环境间的关系。特别指出，生态系统不是以人类为中心的简单系统，而是兼顾所有生物的生存权的复合系统。生态系统生态学主要研究生态系统的结构与功能，以及服务与健康。

生态系统的基本特点：具有时空概念的开放的复杂系统；具明确的整体性的生态学功能；在抵抗干扰的负荷阈以内具有自我维持与调节的能力；具动态的、可持续的发展态势。

（二）生态系统的基本成分

任何一个生态系统，不论大小，其基本组成结构是相似的。它是由生命成分和非生命成分组成的。在生命成分中，包括了生产者、消费者和还原者。而非生命成分又可分为物质环境和能量环境，前者如大气、土壤、水、无机盐等，后者如温度、太阳辐射能等。

1）生产者：即绿色植物，以及光能和化能自养的某些细菌。生产者的功能是把太阳能通过光合作用转化为化学能，并贮存在有机物中，以启动生态系统的食物链（网）。因此，生产者为生态系统中其他生物提供了能源和物质，位于食物链（网）的基位节点上。转化和固定能量，吸收和生产物质，是生产者的最主要特征。

2）消费者：直接或间接地从生产者中获取营养和能量的各类生物，它们进行着各类次级生产，传递着能量，其消费关系复杂，参与的物种众多，是生态系统中最活跃的部分。依赖于生产者间接地获取物质与能量，是消费者的最主要特征。

3）还原者：又称分解者，异养的细菌、真菌及腐生的动物与植物等，把动植物（几乎所有生物）的尸体及生物的排泄物分解还原为简单的化合物和元素，释放到环境中，供生产者重新利用，以实现生态系统中的物质循环，并伴随能量的释放。注意，有些还原者的角色有时会发生转变成为消费者，如酵母菌在食品生产过程中就是属于初级消费者；当蚯蚓被鸟所食，则蚯蚓成为初级消费者。严格地说，真正的还原者是通过细胞外消化吸收的生物，其自身通过溶酶体降解。

4）系统环境：系统环境可分为自然环境和人工环境。在生态系统里，环境是一个最大的子系统，它除了要容纳生产者、消费者和还原者外，还要向它们提供生命活动所需的物质和能量，以及接受它们代谢过程中所释放出来的物质和能量。

在生产者、消费者和还原者各子系统之间，凭借物质生产与循环、能量转化与流动和信息产生与传递三者相互联系起来，正是"三流"的存在，才使得它们与环境间构成一个生态学高级功能单位。

二、生态系统的营养结构——食物链（网）

食物链是在生态系统中的各种生物以食物营养为联系组成的索链状结构，生态系统的物质流和能量流就是沿着食物链传递的。根据初级消费者利用食物营养方式的不同，食物链分为以下4类。

1）捕食食物链：又称放牧食物链，其构成方式按照能量流动方向为植物→植食性动物→食肉性动物。这种食物链既存在于陆地环境中，也存在于水域环境中，其作用是加速实现物质和能量的流动，把生产者、消费者及消费者内部成员紧密联系起来。

在捕食食物链中，一般是强者捕食弱者，动物捕食植物，高等的捕食低等的。但在自然界中偶有例外。例如，蜘蛛捕获小鱼，捕蝇草竟然可捕食到青蛙，蜈蚣也可捕食青蛙（图 5-1）。

a　　　　　　　　　　　　　　　　b

图 5-1　捕食作用

扫一扫　看彩图

a. 一株捕蝇草捕食到青蛙（引自 Starr，1994）；b. 一条蜈蚣捕食到青蛙

捕食者与猎物的数量关系随动物类型的不同而出现差异。在冷血动物群落中，捕食者与猎物的数量比例是 0.4∶1。而在热血动物群落中，捕食者与猎物的数量比例是 0.03∶1。因此，热血动物群落中的捕食者与猎物的比值大约是冷血动物群落中的 10%。

2）碎食食物链：森林中的枯枝落叶→碎食物消费者→小型食肉性动物→大型食肉性动物（按照能量流动方向排列）。例如，枯叶→蚯蚓→鸟→猛禽。这种食物链主要发生在森林、农田和海洋群落中，植被净生产量的约 90%是以碎食方式消耗的。这种食物链的作用是放牧食物链的补充，延长了森林、农田和海洋生态系统中的物质流和能量流的传递，并丰富了食物网的结构。这种食物链每时每刻都在无声无息地发生着，而人们对它的关注和了解却很少。

3）寄生性食物链：由宿主和寄生物构成，其寄生性食物链组成按照能量流动方向为大中型动物（或人）→小型寄生动物→微型寄生动物→细菌和病毒，后者与前者都是寄生性关系。这种食物链的作用是在异养生物成员内部实现物质和能量的传递，并丰富了生态系统中异养生物的区系成分。

真菌有寄生的，也有腐生的。寄生真菌可以直接寄生在动物和植物体上（图 5-2）。

图 5-2　几种寄生真菌（引自 William，1992）

扫一扫　看彩图

4）腐生性食物链：以动植物尸体为食物来源，被土壤和水体中的微生物所分解，获取的能量和物质将被另一个消费者所利用。例如，死蛇→细菌→线虫→节肢动物→鸟，枯木→蜜环菌→天麻→野猪→人，都是腐生性食物链。这种食物链的作用是在被分解者利用前，通过次生生产延长食物链，充分利用能量。在这一点上，与碎食食物链的作用相近。

实际上，自然界中的食物链非常繁杂。根据能量的来源和食物链起点（基节位）的性质进行划分，可分为三大类：①光能自养食物链，以鲜活的绿色植物和光合细菌为起点的捕食食物链。②腐生碎屑食物链，以死亡的植物和动物尸体及动物排泄物为起点的食物链（由各种分解者参与的）。③化能自养食物链，是非太阳能供热系统中的食物链。以上各大类可再细分为若干类型。

在食物链中，某一个物种节位的改变，立即会影响其他生物的数量变动。例如，由浮游藻类→浮游动物→滤食性鱼组成的食物链，如果系统中出现了食肉性鱼类，捕食作用使得滤食性鱼的生物量减少，结果会使得浮游动物（不含原生动物）的生物量增加，最终导致浮游藻类生物量下降（图 5-3）。

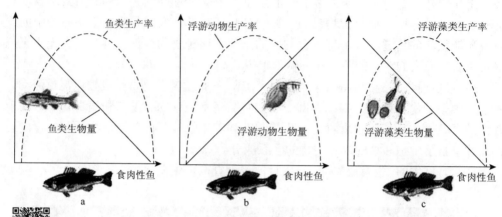

图 5-3　捕食作用对生态系统食物链的影响（引自 Carpenter et al.，1985）

扫一扫　看彩图

　　在自然界中，生态系统的食物链不是单一的和孤立的链状结构，而是由许多不同的食物链相互交叉连接形成的网状结构，称为食物网。

　　在食物网中，具类似食性，占据相似生态龛的一群物种，称同资源种团或物种集团（guild）。也可以说，在同一生物群落中，以同一方式利用同一资源的种群集团，称同资源种团。正是由于一些同资源种团的存在，生态系统的食物关系才变得更加复杂而稳定。在同资源种团内部，生态位重叠严重，导致种群间竞争激烈。而位于群落中的各个同资源种团之间的种群，则竞争较弱，联系较松散。

　　在生态系统中，根据生物的营养特性划分的等级，称营养级（trophic level）。生产者、消费者和还原者就属于不同的营养级。根据所消费营养的性质，营养级可细分为第一营养级（生产者）；第二营养级（食草动物），也称第一级消费者；第三营养级（食肉动物），也称第二级消费者；以此类推。同理，还原者也可依据分解顺序，分为若干个分解者营养级。

三、生态系统的能量流动

（一）初级生产

　　生态系统中的能量最初来自太阳辐射。在生态系统中，绿色植物通过光合作用把太阳能转变成化学能，贮存在有机物中，绿色植物的有机物质生产过程称初级生产。植物群落的有机物质生产的速率称初级（第一性）生产力。绿色植物光合作用生产的有机物，除去因自身呼吸消耗而余下的部分，称净第一生产量（严格地说，植物群落中的寄生植物和腐生植物的生产量不属于净第一生产量，像食虫植物更麻

烦）。所以，一般来说，植物群落的生物量是指群落中所有种群个体所积累的净第一
生产量的有机物总量。

$$P_g = P_n + R$$

式中，P_g 为总第一生产量；P_n 为净第一生产量；R 为呼吸量。P_n/P_g 值为生产效率。

当 $P_g > R$ 时，P_n 为正，群落的生物量增加；当 $P_g < R$ 时，P_n 为负，群落的生物
量减少；当 $P_g = R$ 时，群落的生物量保持稳定。不同的生态系统，其群落的初级生
产力（量）是有差别的，如热带雨林的初级生产力高于温带森林，陆地生态系统和
水域生态系统的不同群落各自净初级生产力的比较，见图 5-4a。同一个生态系统在
不同时间里，其初级生产力也不同，如湖泊的初级生产力在春末夏初是最高的。

初级生产量受到光、水、二氧化碳、营养物质、氧气和温度共 6 个要素的影响，
任何一个要素的不足都能够成为初级生产量的限制因素。

生态系统初级生产的另一个指标是生物量的形成周期（或形成时间、积累比率），
各个生态系统初级生产者的生物量形成周期的时间长短差异明显。例如，远洋生态
系统的浮游植物在几周之内完成生活史，农业耕地大多可在半年或一年内进行收获，
温带森林一般需要 50～70 年才能成熟，见图 5-4b。在地球上，植物的生物量约占 90%。

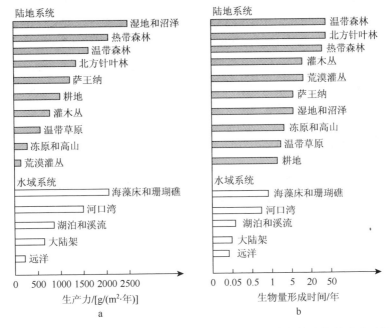

图 5-4　各种不同生态系统的净初级生产量（a）和初级生产者的生物量形成时间（b）

（二）次级生产

次级生产是指除了初级生产者之外的其他有机体生产有机物的形式，包括消

费者利用初级生产量生产有机物，以及还原者利用动植物尸体进行有机物生产，表现为动物、寄生物、真菌和细菌等生物的生长、繁殖及营养物质的储藏。同初级生产一样，次级生产也具有生产效率，即 P_n/A_n（A_n 为同化量），不同的消费者，其生产效率各不相同。此外，在各种形式的次级生产中，存在有机物质的积累和分解两个过程。因此，在生态系统次级生产过程中有分解作用，即在动物消费过程中既有生产又有分解，而在微生物分解（还原）过程中也存在着生产（合成）和消费（分解）。

在初级消费者中，食草动物值得一提。为了提高对植物中纤维素的分解和吸收，不同的动物采用不同的消化策略，进化出不同的消化道结构。食草动物分为前肠发酵动物和后肠发酵动物两大类。前肠发酵动物又分为反刍动物和非反刍动物，前者如牛科和长颈鹿科的动物；后者如骆驼、袋鼠和树懒等。后肠发酵动物又分为结肠发酵动物和盲肠发酵动物，前者如猪、马、驴、大象和犀牛等，也包括人类和类人猿；后者有兔形目和啮齿目动物。

（三）生态效率

无论是初级生产还是次级生产，以及各营养级之间，都存在着能量利用的效率问题，即生态效率（ecological efficiency）。营养级间的生态效率已由 Linderman 提出，从下一个营养级到上一个营养级，其能量的有效转化率约为 10%（5%～20%）。也就是说，生物量的有效利用率在各营养级之间是相似的，能量随着营养级的上升而逐步递减，每经过一级就会有 90%的能量丢失，以热能或做功的形式将能量散发到环境中。因此，各生态系统的营养级的级数一般不超过 5 级。但如果将营养级划分得过细，级位数会进一步增加。

林德曼效率是生态学中很重要的定律，也称 1/10 定律，其表达式为

林德曼效率 ＝ $n+1$ 营养级的净生产量/n 营养级的净生产量×100% ＝ (P_{n+1}/P_n)×100%

但有的学者用各营养级间的同化量或摄取量的百分比表示林德曼效率，值得商榷。根据林德曼效率，人类在利用农作物产品时，发达国家和发展中国家应该采取不同的对策，发展中国家因人口数量巨大，应以食用原粮为主，而发达国家可将部分粮食转化成肉、蛋和奶后加以利用。根据 *Nature* 杂志 2014 年 7 月 17 日报道，大约需要 30 cal 热量的饲料才能生产 1 cal 热量的牛肉，但是鸡肉和猪肉与饲料热量的比例则是 1：7 或 1：8。因此，人类吃什么类型的肉也会对能量利用效率产生巨大的影响。如果通过减少像美国、印度和中国的食物转化所浪费的能量，做到尽量吃原粮，便有可能再多养活 4 亿人口。

此外，营养级内的和营养级间的生态效率，还有许多其他的表示方法（图 5-5）。

根据图 5-5，在上下两个营养级之间，按照利用率、同化率和生长率顺序的乘积，也可得出林德曼效率的计算公式，即

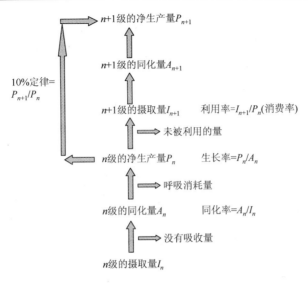

图 5-5　几种生态效率的表示方法

$$\frac{P_{n+1}}{P_n} = \frac{I_{n+1}}{P_n} \times \frac{A_{n+1}}{I_{n+1}} \times \frac{P_{n+1}}{A_{n+1}}$$

　　在生态系统中，能量流通过各个营养级传递后会逐级减少。所以，如果把各个营养级的总能量，由低级到高级逐级排列并绘制成柱形图，就构成一个金字塔形，称能量锥体或能量金字塔。同样，如果以各个营养级的生物量或个体数目来表示，可以得到生物量锥体或数量锥体。这三种锥体合称为生态锥体。

（四）能量流动特点

　　在生态系统中，能量传递的特点是：①能量流的单向性，能量沿着食物链单向传递，在每个营养级是一次性的消费，不循环使用；②系统的开放性，能量在传递过程中，通过呼吸、运动及散热等方式把能量释放到环境中去，是一个开放系统；③能量流越流越细，随着能量沿着食物链传递，各营养级之间约 90%被损耗，固定在食物链中较高营养级的能量越来越少；④各营养级间的能量输入和输出的比例大致相等，这是依据林德曼效率得出的。但是，对于不同的具体动物来说，能量转化率差别较大，其大小取决于利用率、同化率、代谢率、行为和环境等因素。一般地讲，能量有效转化率，自养级为 1%，异养级为 5%～10%。

四、生态系统的物质循环

（一）生态系统中的物质循环类型

　　物质循环发生在两个尺度上，即局域循环和全球循环。前者是发生在小尺度生态系统的物质循环，物质先由环境到生产者，再到消费者，经分解者的作用而释放回环境中，绝大部分物质可往复利用，称为物质循环（nutrient cycle）。而后者是各种生态系统局域事件的总和，是凭借多种环境介质发生在大尺度生态系统之间并需要长久时间的物质循环过程，称为生物地球化学循环（biogeochemical cycle）。

　　生物地球化学循环的类型可分 3 类，即水循环、气体型循环和沉积型循环。如果没有水，生命就不能维持，生态系统也不能运动。水是生态系统中生命必需的营养元素得以无限运动的介质，没有水循环也就没有生物地球化学循环。大气、海洋和陆地形成一个全球性的水循环系统，它是由太阳能所驱动的。气体型循环是指碳、硫、氧和氮等元素的循环，主要的储库是大气，并在大气中以气态物质出现。碳和氮是生物有机体的重要组成成分，掌握其循环规律和途径，对认识生态系统的功能有着重要意义。磷和硫等元素的主要贮存库是岩石，经过风化、侵蚀、淋洗而释放出来。由于硫具有气态物质，可以进入大气。然而，有些元素是没有气态的，像磷在循环过程中没有气态物质，不能在水体和大气及土壤和大气之间循环，所以，磷的循环属于不完全循环。植物从环境中吸收的磷、碳和硫等物质，通过食物链传递和长距离迁移，最后通过动植物尸体分解或排泄物再回到环境中去，经水体搬运并沉降于湖泊或海洋，这属于沉积型循环。

　　不同物质的循环速率差异很大，这主要取决于元素的性质、动植物生长的速度、有机物质腐烂分解的速率及人类活动等因素的影响。在不同的生态系统中，营养物质进行再循环的比率也是不一样的。循环指数是生态系统中的某种物质再循环量占循环总量的比例。循环指数的公式表示为

$$CI = R / T$$

式中，CI 为循环指数；R 为再循环量；T 为通过总量。

（二）元素的循环途径

　　在生态系统中，能量转换与物质循环是密不可分的，能量释放与能量需求的转换偶合，是生态系统中能量流动的基础。

　　水为生态系统中的物质循环过程提供了一个物理模型，水吸收了光能进行蒸发作用，水蒸气具有势能，当水蒸气凝结成云时，水蒸气的势能以热能释放，最后以长波辐射离开地球。所以，全球的水循环是太阳能量驱动的。自海洋蒸发的水汽经过大气运动到达陆地后形成降水，再经河流入海，构成水分运动的大循环。海洋所蒸发的水汽直接在海洋上空形成降水，是海洋上水分运动的小循环。而在陆地上蒸发和蒸腾的水汽又在陆地上形成降水，是陆地上水分运动的小循环。

　　碳循环与生物圈的气体循环和水体循环紧密相连。例如，光合作用与呼吸作用，海洋与大气的碳源交换，水域生态系统的碳酸盐沉积等。从全球看，我们把释放 CO_2 的库称为"源"，而把吸收 CO_2 的库称为"汇"。每年全球的 CO_2 收支情况应该接近平衡，但是人们发现占人类活动释放 CO_2 总量约 25%的"源"找不到相关的

"汇"，此现象称为失汇现象。据最新研究，高纬度土壤和永久冻土所含的碳是大气中的两倍，气候变暖和永久冻土融化也许会刺激这些有机碳的降解，将其释放到大气中，造成进一步的全球变暖。

氮在生态系统循环中呈现多种氧化态，是一个复杂的过程，并且还有许多种微生物参加循环，如固氮作用、氨化作用、硝化作用和反硝化作用。

磷的循环在化学上不复杂，由于磷元素无气态的物质，只能从土壤和水体中进入生物体，分解后再回到土壤和水体中。所以，水成为磷循环的唯一运输媒介，磷属于半循环物质。在生态系统中，尤其是农业生态系统中，磷是非常珍贵的营养元素。水体中磷的浓度是直接控制湖泊富营养化的关键因素。

硫存在多种氧化还原形式，循环的化学途径较复杂。

另外，环境中的有机磷和有机氯进入食物链后，其生物体内的浓度会沿着食物链逐级浓缩，称为富集作用或生物放大效应，如有机氯杀虫剂在生态系统中的危害（图 5-6）。

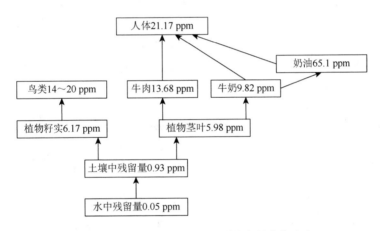

图 5-6　有机氯杀虫剂在生态系统中的富集速率

ppm. 百万分之一

微生物在物质循环中起着多种作用。在地球表面，自养的和异养的微生物，无论在好氧环境下，还是厌氧环境下，都对物质循环起到了重要作用。在高温高压的深海特殊环境里，古细菌在物质循环方面具有一些特殊的代谢途径。

关于微生物代谢类型的分类，严格地说，自养和异养是根据其获得碳的来源途径划分的，一般分为无机物碳源（属于自养的）和有机物碳源（属于异养的）。再根据其代谢能量的来源，又分为光能（来自太阳的光能，光合细菌是厌气性的，但不发生光水解，也不释放氧气，如红硫细菌）和化能（来自化学反应释放的能量，以及地热能源）。所以，生物代谢的类型可分为 4 类（表 5-1）。

表 5-1　微生物代谢类型的分类

类型	主要碳源	能源	供氢体	反应式	代表
光能自养	CO_2	光	无机物	$CO_2 + 2H_2S \xrightarrow{\text{光，色素}} (CH_2O) + 2S + H_2O$	着色细菌
光能异养	有机物	光	有机物	异丙醇 $+ CO_2 \xrightarrow{\text{光，色素}}$ 丙酮 $+ (CH_2O) + H_2O$	红螺细菌
化能自养	CO_2	无机物	无机物	$2NH_3 + 3O_2 \xrightarrow{\text{亚硝酸细菌}} 2HNO_2 + 2H_2O + Q$ $2HNO_2 + O_2 \xrightarrow{\text{硝化细菌}} 2HNO_3 + Q$	氢细菌、铁细菌
化能异养	有机物	有机物	有机物	糖类 $+ 6CO_2 \xrightarrow{\text{细菌}} 6H_2O + 6CO_2 + Q$	大肠杆菌

　　光能自养和光能异养微生物可算作自养生物。化能自养生物是介于自养生物和异养生物之间的过渡类型。化能异养的微生物是纯粹的异养生物，营腐生生活。所以，从微生物代谢的能源、碳源和供氢体来源看，前三类微生物都具有生产者作用。

　　化能自养的微生物生态系统被发现于太平洋、大西洋和印度洋的海底裂缝区域（图 5-7）。在海洋地壳微小裂缝中，其是一种复杂的微生物生态系统。这种生态系统的基础是氢气，是由富含铁和硫的岩石与海水发生化学反应形成的。微生物可以利用氢气作为能源把二氧化碳转变成有机物，称为化能合成作用。同时，甲烷作为这个反应的副产品，又可以支持其他微生物的生长，最终形成一个复杂的海底生命网络。像这样的生态系统也存在于矿井（或溶洞）深处和海底热液喷口区域。

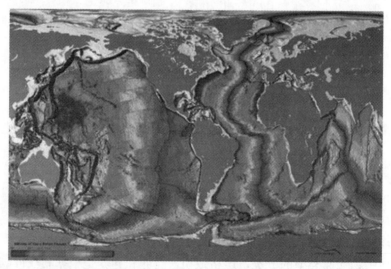

扫一扫　看彩图

图 5-7　海底化能自养生态系统分布示意图（引自 Lever et al.，2013）

五、生态系统的信息联系

　　在生态系统中，种群之间、种群内部个体之间，甚至生物与环境之间始终都存在着多种多样的信息联系。什么是信息联系？在生态系统内部，或各个亚系统内部和亚系统成员之间，存在着各种各样的对生命活动状态的表达方式。同能量流和物质流一道，这种复杂的信息流把生态系统的各个组分联系成一个整体，并具有维持和调节生态系统稳定性的作用。

生态系统中的信息可分为遗传信息和非遗传信息，后者包括内环境信息、外环境信息和智能信息。生物间的信息活动是需要消耗能量的。因为信息的表达过程需经过信息源—编码—信道—信宿—解码共 5 个步骤。

在生态系统中，信息联系的类型有两大类。

（一）信息化的植物亚生态系统

1. 阳光与植物间的信息联系

1）光与植物形态建成：阳光不仅可改变叶片大小和厚度，而且可改变叶柄和节间的长度，以及会改变叶柄的扭曲程度实现叶片的位置和角度调整；有些植物的叶片形态会发生改变，有的植物还会改变叶序（如菊芋的种群可同时具有互生、对生和轮生 3 种叶序）。植物叶序由互生到对生再到轮生，接受阳光的面积是逐渐增大的，在阴暗环境里由互生改为对生是对阳光的补偿作用。

2）光与种子萌发：绝大多数植物的种子萌发不需要阳光，而有些植物则需要（如烟草和肺筋草的种子）。

3）光与植物开花：有花植物的花芽分化绝大多数是需要光周期诱导的，只有少数不需要。在不需要光诱导的植物中，有些植物开花时间不固定（如四季豆），有些植物开花与营养状况有关（如竹子）。

4）植物的趋光性：绿色植物具有趋光性，附生植物和寄生植物没有趋光性。阳生植物比阴生植物的趋光性更加明显，尤其是阳生藤本植物。而阴生藤本植物的趋光性弱，但可通过茎干和叶柄（甚至气生根）变绿实现光的补偿功能。

2. 植物与植物间的信息联系

1）植物种群内的自毒作用：自毒作用是一种发生在种内的生长抑制现象。例如，豆科、茄科、葫芦科和菊科等某些植物，可以通过地上茎叶部分的淋溶作用，或根系分泌物及植株残体等途径来释放一些化学物质，对同一茬或下一茬同种植物的生长产生抑制作用。

2）植物间的他感作用：植物通过释放次生化学物质到环境中，对其他植物产生直接或间接的有害或有利的影响。他感物质几乎存在于所有的植物器官中，其释放方式主要有 4 种：植株挥发、茎叶淋溶、根系分泌及植株残留物分解。他感物质的作用方式多种多样。

3）次生化学物质的诱导作用：这种作用也属于广义的他感作用，在长期的协同进化过程中，寄生生物与宿主之间对某些次生化学物质形成了固定的响应机制。在自然环境中，该次生化学物质的存在，将会对寄生生物或宿主产生诱导作用。

4）寄生植物与寄主植物间的 mRNA 联系：植物间不仅能够利用气味分子等媒介进行信息传播，而且有些寄生植物和寄主使用 messager RNA（mRNA）进行信息的交流。例如，菟丝子与番茄之间通过吸器使得许多 mRNA 分子在两个物种的细胞之间传递信息，而且菟丝子起着主导作用。

3. 植物与动物间的信息联系

1）植物的机械防御：植物为了阻止动物的啃食，在茎和叶上生长有刺、刚毛、绵毛、腺毛，甚至在茎上生长棘刺对付较大的动物。当然，植物的这种机械防御是要消耗能量的。然而，像仙人掌和南非金合欢（或阿拉伯胶树）上的尖刺，有些动物已经对此产生适应性进化。当食草动物的数目下降时，植物会抛弃其棘刺防御，以节约能量。

2）植物的化学引诱或驱避：植物为了提高传粉效率，会针对传粉动物的嗜好和活动规律分泌化学物质引诱它们。例如，马达加斯加的面包树会吸引小狐猴夜间来传粉，同时还把它最喜爱吃的夜蛾也吸引过来。再如，蛇形楼斗菜的天敌是绿棉铃虫，植物的枝和幼叶生长大量的腺毛，可分泌化学物质吸引蜻蜓和甲虫前来取食，一旦这些昆虫接触腺毛就会被牢牢黏住，甚至致死，这又可吸引蜘蛛。蜘蛛的到来可有效控制绿棉铃虫的危害。同样，植物也可通过分泌难闻的化学物质驱赶捕食者。

3）植物的色彩引诱或警戒：虫媒花植物为了吸引传粉昆虫，利用花被、花瓣、萼片、苞片、果实、种皮或假种皮的艳丽色彩，甚至利用色彩加形态模拟（拟态）来吸引昆虫。有些植物像动物一样具有警戒色。例如，在春季幼叶是深红色的，在秋季幼叶也变成红色，这对有些将要在植物上产卵或摄食的昆虫可起到警戒作用。当然，幼叶变红也可提高温度，利于在春季和秋季生长。

4）植物的味觉防御：植物为了逃避捕食或减少害虫的损害，可通过形成次生物质以降低昆虫的口感，或产生有毒物质。例如，柿子的幼果含大量的单宁，动物不可食用，而果实成熟后变为橙红色，单宁转化为糖，可引诱动物摄食以传播种子。

（二）信息化的动物亚生态系统

动物之间的通信不仅发生在种群内，也可发生在种群间。一种动物往往可发出多种信息。动物间通信的特点是具有高效性和特异性。根据信息本身的属性，动物亚生态系统中的信息可分为 4 类。

1）营养信息。在生态系统中，通过食物链或食物网的各个营养级位种群数量变化而传递的信息为营养信息。一个著名的例子是，英国农村生长的三叶草（*Trifolium* sp.），传粉靠土蜂，而土蜂的天敌是田鼠，因为田鼠不仅喜欢吃土蜂的蜜和幼虫，而且常捣毁土蜂的窝。所以，土蜂的种群数量直接影响三叶草的传粉结籽，而田鼠的天敌是猫。因此，在猫、田鼠、土蜂和三叶草之间传递着相关的营养信息。如果三叶草生长茂盛，可以推测土蜂和猫的数量较多，而田鼠数量一定较少。

2）化学信息。在生态系统的各生物成员之间，主要通过次生代谢物质相互传递的信息为化学信息。化学信息在生态系统中是广泛存在的，并有效地影响着生物种间和种内的联系。这些信息有的相互制约，有的相互促进，有的相互吸引，也有的相互排斥。例如，哺乳动物的外激素主要来源于一些特化的皮肤腺，分泌物气味各异，其功能仍是化学信息的作用。一些动物的排泄物有时也可作为化学信息。近年来对化学信息的研究发展较快，研究领域广阔，已形成一个分支学科——化学生态学。

3）物理信息。生物所发出的声、光、色等都属于生态系统中的物理信息。这些信息对其他生物而言，同样具有警告、恐吓、排斥和吸引的作用，如鸟的鸣叫、狮和虎的咆哮、萤火虫的闪光和花朵艳丽的色彩及诱人的芳香等。此外，发现像螳螂虾等一些深海动物具有在自然界极为罕见的视觉能力，可以检测和反映圆偏振光。

4）行为信息。在生态系统的生物成员之间（同种动物或异种动物），通过表现出各种行为方式，以表示挑战、威胁、识别、求偶等意图，或通过舔、触摸、震动来传递信息或情感，称为行为信息。动物行为学就是运用生物学、物理学、心理学、行为学的理论与方法研究动物行为的一门新兴交叉学科。例如，螳螂、跳蛛和狼蛛在交配过程中，雌性将雄性原本的求偶信息自动解码地转换为食物信息，并将其捕食。

另外，关于生态场（ecological field）的问题，在生态学中是个有趣的研究课题。1985 年，美籍华裔学者吴新一首次提出了"生态场"这一术语。所谓生态场，是指由于生命体的存在及存在状态的改变所引起的有关生态因子在空间和时间上分布的不均匀性。

六、生态系统的演替与平衡

（一）生态系统的演替

从生态系统的角度来认识群落演替，实际上，群落演替就是指构成生态系统的生命复合体（超有机体）的发生与发育过程，包括植物群落、动物群落和微生物群落的演替过程。当生物群落发展到成熟状态时，则生态系统的发育也达到了稳定状态。生态系统的这种演替是有规律的，有一些指标可作为判断标准。

1）能量代谢特征。在生态系统发育早期，$P_g / R > 1$（P_g 为总第一生产量，R 为呼吸量）；而成熟稳定的生态系统，则 P_g / R 接近 1。因此，P_g / R 值是表示生态系统相对成熟的最好的功能性指标。当生态系统发育成熟后，其储存的生物量最大，同时生物群落的呼吸量也最大。

2）物质循环特征。随着生态系统的发育，营养物质的生物地球化学循环向着更加封闭而稳定的方向发展。由于生态系统具有更广泛的食物网和众多复杂的土壤生物，系统控制营养物质的功能明显增强，矿质营养循环由系统发展初期的开放型过渡到封闭型，系统的物质输入量和输出量接近平衡。

3）食物网特征。发育早期的生态系统，食物网结构简单。随着生态系统的发育，食物网由简单发展为复杂的网络关系，并以捕食食物链的延伸与交叉为主。当生态系统发育成熟后，生物种间的相互关系最为复杂，以碎食食物链和腐生食物链为主。这种复杂的网状营养结构，是生态系统服务的主要表现之一。

4）群落结构的特征。发育早期的群落，物种多样性低，各种群的生态位幅度宽，分层现象不明显及空间异质性较低。当群落发育达到成熟时期时，物种多样性增加，营养结构更复杂，种间竞争更为激烈，导致生态位分化强烈，最终使得生态位幅度变窄。因此，每个群落中的物种数量都有一个最适宜的值，而不是物种越多越好，道理就在于此。

5）选择压力。在生态系统发育早期，由于物种少并且环境资源丰富，选择压力小，这种环境有利于高增殖潜力物种的发展。但到了系统发育的晚期，因物种多样性增加，资源量减少，选择压力增大，则有利于低增殖潜力且具较强竞争力物种的发展。因此，早期的生态系统是以物种的个体数量增加为特征；而晚期的生态系统则是以物种质量（即竞争力）的提高为标志，系统具有反馈控制的功能。

6）系统稳态。当生态系统发育成熟后，其稳定状态主要表现在系统内部物种间相互联系密切和互利共生现象较普遍，系统对外界干扰和破坏的抵抗力较大，并具有较强的信息流和较高的熵值。任何一个生态系统对外界干扰和破坏后的抵抗力都有一定的限度，即阈值。阈值高，抵抗力大，系统的自我调节能力或修复能力也大，也就是说稳态程度高。生态系统的稳定性高低，取决于群落的物种多样性和遗传多样性的高低，以及环境扰动的频率和强度等因素。

（二）生态平衡

生态平衡（生态系统的平衡）是一个生态系统相对的、动态的平稳状态，生态系统的结构与功能相互依存，环境负荷饱满，各组分间相互协调，群落的生产力最大，能量和物质的输入与输出近相等，信息流畅通，自我调节能力（抗干扰能力）达到了生态域值（域限）的最高值。我们将生态系统的这种稳定状态，称为生态平衡，也可将其理解为生态系统的健康。

在生态系统发育过程中，各种环境因子的扰动（波动）是正常的，但也会遇到各种环境干扰，而生态系统对于环境干扰会有一定的抵抗能力。如果环境干扰程度超过了系统自身的抵抗能力，就比较难以恢复。另外，生态系统对环境干扰后的恢复速度也是不同的，这与生态系统的类型与特征有关。我们把由环境干扰的开始到干扰的结束，系统生物量变化曲线与系统正常扰动幅度的下限之间的面积，作为生态系统总稳定性的一个定量指标（TS）（图5-8）。

如果一个生态系统的环境遭到严重破坏，使得环境变得不连续，生物群落将呈孤岛状分布，这称为生境破碎。生境破碎后，对群落的影响极为严重，有的种群可能因为生境的破碎，走向灭绝。特别在人为活动干扰下，生境破碎往往带来的是生

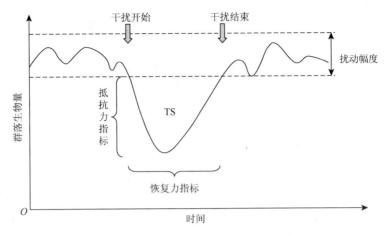

图 5-8　生态系统的干扰与恢复的模式

境丧失，一旦某个种群灭绝后，会对其他种群产生严重的影响，接着可能产生另一个种群的新灭绝事件，由此引起灭绝旋涡。

　　另外，在火灾扰动之后，植物群落要恢复到它原先状态的能力，即指恢复的速率和重新获得的生物质数量，与夏季降水、冬季温度和土壤肥力等因素有关。一般地说，气候会影响生态系统的恢复力。

七、景观生态学与生物圈

（一）景观生态学

　　1. 景观的概念

　　景观是在一个相当大的区域内，由许多不同生态系统所组成的整体。可以说，景观是一个复合生态系统。景观生态学是用生态学的原理和方法从更高层次去研究景观，包括景观的空间结构、不同生态系统间的关系和作用、系统间功能的协调及它们的动态变化。景观生态学研究范畴不仅有自然景观，还有人文景观，它牵涉到大区域内生物物种的保护与管理、环境资源的经营与管理，以及人类对景观及其组分的影响，涉及城市景观和农业景观等。

　　2. 景观的属性

　　既然景观是一个整体，一定具有一些特有的属性。①景观异质性：因为景观是由若干个不同生态系统组成的，生态系统之间的差异就构成了景观异质性。例如，大别山区区域景观、黄淮海平原景观，其内部的各生态系统在类型、外貌、结构、区域范围、边界连接和关联程度等方面都存在差异。同时，这种异质性不仅表现在空间结构上的变化，也表现在时间上的动态变化。②景观格局：它是组成景观的不同生态系统在空间分布的式样，是景观空间异质性的具体表现。研究景观格局的目的在于发现各生态系统的分布规律，确定产生和控制空间格局的因子和机制，比较分析不同景观的空间格局及其效应。③尺度：这是景观生态学中的一个重要概念，包括空间尺度和时间尺度。尺度实际上是区分各生态系统的标准和方法。景观的结构、功能和动态都受尺度所制约，空间格局和异质性的测量也取决于尺度。同一个景观，在某一个尺度上可能是异质的，但在另一个尺度上又可能是十分均质的。因此，绝不可未经研究就把在某种尺度上得到的一个景观的研究结论推广到另一个景观上。④干扰：这是破坏生态系统、群落或种群结构，并改变资源和基质的可利用性，或引起物理环境在任何时间发生的不连续破坏性事件。

3. 景观生态学的概念

景观生态学（landscape ecology）是研究景观的结构、功能和动态及景观规划管理的综合性科学。景观生态学的研究对象和内容——景观结构组成单元的类型、多样性及其空间关系；景观结构与生态学过程的相互作用；景观在结构和功能方面随时间的推移而发生的变化。在应用方面，景观生态学致力于景观管理、景观生态分类、景观生态评价、景观生态规划设计，以及景观生态规划设计的实施。

在景观研究尺度上，每一个独立的景观单元（生态系统），在大小、形状、数目、类型和结构方面是经常变化的，而决定这些空间分布式样的是景观结构。生态学研究的对象（如动物、植物、热能等）在景观单元间的连续运动，或在景观单元间相互作用的是景观功能。在景观结构单元中，物质流、能量流和物种流方面均表现出景观功能的不同。由于各个景观单元都有自己的生物种或物种库，因而景观的总物种多样性就高。总之，景观异质性可减少稀有的区域内部的物种丰富度，增加边缘地带的物种丰富度，增加两个以上景观单元生境的物种丰富度，大大丰富了生物多样性。不同生境之间的异质性，是引起物种移动和其他因子流动的基本原因。随着空间异质性的增加，会有更多能量流过一个景观中各个景观单元的边界。同时，矿质养分可以从一个景观中流入或流出，或从一个景观单元流到另一单元重新分配。景观的水平结构，把物种、能量和物质同景观单元的大小、形状、数目、类型和结构联系起来。每个景观单元都有自己的稳态，景观的稳定性大小取决于景观对干扰的抗性和干扰后的恢复能力。

景观不属于生命结构的高级层次，所以，对景观的研究不是生物学范畴。景观生态学属于生态学的分支学科，是将普通生态学的原理应用到较大尺度研究对象上的实践活动。目前，景观生态学主要在城市景观、农业景观、景观生态设计和景观模型方面发展较快。今后，景观生态学应用前景广阔，可应用于环境的开发与治理。

（二）生物圈

生物圈（biosphere）是由奥地利地质学家 E. Suess 于 1875 年首先提出的，它是指生活在大气圈、水圈和土壤圈与岩石圈交界面的一定空间内的所有生物总和。它构成了一个有生命的、具有再生产能力的生物圈。

生物圈的范围非常大，根据生物分布的范围，其空中的上限可达海平面以上 10～

16 km 的高度（对流层），其下限向水下可达海平面以下 12 km 的深度（至大洋底）。生物圈包括了生物与环境两个部分，其中最活跃的是生物部分，尤其是绿色植物在生物圈中起着重要作用，担负着实现光能转化生产有机物和释放氧气的功能。生物圈的环境部分当然是以土壤圈和水圈为主的，在陆地上和水体中都分布着大量的动物、植物及微生物。作为生物圈的一部分，大气圈仅局限于 10～16 km 或其以下的对流层，除了含有生物必需的 CO_2、O_2、N_2、水汽等，并在气温作用下形成各种自然现象，以推动着水循环外，其中也含有种子、花粉、孢子及微生物等。岩石圈除了是土壤圈形成的基质外，也是承载着水圈和大气圈的牢固基质。可以这样说，没有岩石圈便没有地球表面的生物圈。

【重要概念】

1）生态系统——在一定空间和时间内所有生物群落和环境之间，通过物质循环、能量流动和信息网络而发生相互作用，构成一个相互依存的统一的生态学高级功能单位。

2）食物网——由于在食物链的中位节和顶位节上出现了杂食性或广食谱的动物，会使得多食物链相互交叉，形成复杂的网状食物关系，叫食物网。

3）生物地球化学循环——在大尺度空间范围内，当物质或元素从大气、水体和土壤中被绿色植物吸收和固定后，物质就进入食物网，最终这些物质又被分解者释放到环境中，其中部分物质可以再次被绿色植物所利用。发生在不同生态系统之间及不同性质的大环境之间复杂而缓慢的物质传递与储存的过程，叫生物地球化学循环。它可分为 3 类，即水循环、气体型循环和沉积型循环。

4）生化多样性——在群落生物量中的有机化合物的多样性，以及在群落发育过程中各种生物向环境分泌或排出次生物质的多样性。

5）富营养化——生物所需要的氮和磷等营养盐大量进入水体后，引起藻类大量繁殖、水体溶解氧下降、水质恶化的现象。根据两种主要元素 P/N 含量（单位：mg/m^3）指标可分为：贫营养（P/N = 8/312）；中营养（P/N = 20/500）；富营养（P/N = 80/1000）。

6）生态平衡——当生态系统的环境负荷饱满，各组分间相互协调，群落的生产力最大，物质和能量的输入与输出近似相等，信息流畅，系统自我调节能力达到了生态域值的最高值，生态系统的这种发展状态，叫生态平衡。

7）不完全循环（半循环）——一种物质在生物地球化学循环过程中，如果缺乏气态物质，不能实现在水与大气或土壤与大气之间的循环，导致循环变为单一方向的流动，叫不完全循环，如磷的循环。

8）林德曼效率——也称营养效率，从下一个营养级（低级，n）到上一个营养级（高级，$n+1$），其能量的有效转化率约为 10%（5%～20%）。也就是说，生物量的有效利用率在各营养级之间是相似的，而生态系统的总能量沿着营养级的上升而逐步递减，当每经过一个营养级时就会有 90% 的能量丢失，它们以热量的形式或做功耗能将能量耗散到环境中去。

9）初级生产——在生态系统中，绿色植物通过光合作用把太阳能首先转变成化学能，贮存在有机物中，绿色植物的有机物质积累过程，叫初级生产。

10）次级生产——各级消费者和还原者利用初级生产量进行同化作用后建造自身组织，表现为动物和微生物的生长、发育和繁殖等所有其他生命活动的过程，也称第二性生产。有时，仅将消费者的有机物质生产过程叫次级生产。实际上，还原者也具有次级生产活动。

11）生态域值——生态系统受到干扰后可以通过自动调节而恢复，但这个调节的幅度是有限的，这个最大限度值叫生态域值。

12）环境容量——在人类生产活动中，自然生态环境在不会受到明显伤害的前提下，环境所能够容纳污染物的最大负荷量。环境对污染物的自净能力是很有限的。

13）微型生物食物环——在海洋中由微微型浮游生物（直径 $0.2 \sim 2~\mu m$）—原生动物—桡足类的这种摄食关系，或由异养浮游细菌—原生动物—桡足类的摄食关系。微微型光合自养生物包括蓝细菌、原绿球藻、微微型光合真核生物。

14）新生产力——海洋真光层内的初级生产力，由真光层之外提供氮源，主要来源于大气沉降、地面径流、生物固氮、深海海流等，主要形式是 NO_3^-，$PQ \approx 1.8$。[光合作用商（photosynthetic quotient, PQ），是表示浮游植物光合作用产生的 O_2 量与被吸收的 CO_2 量的比值，以此说明利用不同氮源的初级生产力的差异。]

15）再生生产力——海洋真光层内部的初级生产力，利用海洋内部再循环的氮源，主要来源于生物代谢产物，形式是 NH_4^+，$PQ \approx 1.2$。

【难点解疑】

生态系统就是在生物群落的基础上再加上非生物的环境成分，便构成了一个生命层次的最高级单位。生态系统生态学主要涉及三个方面的问题：物质循环、能量流动和信息传递。虽然该章内容比较容易，但是真正掌握生态系统的基本理论和核心思想却不是那么简单。如果你想站在生命现象的最高层次上去理解生命的多样性与进化，可想而知，那具有多么大的挑战性。下面主要谈谈 8 个问题。

1. 关于生态系统结构与功能的关系

生态系统的结构分为空间结构、时间结构和营养结构。生态系统结构与功能的关系主要表现在以下 4 个方面：①生态系统的结构与功能是相互依存的；一定的结构实现一定的功能，一定的功能总是由一定结构实现的。②生态系统结构与功能间的联系密不可分。③结构与功能又是相互制约、相互影响的。④生态系统的稳定是相对的，正常扰动是存在的，也是必需的。

生态系统的三大基本功能是：物质生产与循环、能量转化与流动、信息产生与传递。三者缺一不可，它们综合地体现在 6 个生态过程中：①食物链（网）的形成与传输；②生物地球化学循环；③系统的能量输入与输出；④系统的时空格局变化；⑤系统的控制与平衡；⑥系统的发育与进化。

2. 营养级的划分是相对的

自然界中的食物网非常复杂，一片森林或一片农田，其食物网关系是难以用图表或文字叙述清楚的。在复杂的网状的食物关系结构中，从初级生产者到顶级捕食者，可依次划分出 3 或 4 个营养级。这种划分是相对的，因为有一些物种是杂食性的，难以准确归类。另外，有一些顶级捕食者也捕食一些植食性动物，甚至是植物。

3. 扰动与干扰

环境扰动（波动）是指经常性的小幅度的环境变化，对于生态系统来说就像有机体接受逆境训练一样，环境扰动可提高其稳定性。

干扰是指破坏生态系统的群落组成或种群结构，并改变资源、基质的可利用性，或指物理环境的任何在时间上相对不连续和不确定事件。任何一个生态系统对外界干扰的抵抗力都有一定的限度——阈值。生态系统稳定性阈值取决于生态系统成熟度。抵抗力越高，阈值越高；反之，抵抗力越低，阈值也越低。

生态系统的复杂性与稳定性的关系，不一定都是正相关。群落复杂性的增加有时可能会降低生态系统的稳定性。生态系统的稳定性依赖于群落的稳定性和环境的多变性之间的平衡。在一个稳定的环境中，组成复杂而抵抗力比较脆弱的群落也许可以生存下去；而在一个多变的环境中，只有组成简单而抵抗力强的群落才能够生存下去。前者如热带雨林，后者如北极冻原群落。

4. 生态系统中三个功能群划分的灵活性

我们都知道，生产者、消费者和还原者是生态系统的三大功能群。这种划分在一般情况下，是分得很清楚的，但有时会出现角色的兼性、交叉和互换。在特定的生态系统中，具体问题要具体分析。例如，绿色植物是生产者，可食虫植物几乎都是自养的，在沼泽生态系统中，食虫植物既是生产者，又是消费者。尤其需要注意，在分解者中，有些在特定生态系统中它们可成为消费者，如乳酸菌和酵母等。

5. 分解者与食腐生物

有时候，分解者与食腐生物之间好像难以区分。单细胞生物是靠细胞分裂繁殖的，称为裂殖生物。裂殖生物都极小，从细胞分裂结束到细胞增大成熟，具微量的同化作用，但是按比例来说，体积增加 50%。一旦细胞成熟又立即分裂，所以裂殖生物的繁殖特别快，代谢旺盛，种群数量极多。裂殖生物按营养来源分为两类，一类是自养生物，要凭借细胞中叶绿体或光合作用片层的藻类，或光能（自养和异养）及化能自养微生物。另一类是异养生物，包括单细胞动物和化能异养微生物。单细胞动物实行细胞外消化，但具胞吞作用的可实行细胞内消化。而化能异养微生物全部是细胞外消化。当裂殖生物死亡后（含真菌），细胞内部的溶酶体发挥降解作用，无需其他微生物的再次分解。

食腐生物是以死亡的和腐烂的有机体或动植物残体作为食物来源，如秃鹫既食用腐烂的动物尸体又食用骨头，消化吸收后同化自身组织，其粪便需由微生物降解。而苍蝇既食用死亡动物尸体又食用动物粪便，通过在尸体和粪便中产卵孵化成蛆，继续食用腐烂的食物，以完成生活史。由于苍蝇的蛆、蛹和成虫会被其他动物所捕食，所以食腐生物往往又作为腐生食物链的起点。狭义地说，真正的分解者是化能异养的微生物，是纯粹营腐生生活的。

6. 提高生态系统稳定性的因素有哪些

主要有三个方面的因素：增加生物群落的物种多样性；增加群落的遗传多样性；高频度的环境扰动（波动）。这三类均可增加生态系统的稳定性阈值。

7. 自然界中生态系统的边界难以划定

生态系统一般都是开放的，能量的输入与输出，物质由环境库进入生物库，再进入大尺度的生物地球化学循环，完整的生态系统边界在哪里呢？在自然界中，多个生态系统一个连着一个，边界更加难以划定。由于消费者活动范围大，或因当今物流发达，或因动物的迁徙行为等因素，因此一个完整的生态系统边界的确定是相当难的。在一般的生态系统研究中，只能依赖于植物群落的范围来确定生态系统的边界。

8. 太阳辐射能在生态系统中的影响是深远的

俗话说"万物生长靠太阳"，除了深海热液口、冷渗口、洋底裂缝、温泉和溶洞等特殊环境中的生物不是由太阳能提供能源外，其他所有生态系统都是依赖太阳能作为能源的。此外，深埋地下的化石燃料也是很早的地质时期由太阳能提供的；风能发电和水力发电都是间接来自太阳能的转化；海洋的洋流运动除了地球自转产生的惯性外，也主要是由太阳能驱动的。在古尔德的《自达尔文以来》一书中，弗兰克·普雷斯（Frank Press）关于太阳能重要性的叙述如下："太阳能驱动大气形成复杂的风型，并驱动海洋以与大气相应的形式循环。海洋、大气中的水和气与固体地表进行化学反应，并且把物质从一个地方物理地移到另一个地方。"

【试题精选】

一、名词解释

1. 生态系统	2. 食物网	3. 生态金字塔
4. 生态效率	5. 林德曼效率	6. 生物量
7. 富营养化	8. 反硝化作用	9. 营养级
10. 同化效率	11. 生长效率	12. 初级生产量

13. 净初级生产量　　　14. 总初级生产量　　　15. 叶面积指数
16. 矿化作用　　　　　17. 流通率（量）　　　18. 周转率
19. 周转时间　　　　　20. 氨化作用　　　　　21. 次级生产量
22. 生态演替　　　　　23. 生态平衡　　　　　24. 生物圈
25. 生物地球化学循环　26. 景观生态学　　　　27. 失汇现象
28. 同资源种团　　　　29. 碎屑食物链　　　　30. 微型生物食物环
31. 信息反馈　　　　　32. 硝化作用

二、填空题

1. 生态系统有_____、_____、_____、_____4种组成成分。

2. 生态系统中三大功能类群是_____、_____、_____。

3. 食物链的类型分为_____、_____、_____和_____。

4. 分解过程的特点和分解速度取决于_____、_____、_____三个方面的因素。

5. 分解过程的复杂性表现在_____、_____、_____三个过程的综合。

6. 陆地生态系统的分解者动物有_____、_____、_____三个类群。

7. 生物地球化学循环在性质上分为_____、_____、_____三种类型。

8. 沉积循环包括_____和_____。

9. 生物的同化量等于_____加上_____。

10. 初级生产量是由_____、_____、_____、_____、_____、_____6个因素决定的。

三、判断是非题（对的划"√"，错的划"×"）

1. 在地球上最早出现的生态系统是没有分解者的，只有生产者和消费者。

2. 仅从生态系统能量流动的单方向特点看，分解者的存在与否是无关紧要的。

3. 一个湖泊中的藻类生物量随季节发生变化。

4. 在地球上各种生态系统的净初级生产力大小排序中，热带雨林排在首位。

5. 在深水生态系统中，绝大多数的净初级生产量被还原者所分解。

6. 如果 $P_g - R > 0$，则群落生物量减少。

7. 磷是限制水体浮游植物初级生产量的关键因子。

8. 分解过程中的异化作用是在酶的作用下实现的。

9. 湖泊生态系统和森林生态系统都是属于稳定的开放系统。

10. 反硝化作用是在无氧条件下进行的。

11. 从生态系统能量输入与输出的特点看，分解者的存在是至关重要的。

12. 在不同的生态系统中，一个分解者可能成为一个消费者。

13. 在生态系统中分解者是没有同化作用的。

14. 个体、种群、群落在生态学中都可看作一个系统，并都是上一级单位的子系统。

15. 生态系统的稳定性包括两种能力，即抵抗力和恢复力，两者呈正相关。

四、单项选择题

1. 在生态系统的功能群中，地衣属于：

   A. 生产者　　　　B. 消费者　　　　　C. 还原者　　　　　D. 异养生物

2. 在能量流动分析中，公式 I_{n+1}/P_n 代表的是：

   A. 同化效率　　　B. 生长效率　　　　C. 利用效率　　　　D. 林德曼效率

3. 在生态系统营养级的划分时，猫和老鼠属于：

   A. 食植动物　　　B. 二级消费者　　　C. 二级食肉动物　　D. 前 3 项都不是

4. 在生态系统中，当生物群落的生物量一直在不断地增加时，则表达式为：

   A. $P_g-R>0$　　　B. $P_g-R<0$　　　C. $P_g-R=0$　　　D. $R=P_n$

5. 一般情况下，太阳辐射能到达地面的热量，占太阳总辐射能的百分比是：

   A. 50%　　　　　B. 47%　　　　　　C. 43%　　　　　　D. 35%

6. 下列动物之间的基础代谢率大小关系正确的是：

   A. 牛＞羊　　　　B. 狗＞羊　　　　　C. 鸽＞鸡　　　　　D. 鼠＞狗

7. 地球上各地的年降水量是不同的，整个地球的年平均降水量是：

   A. 35 cm　　　　B. 65 cm　　　　　C. 95 cm　　　　　D. 120 cm

8. 在下列元素的物质循环中，循环路径最简单的元素是：

   A. O　　　　　　B. C　　　　　　　C. P　　　　　　　D. N

9. 关于硫元素在自然界循环中的描述，下列不正确的描述是：

   A. 硫是胱氨酸和蛋氨酸的成分　　　B. 硫氧化性最强的形式是 SO_4^-

   C. 硫还原性最强的形式是 H_2S　　　D. 有氧条件下，硫将 Fe^{3+} 还原为 Fe^{2+}

10. 反应式：$N_2 \rightarrow NH_3 \rightarrow NO_2^- \rightarrow NO_3^- \rightarrow NO_2^- \rightarrow NO \rightarrow N_2O \rightarrow N_2$，这其中不包括下列哪个反应？

   A. 固氮作用　　　B. 硝化作用　　　　C. 反硝化作用　　　D. 氨化作用

五、简答题

1. 简述湖泊水体富营养化时，蓝藻将成为优势浮游植物的原因。

2. 生态系统中的能量流动有何特点？

3. 在生态系统中，信息传递（联系）的类型有哪些？

4. 生态系统中的物质循环有何特点？

5. 简述水的全球循环路径。

6. 简述海洋生态系统的组成。

7. 测定初级生产量常用哪些方法？

8. 简述次级生产量的一般生产过程（可以图示）。

9. 生态系统中的食物网组成有哪些规律？

10. 生物地球化学循环的类型有哪些？它们与能量流动有什么关系？

六、综合论述题

1. 生态系统具备哪些共同特征？

2. 热力学第一定律和第二定律是否都符合生态系统中能量流动规律？请举例说明。生态系统的能量最终都传递到哪里去了？

3. 列举你所熟悉的一个食物网关系（可以图示）。

4. 比较生态系统中的物质循环和能量流动特点，两者有什么联系？

5. 生态系统演替和群落演替有何不同？

6. 对于外来物种入侵的影响，当地的土著物种会产生哪些反应？

7. 植物的次生物质在植物—食植者—天敌三级营养关系中的作用是什么？

8. 保护生态环境，维持生态平衡的生态学含义是什么？

9. 海洋生态环境有哪些特点？有哪些方面存在着环境的梯度变化？

10. 为什么说水循环是生态系统中最重要的物质循环类型？

11. 生态系统的稳定性与群落的物种多样性有关。如果随着物种多样性的进一步增加，生态系统会变得越来越稳定吗？为什么？

12. 正常的环境扰动是增加生态系统稳定性的外部元素。你对此是如何理解的？

13. 人们常说"河流和湖泊是有生命的。"你是怎么理解这句话的？

14. 人体是最复杂的物质系统。从人体内部结构的多层次动态变化看是属于"生物人"；同时，人体又受许多社会心理因素影响而属于"社会人"。而从生态学角度看人体，则应该属于"环境人"和"生态人"，为什么？

15. 人类长期以来想要消灭或控制的一些农业害虫和杂草等生物，它们几乎都顽强地生活着。而人类有意加以保护的生物，有一些却仍会走向灭绝。这是为什么？请举例说明。

七、应用题

1. 在某一池塘里有大型水生植物 1000 株，所含能量共 2×10^6 kcal（1 kcal = 4190 J，后同），这些植物固定了太阳能 1.7×10^8 kcal。池塘内有草鱼 300 尾，总能量为 3×10^3 kcal。池塘边生活着 2 只水獭，总能量 160 kcal。请绘出该池塘生态系统的数量金字塔和能量金字塔。

2. 处于一个封闭系统中的一群果蝇的生物量为 3000 g，被蜘蛛捕获 650 g，仅吃掉 350 g，同化吸收 200 g，然而，蜘蛛体重只增加 100 g。求蜘蛛的生产效率和同化效率。

3. 在生态系统能量分析中，用 P_0 表示净初级生产量，消费者种群所需要能量用 E 表示，能量由下一营养级到上一营养级的平均生态效率为 E_f。对于一个有 n 个营养级的生态系统，则第 n 营养级的种群所获得的能量是：$E_n = P_0 \cdot E_f^{n-1}$。根据此公式，试推导求出 n。

4. 在一个生态系统中，植物体内含物质总量 3000 单位，通过消费者动物每天只消费物质 10 单位；动物自身的物质贮量仅有 300 单位，其余植物中所含的物质要通过还原者直接分解到土壤库中，还原者每天只能分解 20 单位。请问生产者的物质流出生物库需要多少天？如果仅靠动物进行消费，全部消费完需要多少天？如果全靠分解者进行分解，则需多少天？

5. 在生态学中，阳光是一种自然资源。在农村和城市，人们应该如何科学地利用阳光资源？

6. 地热是一种自然资源。一种地热是来自地球内部的热量，如温泉和火山。另一种地热是存在于地表浅层，是太阳能辐射转化的能量。试想一下，我们应该如何利用地面表层的地热资源？

7. 水葫芦在我国华东和华南地区泛滥成灾，堵塞河道，这个外来入侵物种已给该地区造成重大经济损失。但从另外一个方面看，水葫芦同时也给上述地区做出了巨大的生态贡献，为什么？

8. 在 20 世纪末，我国粮食连续几年获得丰收，有专家建议要将粮食尽快地转化成肉、蛋、奶，以提高我国人民生活水平。此建议一提出，就遭到另一些专家的反对，为什么？

9. 用两份等质量同品种的小麦面粉，一份经发酵做馒头，另一份经压制做面条。请问这两份食物中，营养成分丰富的是哪一种？而所含能量较多的是哪一种？你的理由是什么？

10. 保持水土是生态环境保护的重要内容之一。森林中的土壤发育速度非常缓慢，形成 1 cm 厚的土壤需要几百万年以上。这就是人类为什么非常珍惜土壤资源的原因。请问，在一个原生演替的森林生态系统中，根据土壤发育和形成的顺序判断，新形成的土壤是位于地表土壤层的底部，还是在地表土壤层的上部，为什么？

11. 湖泊越深，净化功能越强。当湖泊的水深在 2 m 以内的，就属于湿地，这标志着湖泊的退化速度就会加快。请问，为什么浅湖泊会加速湖泊的退化？

12. 请看表 5-2，表中数据是某个湖泊水体和 4 种水生生物体内的某种物质 X 的浓度（ppm）。由这 4 种生物构成食物链关系。

表 5-2　某湖泊中 4 种生物体内某物质浓度　　　　　　　（单位：ppm）

类别	水体	浮游植物	小鱼	食肉性大鱼	水鸟
X 的浓度	0.0005	0.04	0.24	2.08	3.99

请回答下列问题：

1）沿着食物链，某一特定物质的浓度会逐级升高的现象称为：

    A. 生态效率   B. 富营养化   C. 生物浓缩

    D. 生态锥体   E. 周转率   F. 增长率

2）在自然生态系统中，有很多种物质可以沿着食物链发生浓度升高的现象。在下列物质中，你认为哪两种物质可能属于这一类物质？

    A. 葡萄糖   B. DDT   C. 钠

    D. 甲醇   E. BOD   F. 二噁英

3）像物质 X 这样可通过食物链在生物体内发生聚积，这类物质的属性特征是什么？请在下列项目中选出 2 个特征：

    A. 难分解   B. 易溶于水   C. 易溶于脂肪

    D. 易分解   E. 易被排出体外   F. 易成为能量底物

4）在表 5-2 中，食肉性大鱼体内的物质 X 浓度对于水体环境本底的浓缩系数是多少？

    A. 5000   B. 4160   C. 1520

    D. 509   E. 92   F. 15

13. 地球表层碳元素循环的示意图见图 5-9，方框中的大写字母表示储存量，箭头旁边的小写字母表示移动量。

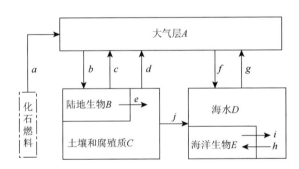

图 5-9　地球表层碳元素循环的示意图

以图 5-9 为依据，回答下列问题。

1）各个储存量之间的大小关系，正确的是：

    A. $A>C>D>B>E$ B. $D>C>A>B>E$

    C. $C>D>A>E>B$ D. $A>D>C>E>B$

2）在描述大气层中的 CO_2 生成量 a、c、d 和 g 的大小关系中，哪个是正确的？

    A. a 比 c、d 和 g 的任何一个都大

    B. a 和 c、d 和 g 的大小大概差不多

    C. a 比 c、d 和 g 的任何一个都小

3）在决定 b 和 f 的环境因素中，下列哪一项不是二者共同的环境因素？

A. 营养盐类　　　　　　B. CO_2 浓度　　　　　　C. 温度

D. 日照量　　　　　　　E. 降水量

4）根据图 5-9 和下列叙述，并参考各选项，请将你认为是适合的选项填入相应的括号内。

由于 a 的原因，A 每年不断增大。大气中的二氧化碳是众所周知的温室气体，这是由于它可以吸收从地表产生的波长为（①）的（②），然后再次使其部分返回地表。另外，由于从太阳发射出来的主要是（③），像二氧化碳这样的温室气体很难吸收这种射线。正因为如此，大气中温室气体的进一步增加导致了地球变暖。除了二氧化碳外，（④）和（⑤）也是广为人知的温室气体。

A. 红外线　　　　B. 紫外线　　　　C. 可见光　　　　D. 微波

E. 0.2～0.38 μm　　F. 0.38～0.75 μm　　G. 0.75～1000 μm　　H. 氧

I. 甲烷　　　　　J. 氟　　　　　　K. 氮

14. 在某一个生态系统中具有两个群落，即群落 A 和群落 B。当该系统受到某个干扰事件的影响后，群落 A 和群落 B 对同一个干扰事件的反应有所不同，见图 5-10。在群落 A 和群落 B 中，哪个群落的抗干扰能力强？哪个群落的恢复能力强？

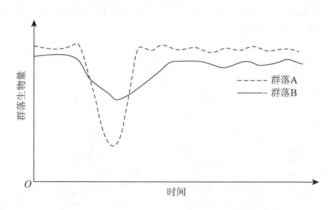

图 5-10　在生态系统中两个不同群落的稳定性比较示意图

15. 在某池塘里存在一条食物链，即单细胞藻类—滤食性鱼类—食肉性鱼类—水鸟（水鸟也捕食滤食性鱼类）。根据其营养级能量金字塔的数据，单细胞藻类营养级能量是 1000 kcal，初级消费者滤食性鱼类能量是 800 kcal，次级消费者食肉性鱼类能量是 400 kcal，而顶级消费者水鸟能量是 200 kcal。在没有人为捕捞的情况下，请问池塘中需要由分解者分解的总能量是多少？

16. 假如地球上没有岛屿，生命世界将会变得怎样？

17. 大洋底热液口区域的生物组成和群落特征是什么？

18. 试从生态学角度分析笛卡儿的"我思故我在"的哲理。

【参考答案】

一、名词解释

（答案大部分略）

8. 反硝化作用——一些细菌和真菌把硝酸盐等较复杂的含氮化合物转化为 NO、N_2O 和 N_2 的过程。它们在有葡萄糖和磷酸盐存在的条件下，可把硝酸盐作为氧源来利用。

20. 氨化作用——土壤和水体中的异养细菌、放线菌、真菌能够利用环境中简单的含氮有机物，经过自身代谢转化为无机化合物（氨）并把它释放出来，其过程叫氨化作用。

27. 失汇现象——地球上的大气、海洋和陆地三者之间，每年的二氧化碳交换量在理论上是平衡的。然而，人们发现二氧化碳全球的产生量与吸收量之间不平衡，叫失汇现象。例如，当今人类活动所产生的二氧化碳其中的一部分未被吸收，最终导致大气中二氧化碳浓度上升。

28. 同资源种团——从生态位的角度看，同资源种团是指生活在同一栖息地并占据同一生态位的物种群，是一个生态功能团。另外，在食物网中，多种捕食者均可利用同一猎物，或多种猎物可被同一捕食者捕杀，它们共同组成了一个同资源种团。生态系统中食物网的稳定，正是各种资源种团之间的交叉与联系的结果。

31. 信息反馈——当生态系统中某一成分（部分）发生变化时，它必然会引起其他成分（部分）出现相应的变化，而这种变化最终又反过来影响最初发生变化的那个成分（部分），使得它产生正偏离或负偏离，这个过程叫信息反馈。

32. 硝化作用——具有化能合成作用的自养微生物（如海洋中的异养微生物），利用环境中的氨或铵盐合成自身的含氮有机物质。

二、填空题

（答案略）

三、判断是非题

1. ×；2. √；3. √；4. ×；5. ×；6. ×；7. √；8. √；
9. √；10. √；11. √；12. √；13. ×；14. √；15. ×。

四、单项选择题

1. A；2. C；3. D；4. A；5. B；6. A；7. B；8. C；
9. D；10. A。

解释：3. 猫和老鼠都属于杂食性动物。

五、简答题

（答案大部分略）

1. 水体由贫营养到富营养的变化是一个较慢的过程，在早期，绿藻和蓝绿藻都有可能得到较好的生长。但是，随着水体富营养程度的增大，水体变暗或变绿，透光性差，表层水温较高，最严重时水温甚至可高于气温，此时，蓝绿藻比绿藻有更高的适应性。因为从色素的吸收光谱看，蓝绿藻比绿藻可有效地利用高能的短波光；从生命起源的热起源理论看，蓝绿藻比绿藻起源早，代谢更适应于高温和强光环境。所以，在湖面漂浮的"水华"主要由大量的蓝绿藻组成。（注意：在夏季，水质较好的淡水池塘或湖面上有时漂浮大量绿色片状物，往往是绿藻水绵暴发引起的，而有时具有大面积均匀的红色覆盖物，这可能是由满江红或紫萍大量生长引起的，这都不属于水华现象。）

六、综合论述题

（答案与提示大部分略）

5. 生态系统演替是生物群落和环境的协同演化过程，由早期的开放系统逐渐演化成近似封闭的系统，环境负荷饱满，物质循环近似封闭状态，能量输入与输出相对稳定，信息联系从松散状态发展到紧密状态，最终使得生态系统处于动态平衡。群落演替是群落的发生、发展和消亡，最终将被另一个群落所替代的过程。群落演替只是生态系统演替的一个组成部分。

6. 对于外来物种的入侵，当地土著种会产生一些反应，主要包括在空间上和营养方面的竞争，提高他感作用和抗病原菌的能力，增加天敌的捕食压力，以及受到遗传侵蚀作用等。

生物入侵的过程一般分 4 个阶段：外来物种的引入（入侵）一定居与成功地建立种群一时滞阶段一扩散与暴

发。Williamson 在 1996 年提出十分之一法则，即第一次转移，从原产地引入新环境后再到野外定居，叫逃逸；第二次转移，从定居到建立稳定的种群，叫建群；第三次转移，从建立种群到成为经济上的有害生物，真正形成了入侵种。在每个转移阶段的有效发生概率是 5%～20%，一般按 10% 估计，称为十分之一法则。

7. 次生物质在植物—食植者—天敌关系中的作用是：①互利素（synomone）对释放者和接受者都有利；植物产生互利素，食植者产生互利素。②同抗素（antimone）通过向对方释放次生物质，对接受者产生干扰的反应，导致双方都不利。③利他素（kairomone）对释放者不利，而对接受者有利；可分为由植物产生的、食植者产生的和捕食者产生的。④利己素（allomone）对释放者有利，对接受者不利；可分为由植物产生的、食植者产生的和捕食者产生的。

14.（提示）"环境人"是指人体受到复杂的理化因素的作用；"生态人"是指人体共生着上亿个微生物。

15.（提示）农业有害生物难以消灭，是因为它们与作物伴生，人类投鼠忌器，采取比较温和的控制方法。由于人类控制手段会形成选择压力，加速有害生物产生适应性进化。而那些仍走向灭绝的生物，是因为已丧失了栖息地。

七、应用题

（答案与提示大部分略）

3. $n = \dfrac{1 + \ln\left[1 - \dfrac{E(1 - E_f)}{P_0 \cdot E_f}\right]}{\ln E_f}$。

5. 太阳能不仅驱动了大气运动和水分循环，而且通过绿色植物启动了食物链，操纵着生态系统。在农村，除了利用太阳能进行农业和林业生产外，还要想方设法在日常生活中使用太阳能新产品，并在生产上通过对空间安排和生产模式等进行创新，在多方面充分利用太阳能。在城市，除了目前以利用太阳能作为新型能源外，还有很大的利用空间，如垂直绿化、房顶绿化、道路绿化等。总之，我们要珍惜阳光，科学地转化和储藏太阳能量，通过不断的技术创新，让阳光资源为人类社会进步做出更多的贡献。

7. 水葫芦（凤眼莲）造成的危害已是事实，但是水葫芦对水体有净化作用，通过吸收氮和磷，改善水质，减轻富营养化，以及与根际微生物对酚的协同分解作用等，的确对一些污染严重地区的水体生态环境的修复做

出了贡献。实验证明，在 50 ppm 酚溶液中，无菌水葫芦在 10 h 内降解酚的效率为 2%。而从其根分离的假单胞菌对酚的降解效率为 38%。当两者混合后，对酚的降解效率提高为 97.5%。因为水葫芦根的分泌物有利于假单胞菌的生长，抑制黄链球菌的生长，而假单胞菌又促进了水葫芦对酚的降解。在适宜条件下，1 hm² 水葫芦能将 600～800 人排放的氮和磷元素当天吸收掉。水葫芦还能从污水体中除去镉、铅、汞、银、钴、锶等重金属元素。

8. 根据林德曼的 10% 定律，在上下两个营养级之间，能量的损失率约达 90%。在一些经济发达的国家，由于人口少，粮食多，可通过养殖业将粮食转化成肉、蛋、奶，提高人民生活水平。而在发展中国家，尤其像我国这样一个人口大国，又是农业大国，耕地资源十分紧张，必须以消费原粮为主。从生态学看问题，如果提高粮食的能量利用效率，就等于增加粮食产量，节约生物能源。

9.（提示）酵母菌属于一个隐藏的消费者，在消费的过程中还有合成作用。

11.（提示）阳光可投入湖底，大型水生植物疯长；风浪扰动湖底淤泥；营养盐丰富，浮游生物易暴发；凝絮沉降作用增大。

15.（提示）1200 kcal。鸟类和单细胞藻类无需池塘的分解者完成。

16. ①没有岛屿就无海洋的障碍，世界只有大陆和海洋，陆生动物可从陆地一端径直走到另一端，栖息环境过于单一，会极大地影响陆地生物多样性。②由于珊瑚礁（大堡礁）等是海洋生物的乐园，没有了岛屿就没有岛屿周围的海岸线和潮间带，会极大地影响海洋生物多样性。③会迁飞的动物可到达岛屿，岛屿成为它们物种分化的理想场所，对它们来说，这里失去捕食者是安全岛，同时因环境恶劣，自然选择的压力大，被迫适应。没有岛屿，会影响这些鸟类和昆虫的多样性。④物种形成需要隔离，没有岛屿，生物的进化会失去很多条件和机会，生命世界的进化速度将会放慢。

17. 热液口附近区域的生物包括化能自养细菌，与菌共生的软体动物，多毛类，蠕虫和须腕动物，食腐或捕食的甲壳类、节肢动物，以及浮游动物等约 60 种生物。例如，生于深海热液口环境的须腕动物，见图 5-11，由一列筒状钙质鞘组成，只有最上端一节是活的，下面均是空壳。须腕动物无消化器官和鳃裂，仅具花瓣状的触手，表面附着化能自养细菌。触手是中空的，分布有血管，代替了体腔，具有呼吸、循环和摄取营养的功能。

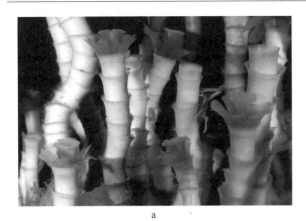

a   b

图 5-11 深海的须腕动物（a）和管栖蠕虫（b）

扫一扫 看彩图

热液口的群落特征是物种多样性低，细菌与动物间形成共生关系；生物个体生长快，单位面积生物量大。但热液口是有寿命的，一旦某个热液口封闭后，周边的动物群落会随之消失，而另一个热液口将会出现。

第六章　应用生态学

学习要求： 本章需要掌握应用生态学的概念、农业生态系统的特点，以及生态农业的基本原理；熟悉应用生态学的各个分支学科和研究领域；了解人类发展所面临的人口、环境和资源问题，以及生态恢复和生态规划的重要性；理解生物多样性的价值、生物多样性保护的意义和生态文明建设的内涵，树立可持续发展的意识、理念、情感和价值。

【知识导图】

第六章　应用生态学
- 自然资源生态学
  - 自然资源的分类
    - 恒定自然资源（不可枯竭）
    - 非恒定自然资源（可枯竭）
  - 资源生态研究——淡水、森林、土地、矿产、生物多样性
- 环境生态学
  - 水土污染
  - 大气污染与温室效应及酸雨污染等
  - 持久性有机污染
  - 城市污染
  - 农业面源污染
- 农业生态学——生态农业，有机农业，农业害虫防治
- 可持续发展生态学
  - 可持续发展——经济持续、环境持续、社会持续
  - 世界人口问题
  - 中国人口问题
- 人类生态系统
  - 生态规划与生态恢复
  - 景观生态系统
  - 生态工程

【内容概要】

一、应用生态学的概念

应用生态学（applied ecology）是指将理论生态学的基本原理与研究方法应用到

各种生产实践活动中，或与相关应用学科相结合，从而形成的综合性的或交叉性的应用学科。

　　张金屯（2003）的《应用生态学》，将应用生态学的分支学科划分如下：农业生态学、工业生态学、林业生态学、草地生态学、旅游生态学、环境生态学、城市生态学、资源生态学、自然保护生态学、养殖生态学、恢复生态学与生态工程学、灾害生态学、有害动物管理生态学、景观生态学、全球变化生态学、经济生态学、可持续发展生态学和人类生态学。

　　实际上，应用生态学的分支学科远不止以上所述，还有如海洋生态学、湖泊生态学、昆虫生态学、社会生态学、人口生态学，等等。

二、自然资源生态学

（一）自然资源的概念

　　自然资源是指存在于自然界中的，在一定的生产力发展水平和科研水平下，能够被用于人类生产和生活的自然物质（自然体）和能量（自然力）。

（二）自然资源的分类

　　自然资源在数量、稳定性、再生性和循环性等方面存在着巨大的差别，因此，根据其自身的这些特点可将自然资源分为恒定自然资源和非恒定自然资源两类（图 6-1）。

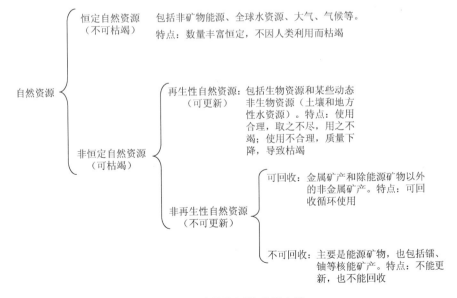

图 6-1　自然资源的分类方法

1. 恒定自然资源

恒定自然资源包括所有非矿物能源（太阳能、风能、水能、潮汐能、核能——氘氚重水等）、全球水资源、大气、气候等。这类资源是由宇宙因素和天体作用力在地球的形成和运动过程中产生的。其特点是数量丰富而恒定，几乎不受人类活动的影响，也不会因人类的利用而枯竭，因而又称不可枯竭资源。

但是，这类资源中的某些资源，会因为人类不适当的利用而使其质量受损，如大气和水因受污染，质量下降；受烟雾和粉尘污染形成的雾霾，大气的透明度会减弱，从而使光辐射减少，严重时会导致农业减产；人类活动导致的二氧化碳增加和对森林的掠夺性开采，会导致异常气候更加严重等。

2. 非恒定自然资源

非恒定自然资源是在地球演化的不同阶段形成的，其总的特点是有枯竭的可能性。其中，有的经过长期使用后会枯竭，有的只是在人类不合理开采的情况下才会枯竭，在合理利用的情况下则可不断更新。据此，非恒定自然资源又可分为以下两类。

（1）再生性自然资源

主要是生物资源（森林、草原、农作物、野生动植物等）和某些动态的非生物资源（土壤和地方性水资源）。这类资源借助于自然循环，能够不断地自我更新并维持一定的储量，在科学的管理和合理使用的前提下，同样能做到取之不尽，用之不竭，甚至在一定的程度上增加储量。但是，如果过度开采，掠夺式经营，损害了这些资源的再生能力，就会造成这些资源储量减少，质量下降（如土地肥力下降），甚至出现完全退化枯竭的严重后果（野生动植物物种的灭绝、草原退化等）。

（2）非再生性自然资源

主要是矿产资源。所谓的非再生性，并非指这类资源完全没有再生能力，而是指它们的再生过程十分漫长。我们开采的矿产，形成时间最短（如高岭土）也是在几十万年以前，最长的形成于几亿年以前。所以，相对于人类社会的时间尺度而言，它们的总储量是不会自然增长的，只会随着人类的开发利用日趋耗竭。

非再生性自然资源又可分为可回收资源和不可回收资源两种。

1）可回收资源：包括金属矿产和除能源矿物以外的所有非金属矿产。属可循环利用的资源，但使用过程中会损耗，最终会耗竭。

2）不可回收资源：主要指煤、石油、天然气等能源矿物，以及镭、铀等核能矿产。其特点是能源矿物中蕴藏的能量经人类利用后全部转化为无法再利用的能量形式（废热），既不能更新，也不能回收。

（三）淡水资源

淡水资源虽然每年都可借助于水的全球循环而得到更新，但可利用淡水的总量可以说是相当固定的。这意味着随着人口的增长、生产力的发展、淡水需求量的不断增长，供需之间必然形成一对尖锐矛盾。再加上淡水资源分布的不平衡，使地球上的许多地区频频出现严重的缺水现象，亚洲和非洲是水资源比较紧缺的大陆。目前，全世界有占世界总人口约 50%的 80 多个国家和地区严重缺水，约 30 个国家的水资源很少，这些国家称为缺水国。根据国际经验，如果一个国家所拥有的可更新的淡水供应量在每人每年 1700 m^3 以下，那么这个国家就会定期或经常处于少水的状况；每人每年水供应量 1000 m^3 是一个基本指标，低于这个指标的国家可能会遭受阻碍发展和损害健康的长期性水荒。目前，平均每年每人供应水 1000 m^3 以下的国家有 20 个左右。马耳他年人均只有 82 m^3，其缺水情况位居缺水国家之首。除马耳他外，最缺水的国家还有卡塔尔 91 m^3，科威特 95 m^3，利比亚 111 m^3，巴林 162 m^3，新加坡 180 m^3，巴巴多斯 192 m^3，沙特阿拉伯 249 m^3，约旦 318 m^3，也门 346 m^3，阿尔及利亚 527 m^3，布隆迪 594 m^3，佛得角 777 m^3，阿曼 874 m^3，阿联酋 902 m^3，埃及 936 m^3。预计到 21 世纪中期，这些国家的水将比石油还贵，如马耳他的年人均量将只有 68 m^3。

近些年，美国、日本、德国及东欧许多国家都感到水源不足，甚至连淡水资源比较丰富的俄罗斯和加拿大，有些地区也受到缺水的威胁。在干旱、半干旱地区，如非洲、大洋洲和我国的西北等地，水资源问题更为严重。据联合国预测，到 2025 年，全球 2/3 的人口将面临缺水的威胁。缺水问题将严重制约 21 世纪世界经济和社会的发展，并可能导致国家间的冲突。

更令人不安的是，水的污染更使已经紧缺的水资源雪上加霜。目前，全世界有 10 亿多人喝不上干净的饮用水，全球因水污染产生的疾病每年使 1500 万人丧生。世界水资源论坛委员会于 20 世纪末发表的报告指出：由于河流遭到污染，水资源日益枯竭，1999 年共因此产生了 2500 万环境难民，在数量上首次超过了由于战乱而产生的 2100 万难民。由于世界淡水资源短缺日趋严重，联合国确定自 1993 年起，每年的 3 月 22 日为世界水日，旨在使全世界都来关心并解决这一问题。

目前，针对干旱地区或水资源短缺地区的水供应问题，往往是通过工程调水和工程截水的办法来解决。然而，人们忽视了生态调水的措施。何谓生态调水？就是指通过植物与大气间相互作用，植物的蒸腾作用会向大气中释放大量的气态水，使得空气湿度增大，利用空气流动的特性让植被在夜晚凝结和吸收大气中的水分，以增加降水量。因为大气中的水是丰富的、用之不竭的。大气层里的水量相当于 2.5 cm 的水柱，平均两周时间大气层的水要更换一次。我们通过造林，改变地表的状况（注意：根据当地在历史上是否发育有天然森林植被）。由于裸露的地表与大气的接触仅是一个平面，如接触面积太小无法利用大气中的水分。

如果进行造林，特别是乔木、灌木和草本植物相结合的森林，使得有限的地表面积通过植物枝叶得以向大气中延伸，面积扩大几千倍或上万倍。这样，在一年四季中，除了正常的下雨和下雪外，可通过其他不同形式的降水，大大增加当地的水量。一年中的时间分为霜期和无霜期。在霜期里，经常有霜和雾，由于夜晚的低温，通过植物枝条与大气接触形成霜，雾天可形成水珠。在无霜期里，由于夜晚的低温，通过植物枝条和叶片与大气接触形成露水。可别小看这 365 d 的露水、雾和霜，可以明显地改善当地的水资源状况。

（四）森林资源

在人类历史发展的初期，整个地球约 2/3 的陆地被森林所覆盖，森林面积约达 76 亿 hm^2。随着人口的增长，对森林资源的需求越来越大，全球森林资源急剧减少。目前世界森林面积仍以每年 1800～2000 hm^2 的速度在减少。

在人口密度最高的温带地区，森林资源的压力最大，开发利用过度，因为高密度的人口分布区过去都曾是森林密布的地区。虽然目前温带森林面积比较稳定，尤其是发达国家，甚至还有增加，但森林质量总体退化了，大量原始森林已被人工林所取代。而热带森林正以每年至少 500 万 hm^2 的速度在减少。

目前，发展中国家人均森林面积仅有 0.5 hm^2，发达国家人均 1.1 hm^2。但发展中国家森林资源消耗过快并不完全是发展中国家本身的问题，还与不合理的国际经济秩序有关。另外，虽然出现了许多木材的替代品，大大减轻了森林的压力，但是全球纸张消费的增长速度惊人。因此，我们必须注意节约纸张，反对浪费。

《中华人民共和国森林法》中规定，森林的功能分为 5 类：防护林、用材林（含竹林）、经济林（果品、油料、药材）、薪炭林及特种用途林（国防、环保、科研、实验、风景、名胜古迹）。我们要因地制宜，根据社会发展需要和自然环境特点，开展植树造林和森林保护工作。在平原地区，通过大力发展防护林、经济林和农林混合种植模式，提高森林覆盖率。在城镇大力发展绿化的同时兼顾到经济林和防护林等建设，做到宜树则树，宜草则草，宜藤则藤。这样，我们一方面可在整体上提高全国的植被覆盖率，另一方面可缓解山区森林资源的压力。

（五）土地资源

地球上最初的人工生态系统就是人口压力与土地承载力之间的相互矛盾的产物，人与环境的关系基本上就是人与土地的关系。土地是人类社会赖以生存和发展的最基本、最宝贵的自然资源，也是人类最早施加强烈干预作用、最早感受人口压力的一类自然资源。虽然人类并不局限于只从土地中取得食物，但是迄今为止，人类食物的 87%仍然取自耕地。因此，人类对土地的依赖仍是最基本的。

人口对耕地的压力有两种作用形式，即努力扩展耕地面积和强化集约耕作。农业生产的历史清楚地划分为三个阶段：从农业起源直到 20 世纪中叶，食物生产增长的大部分来自扩展耕地面积；从 20 世纪中叶起到 1980 年，耕地面积有适度增加，但增产的 4/5 来自提高土地生产率；自 1980 年以后，所有增加的产量均来自提高土地生产率，即强化集约耕作。可见人口压力对于耕地的作用，近几十年来已逐渐转向以后一种形式为主。因为扩大耕地面积越来越受到制约：①可开垦的后备耕地已所剩无几，而且为了维持生态系统的平衡，仍需要保留一定面积的自然生态系统；②经济技术条件制约，在现有科学技术条件下，开垦某些类型土地的经济成本过大；③随着工业化和城市化，非农占地面积逐年增加。

土地生产能力的下降和人均耕地的减少，对人类的食物来源构成了巨大的威胁。主要表现在以下几个方面：①人均粮食产量递减，1950~1990 年，世界粮食产量稳步增长，从 1950 年的 6.31 亿 t 增长到 1990 年的 17.8 亿 t。然而，从 1991 年开始粮食产量增长缓慢，到 2003 年，世界粮食总产量为 18.27 亿 t。粮食增长赶不上人口增长，1984 年世界人均粮食为 346 kg，到 2003 年已下降到 290 kg。②世界粮食储备天数减少，即新的收获季节以前谷物存放库内的数量减少。由于世界人口激增，粮食消费增加，不断增长的粮食需求与停滞的粮食产量之间差距逐渐拉大，这一差距只有通过减少粮食储备得到部分抵消。1987 年世界粮食储备为 104 d，1996 年已降到 48 d。③粮食进口的地区增多，在第二次世界大战以前，西欧是唯一的缺粮地区，即为粮食进口地区，而世界其他各地的粮食供应都能满足需求，供求关系基本是平衡的。但是，在第二次世界大战以后这种格局开始打破，粮食输出国减少，粮食进口国增多。目前，仅北美洲和澳大利亚输出粮食，其中美国出口粮食占粮食出口总量的 80%以上，垄断了整个世界粮食市场。这一变化意味着出口国之间争夺粮食市场的现象，也许将被进口国之间争夺粮源的现象所取代。④经济发达地区的耕地浪费现象严重，无论是发达地区还是欠发达地区，非农业占地现象十分普遍，为此，我国在 20 世纪末就提出要守住 18 亿亩耕地的红色底线。

（六）矿产资源

矿产资源是在地球地质历史中经过漫长的生物地球化学过程而形成和积累起来的自然产物，是可耗竭的不可再生资源。人类利用矿产资源有着悠久的历史，公元前 6000 年，人类已经知道金属冶炼，而以煤作为燃料也已有 800 年历史。人类大量开采矿产资源始于 1750~1850 年，出现在英国、西欧和美国的工业革命时期。煤与铁的结合直接导致了蒸汽机的发展，使世界人口与资源、环境的关系演进到一个新的阶段。矿产资源分能源矿物和非能源矿物。

1）能源矿物：当今人类社会使用的主要能源是石油、煤、天然气等化石燃料，均属可枯竭的自然资源，不论其储量有多大，总有一天要用完。随着全球人口的迅速增长和人均消费水平的提高，人类对能源的依赖性也更强了。然而，矿物燃料储量的有限性和世界能源利用持续上升趋势，使人们普遍意识到现有能源正面临着短期内枯竭的危险。

目前，世界各地都在大力发展绿色能源，如太阳能和风能等。从能源使用的角度看，这些对环境是友好的，属于环保的绿色能源。但从这些能源设备的生产过程和废弃物处理上仍有污染隐患，如铅酸蓄电池如何进行安全回收处理和减少大型风扇叶片生产时的污染等。另外，从能量守恒定律看，绿色能源不是"免费"的。例如，成排的大型风力发电机会扰乱风场，降低风力；大面积地铺设太阳能板会降低地面温度。

2）非能源矿物：非能源矿物是人类生态系统中重要的组成部分。人类超脱动物界的重要标志之一是人类会使用和制造复杂的和先进的工具，进行社会化生产，而制造工具的材料很大部分是矿物。人类作用于自然的每一次突破性深化和扩延，往往都是以工具系统的进步和强化为标志的。每当一种新的矿物被开采和利用时，都促使了工具系统的进步和强化，使人类征服自然的能力大大提高了，从而推动社会生产力的发展，使人类社会向前推进一步。

作为可回收的不可再生的非能源矿物，具有两重特性：一是有限性和可耗竭性；二是回收性和可重复利用性。就其有限性而言，矿物资源的储量是既定的，随开采利用量的增加而储量减少，到一定期限是会最终耗竭的；就其回收性而言，矿物资源虽然最终会被耗竭，但由于重复利用，可以延缓其耗竭的速度，从而延长其"寿命"。

人类进入 20 世纪后，矿产资源开发利用的速度大大加快，以美国为例，20 世纪前半叶，人口翻了一番，平均每人消费的农产品、畜产品、林产品大致增加了 2.5 倍，而人均矿产品消费速度增加了 6 倍。第二次世界大战以来，世界非能源矿物消耗量的年平均增长速度达 7%，即每隔 15 年就要翻一番，远远超过了世界人口的年平均增长速度。尤其是发达国家，人口仅占世界总人口的 25%，而矿物的消耗量却占世界开采消耗总量的 70%。非能源矿物正被快速地消耗着。虽然对未来的资源储量的乐观估计给我们以足够的信心，但就已探明的储量而言，现实是不容乐观的。例如，美国几乎用尽了已探明的锰、铬、镍和铝土矿，目前美国不得不进口大量的铁，使用的铝、镍、锌也有一半依赖进口，而锡几乎全部依赖进口。同样，在西欧，矿物缺乏也影响着经济的发展，他们不得不进口各种原材料。例如，英国每年都大量进口铁矿石、铜、锡等原材料。由此可见，非能源矿物的短缺现象已在世界各地不同程度地发生着。

（七）生物多样性

生物多样性是一定地域范围内的各种生物（动物、植物和微生物）和其生存环境的多样化程度。一般来说，生物多样性在内容上包括 3 个方面，即物种多样性、遗传多样性和生态系统多样性。

生物多样性的价值，可体现在社会、经济和生态方面，包括它的直接价值、间接价值和潜在价值。特别是对于生物多样性的间接价值和潜在价值的评估和计算，是很难做到全面而准确的。我们认为，一个基因可能关系到一个物种的兴衰；一个物种可能影响一个国家或地区的经济命脉；一个生态系统可能改变一个地区的面貌。所以，从道德责任、经济利益和环境保护，以及维持生态系统功能等方面考虑，人类一定要保护好生物多样性。

由于世界人口过快地增长，日益膨胀的消费欲望对生物资源无止境的和掠夺式的索取，快速发展的工业化对环境造成的严重污染，再加上农业、林业和畜牧业等集约化经营使品种单一化等因素，致使生物多样性日趋萎缩。世界上各个物种受到威胁的程度是不同的，一般将物种威胁程度分为 5 个等级。

1）灭绝（Ex）：在经过 50 年的调查后，在野外确实未找到该物种时，就可认定该物种已灭绝。

2）濒危（E）：面临灭绝危险的类群，如果致危因素继续存在，将不能够生存下去，包括数量减少到临界水平，或栖息地面积急剧缩小以致处于即将灭绝的类群。

3）渐危（V）：因栖息地被过度开发、生境被严重破坏，以及因环境干扰而数量在减少的类群，同时，还包括种群数量丰富但分布区处于严重威胁的类群。

4）稀有（R）：分布范围较广而数量较少，尚未达到濒危或渐危的类群，包括在有限分布区的特有种或稀疏地分布较广的类群。

5）未定（I）：可能属于濒危、渐危、稀有类群，但是目前没有准确的资料来确定该类群。

物种灭绝现象是自然的，但是，当前的灭绝速率不是自然的。灭绝有三种类型：①背景灭绝——由于生态环境的改变，一些种类将会消失，同时又会诞生一些新的种类；②大量灭绝——由自然灾害引起的大规模的物种灭绝；③人为灭绝——由人类活动引起的物种灭绝。

在历史上，有案可稽的物种灭绝的事例是很多的。例如，毛里求斯岛上的渡渡鸟就是因为 1598 年葡萄牙人登上该岛后，随人类活动带入的猪和鼠，使得渡渡鸟的生存环境遭到破坏，在 1681 年灭绝；白令海峡的斯氏海牛，在 19 世纪，从发现和命名到捕杀灭绝仅用了 27 年；南非布尔人，在 1870~1880 年的 10 年内使两种斑马灭绝；北美洲的北美旅鸽（*Ectopistes migratorius*）在 19 世纪初鼎盛时期推测有 30 亿只，主要因大量捕杀，在 1914 年灭绝；中国东北的镰翅鸡，在 1949 年后国家有关部门就进行野外调查，一直没有发现该鸟，1990 年被列为国家二级保护动物，2000 年4 月 12 日我国政府宣布该种已经灭绝。

有些物种的濒危是经济利益的驱使，人类大量捕杀所致。例如，肯尼亚在 1969有 1.8 万头犀牛，到了 1979 仅有 1500 头犀牛（1969 年的犀牛角价格是 46 港币/kg，1979 年达到 3375 港币/kg，犀牛角价格上涨 72 倍；犀牛数量下降为原来的 1/12）。

目前，世界上现存的 5 个亚种老虎生存情况令人担忧，根据 2005 年统计数据，全球野外生存的老虎数量是 5500~6000 只。其中，①孟加拉虎（印度虎，*Panthera tigris tigris*）4000 只；②东南亚虎（印度支那虎，*P. t. corbetti*）600 只；③苏门答腊虎（*P. t. sumatrae*）700 只；④西伯利亚虎（东北虎）（*P. t. altaica*）360 只；⑤华南虎（*P. t. amoyensis*）30 只。然而，老虎的另外 3 个亚种已经灭绝，其中爪哇虎在 1980 年灭绝，巴里虎在 1937 年灭绝，里海虎（新疆虎）在 1916 年灭绝。

在物种多样性受到普遍威胁的同时，遗传多样性也面临着严重的威胁，甚至丢失。由于人们追求高产量，推广杂交改良品种和转基因品种，结果一大批古老的传统的名贵品种、地方特色品种处于灭绝状态，优良的遗传基因丢失。据 1989 年统计，我国有鹅 21 个品种，鸭 35 个品种，猪 113 个品种，鸡 109 个品种，奶牛 73 个品种，马 66 个品种，绵羊 77 个品种。在作物方面，我国有蔬菜 80 余种，近 2 万个品种，大豆有 2 万个品种，小麦有 3 万个品种，水稻有 5 万个品种，菊花近 1 万个品种，所有这些都是宝贵的遗传多样性资源。但是，像我国传统的九斤黄鸡、北京油鸡、海南岛峰牛、上海荡脚牛等，现在已经很难找到。1959 年调查的资料显示，上海郊区有蔬菜品种 318 个，到 1991 年只剩下 178 个品种，丢失率达 44.0%。因此，遗传多样性的萎缩现象同样不可忽视。

　　生物多样性受到威胁的问题，已引起世界各国的高度重视。1992 年，在巴西召开的联合国"环境与发展"大会上，与会各国签署了《生物多样性公约》，旨在加强生物多样性保护工作。保护的途径主要有三条：首先，离体保护遗传种质资源，主要通过对生物的遗传种质资源的收集与保存，实现离体保护，如建立细胞保存中心、精子和卵细胞冷冻保存中心。其次，迁地保护，当珍稀濒危物种的生境遭到严重破坏后，采取将其迁移到一个新环境中去生存的策略，如动物园、植物园、繁育中心等。在我国，通过迁地保护，成功地实现了对大熊猫、东北虎、扬子鳄、中华鲟和朱鹮的保护。最后，就地保护，是对珍稀濒危物种所在地实行隔离保护，并同时保护生态系统内的所有生物。通过划定自然保护区的办法，将有价值的自然生态系统、野生动植物、风景名胜区等严格地保护起来。事实证明，建立自然保护区是保护生物多样性的最有效办法。

　　到目前为止，全世界已建成面积在 1000 hm^2 以上的自然保护区（含国家公园）有 5000 多处，总面积占全球陆地总面积的 10%左右。1985 年，国际自然保护联盟在全世界的国家公园和保护区清单中列出了 3500 多处较大的保护区，总面积达 425 万 km^2。其中最大的是格陵兰国家公园，面积为 7000 万 hm^2。由于世界各国在经济、文化和资源方面的差异，世界各大洲的自然保护区工作发展极不平衡。2006 年，我国已经建立各类自然保护区 2349 个（其中国家级自然保护区 265 个），总面积 150 km^2，约占国土面积的 15%。

三、环境生态学

　　20 世纪的初期至中期，西方工业社会处于高速发展时期，环境公害事件不断发生。其中，在当时影响较大的八大污染事件是：①1930 年 12 月，比利时马斯河谷烟雾事件，几千人呼吸道发病，死亡约 60 人。②1948 年 10 月，美国多诺拉镇烟雾事件，4 d 内 6000 人患病，死亡 17 人。③1952 年 12 月，英国伦敦烟雾事件，5 d 内死亡 4000 人，其后 2 个月内又发生 3 次，死亡 8000 人。④1952～1953 年的每年 5～11 月，美国洛杉矶光化学烟雾事件，使城市居民流泪、患眼疾、头痛和喉头痛，致使当地死亡率升高。⑤1953 年，日本九州南部水俣镇因甲基汞中毒事件，到 1972 年共有 180 人患病，当时死亡 50 人。⑥1931 年，日本富山县因镉中毒事件，到 1972 年共有 280 人患病，当时死亡 34 人。⑦1968 年，日本九州爱知县等地因多氯联苯混入米糠油而中毒事件，患病 5000 余人，死亡 16 人，受害 1 万余人。⑧1970 年，日本四日市因烟雾中毒事件，500 余人患病，死亡 10 余人。

以上这些环境公害事件，对于我们今天的社会发展具有深刻的警示作用。我们在发展经济的时候，绝不能再走先污染后治理的老路。事实证明，以牺牲环境为代价的发展最终是得不偿失的。我们应该反省，如何处理好经济、健康和环境三者之间的关系。当今人们在思考，是发展经济放在首位？还是将人类健康放在首位？这将是对两种不同发展理念的抉择。

（一）水土污染

1. 水体富营养化

水体中的磷和无机氮的含量超过一定浓度时，由营养物质过剩而引起的污染，叫富营养化。在水体的磷和氮过剩条件下，蓝藻类植物大量繁殖，死亡的藻体分解作用和浮游生物的呼吸消耗了大量氧气，使水体缺氧，在水面形成绿色的水华（发生在湖泊）或赤潮（发生在海洋，由甲藻和硅藻等引起的）。随着水华或赤潮的形成，死亡的藻体分解产生的藻毒素，致使鱼类和贝类死亡。富营养化的程度，根据 P/N 含量（单位：mg/m^3）指标分为贫营养（8/312）、中营养（20/500）和富营养（80/1000）。

世界上没有绝对无污染的水，只是与水质本底相比较，才能够判断水体污染程度。在天然污染过程中所形成的水，其中各种物质的固有含量称为水质本底。

根据水体中有毒物质含量和对水生生物的作用程度，水体污染浓度可分为安全浓度（生物接触后无受害症状）、效应浓度（生物接触后出现明显的受害症状）和致死浓度（生物接触后死亡）。根据水中有机物的含量，可用生化需氧量（BOD）[即在 20℃ 条件下，微生物分解有机物所需要氧的毫克数，用 mg/m^3 表示（BOD_{15} 是 15 d 分解所需氧气，BOD_5 是 5 d 分解所需氧气）] 和化学需氧量（COD）[在酸性条件下，用高锰酸钾或重铬酸钾氧化水中有机物所需氧气，用 mg/m^3 表示（COD_{Mn} 是用高锰酸钾的结果，COD_{Cr} 是用重铬酸钾的结果）] 作为判断依据。

目前，人们对水体污染中的"五毒"物质给予了高度关注，它们分别是挥发酚、氰化物、汞、砷化物及六价铬。当然，水体污染与土壤污染是分不开的。

2. 土壤污染

土地是人类的母亲，因为民以食为天。我国古代就有"人吃土还土"的说法，这是最朴素的物质循环思想。人类由牧游生活时代发展到农业社会，再到工业社会，城市也就应运而生并迅速扩大。在生态学上，物质循环是生态系统中的一个基本规律。城市生态系统和农村生态系统是通过物质流、能量流和信息流紧密相连的一个复合生态系统。城市生态系统是以消费者占绝对优势的系统，而农村生态系统则是以生产者为主体的系统。所以，城乡复合生态系统是由生产与消费两大系统组成的。

在农村与城市两个生态系统中，物质循环和能量流动各有特点。在农村生态系统中是以太阳能供能为主的系统，所生产的各种各样的有机物产品，在满足了农村自身需求外，都运输到城市生态系统中去。而城市生态系统除了由农村提供的有机物质的能量外，则是以非太阳能供能为主的系统，它生产的工业产品和生产资料主要用于满足农村的需求。单从物质生产看，城市与农村正是两个互补的系统。而从城乡复合生态系统的物质循环规律看，物质循环应该是双向的。也就是说，物质由农村到城市，再由城市回到农村，使得农业生产系统中的物质在生物库和环境库之间循环往复，多次利用，永不枯竭。

但是，近几十年来，在城市和农村之间的物质循环绝大多数是处于单方向流动的，没有实现双向循环。众所周知，每天，一辆辆满载各种农产品和畜产品的车辆从四面八方驶进城市，卸完货后却空车出城。这种"满车进城，空车出城"的做法，如此年复一年，其结果必然是，农村耕地中的矿质营养物质慢慢地被城市所富集，土地变得越来越贫瘠；而城市四周的有机质却逐渐得到了积聚，土壤和水体变得越来越肥（图 6-2a）。这种城乡间物质单向流动的现象，严重地违背了生态学中的物质循环规律，所以，城乡物质循环一体化管理的缺位必将给城市和农村带来许多环境问题。

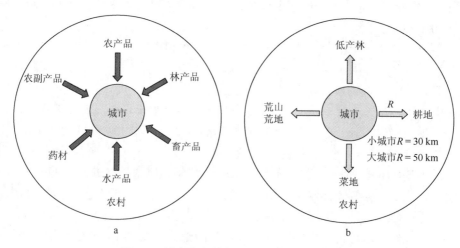

图 6-2　城市和农村之间的物质循环示意图

a. 物质由农村单向进入城市示意图；b. 物质由城市返乡示意图

目前，世界各国都十分关注生活污水的治理，投入了大量的资金，许多大的城镇都流行建生活污水处理厂。但由于建生活污水处理厂不仅费用巨大，而且运行成本极高，真所谓建得起用不起。更重要的是，生活污水处理厂治理污水仅是一种治标不治本的措施。因为从小范围看，通过生活污水处理厂获得了"中水"

和底泥，使得污水中的水与泥"分家"。但是，从大尺度的空间来看，污水处理厂在治理生活污水过程中并没有发挥出真正的和有效的作用，因为它根本没有解决好有机质的最终归宿问题，在夏季雨水的搬运作用下，已被分开的底泥和"中水"在江和湖中又再次相遇了。最终，它们仍都是流向大海，这就是目前我国海洋赤潮现象频繁发生并没有好转迹象的原因。只有像日本那样，通过对污水处理厂的"中水"继续进行脱磷和脱氮技术处理，才有明显效果，但这样成本更高。因此，我国必须借鉴欧洲德国等发达国家的经验，将城市居民区化粪池底泥和生活有机垃圾运往农村，中小城市可运到 10 km 以外，大城市需要运到 30 km 以外，在经过集中发酵后作肥料，通过农业和林业植被来利用城市有机物，改善土壤结构，提高农产品品质（图 6-2b）。只有实现城乡物质的双向循环，才是符合生态学规律的，是彻底解决我国水体富营养化的根本措施。我国是一个人口大国，又是农业大国，我们要根据我国的具体情况，通过农业和林业植被来利用城市有机物污染物，才是最科学、最经济、最有效的治理方法，也是最符合生态学规律和可持续发展理念的治污措施。

另外，我国部分地区土壤中重金属污染比较严重，这与当地工业和矿业污染有着直接的关系。我们必须依靠科技进步处理好工业"三废"（废水、废气和废渣），千万不能轻视土壤重金属污染问题。

（二）持久性有机污染

持久性有机污染物（persistent organic pollutant，POP）是指具有长期残留性、生物蓄积性、半挥发性和高毒性，能够在大气环境中远距离迁移并能降到地表层，对人类健康和环境具有严重危害的天然或人工合成的有机污染物。

1998 年 6 月，联合国环境规划署召开了第一届 POP 条约化会议，将以下 12 种物质列为 POP。

现在已经停止生产的物质：艾氏剂、狄氏剂、异狄氏剂、毒杀芬。

即将停止生产的物质：多氯联苯类、灭蚁灵、六氯苯（HCB）等农药。

现在还在使用的物质：DDT（农药）、氯丹、七氯（白蚁用药）。

非本意生成的物质：二噁英（dioxin）、呋喃类。

2001 年 5 月 23 日，127 个国家和地区的代表签署了旨在严格禁止或限制使用 12 种 POP 物质的《斯德哥尔摩公约》。2004 年 11 月 11 日，该公约正式在我国生效。按公约规定，我国将逐步削减和淘汰包括灭蚁灵、DDT、二噁英在内的 12 种对人类健康和自然环境最具危害的污染物。

2004 年 1 月 1 日，我国撤销了对久效磷、对硫磷、甲基对硫磷、磷胺、甲胺磷 5 种高毒农药生产、销售、使用的有关证件。2007 年 1 月 1 日，国家禁止使用这 5 种农药。2007 年 12 月 4 日，在全国范围内开展收缴这 5 种农药的行动。

POP 对人体的危害主要表现在以下几方面。

高毒性：在每年人类释放到环境中的污染物中，POP 是其中最危险的高毒污染物质，可造成一系列危害。POP 可引起过敏、中枢及周围神经系统损伤、生殖系统和免疫系统伤害，还具致癌性。严重的可导致动物及人类的疾病甚至死亡。

稳定性：POP 的共同特征是半衰期长，不易分解，具高度的稳定性，在环境中可持续存在数年至数十年，对人体产生持续性危害。

蓄积性：POP 不溶于水，进入生物体内后，既不容易分解又不能被排泄出体外，从而长期蓄积在生物体内。并通过食物链在生物体富集，危害人类健康。

迁移性：POP 能够从水体或土壤中以蒸汽形式进入大气环境或被大气颗粒物吸附，通过大气环流远距离迁移。在较冷的地方或者受到海拔影响时会重新沉降到地球上。在温度升高时，它们会再次挥发进入大气，进行迁移。

（三）酸雨污染

在正常情况下，由于空气中含有 CO_2（又名碳酸气），雨水呈弱酸性。但自工业革命以来，因人类大量向空气中排放酸性气体，雨水的酸性明显增强。当雨水的酸性达到一定程度（pH 小于 5.6）时，便被称为酸雨。

酸雨形成的原理非常简单，大气中的 SO_2、NO_X 与水蒸气结合便形成硫酸和硝酸等，这些酸再以雨、雪、雾的形式落回地面或直接从空中沉降到植物或建筑物上，并产生酸腐蚀作用。

酸雨的污染区域广泛，随着世界经济的迅猛发展和矿物燃料消耗量的急剧增加，矿物燃料燃烧过程中排放的 SO_2、NO_X 等大气污染物总量也不断增加，酸雨分布有扩大的趋势。欧洲是世界最早出现酸雨的地区。最早，酸雨多发生在挪威、瑞典等北欧国家，现已由北欧扩展到了中欧，又由中欧扩展到了东欧，几乎整个欧洲地区都在普降酸雨。另外，美国和加拿大东部也是一个严重的酸雨区。美国是世界上能源消费量最多的国家，消费了全世界近 1/4 的能源，排出的 SO_2、NO_X 也占各国之首。在这些地区，降落 pH 3～4 的酸雨已司空见惯，美国有 15 个州的降雨 pH 均在 4.8 以下，西弗吉尼亚州甚至下降到不足 1.5，这是最严重的记录。

20 世纪末，原只发生在西方工业发达国家的酸雨，现在已经扩大到发展中国家。其中，中国华东、华南和西南地区的酸雨最严重，成为世界上又一大酸雨区。酸雨区覆盖四川、贵州、广东、广西、湖南、湖北、江西、浙江、江苏和青岛等省市部分地区，面积达 200 多万 km^2。酸雨面积扩大之快，降水酸化率之高，在世界上是罕见的。酸雨被称为"天堂的眼泪"。我国 SO_2 排放量已远远高于环境承载能力，由此造成的酸雨污染每年给我国造成超过 1100 亿元损失。酸雨不仅会直接损伤植物，还会使土壤酸化，从而抑制植物生长，造成农作物减产，大片森林死亡，天然植被遭破坏。酸雨会使水体酸化，破坏水生生物的环境。当水体酸性强到一定程度时（pH<5），一些鱼类的生殖能力会降低，甚至不育。

（四）城市污染

城市生态系统的特点如下。

1）城市生态系统是一个典型的人工生态系统；

2）城市生态系统是以人类的生活和生产活动为中心的系统；

3）城市生态系统的能量主要来自化石燃料和农副产品；

4）城市生态系统的物质循环依赖于周围农村的农林产品和工业原料，城市的垃圾和废物又以各种形式回到农村；

5）城市生态系统具有强大的信息流，因为城市是政治、经济、文化和信息中心。

城市同农村相比，人口集中、工矿企业集中、交通拥挤、物流繁荣和餐饮业发达等，所有这些足以表明，城市比乡村具有更庞大的污染源，并早已超出环境负荷的极限。关于城市的污染问题，目前人们比较熟悉的是水体污染、生活垃圾污染和工业"三废"等严重污染问题。塑料为人类带来了便利，在改善我们生活的同时，却引发了严重的环境污染。

大气像水一样，对人们的身体健康至关重要。而大气污染及其危害越来越受到人们的关注，它已成为城市污染治理工作的重点之一。

我国在大气污染治理方面形势严峻。例如，1988年，世界资源研究所公布10个污染最严重的城市：北京、兰州、沈阳、太原、西安、济南……（其中8个是中国城市）。1998年，世界资源研究所公布10个污染最严重的城市：兰州、吉林、太原、焦作、拉杰果德（印度）、万县、乌鲁木齐、宜昌、汉中、安阳（其中9个是中国城市）。2004年，联合国公布世界不适宜居住的20个城市，其中我国有16个。

此外，城市热污染的影响不可忽视。热污染的来源十分广泛，除了大家熟悉的电厂、核电站、工厂、空调设备和居民燃烧化石燃料等都是热源外，高度富营养化的水体也是一个新的热源。热污染对大气和水体中的生物影响很大。因为水生生物对水环境的温度变化非常敏感，温度升高后，耗氧量增加，抵抗力下降，影响生殖能力和繁殖率。对陆地生物来说，热污染会降低多样性，改变种间关系，破坏自然平衡。热污染现象在城市里非常明显，同农村相比，城市里的各种植物的物候期明显提前或缩短，这是城市"热岛"效应的结果。在无风环境下，当冷气团下沉包围城市后，在城市上空形成热逆温现象，即自下向上出现"热—冷—热"的气团分布格局，导致在城市上空形成穹隆形雾障罩住城市，引起空气污染。最新研究表明，白天的城市热岛效应会随地表和低层大气之间热对流的效率而发生变化。这种对流效应随气候条件不同而不同，在湿润气候条件下造成显著的城市变暖现象，但在干燥气候条件下却会造成变冷现象。此外，城市还具有"雾岛""雨岛""辐射岛"等效应。

近年来，我国在治理环境污染方面，各级政府非常重视，投入巨大，采取了节能减排、关停并转、流域限批等一系列有效措施，已经取得明显效果，各大中城市的空气质量明显有所好转。

（五）臭氧层破坏

在南极上空出现了"臭氧空洞"，这是 1984 年由英国科学家发现，1985 年经美国科学家证实的。这一发现使全球环境问题一时间成为世界性的大事件。

臭氧比氧气多一个原子，化学性质很活泼，所以在低层大气中含量极少。从距地面 10 km 高度臭氧开始逐渐有所增加，至 20～30 km 的平流层中，臭氧的含量达到最大值，像这样一个高度和厚度的大气层被称为臭氧层。

臭氧层对保护地球环境具有特殊的重要功能。它能吸收波长小于 300 nm 的太阳紫外线，阻挡阳光紫外线到达地面，从而减少紫外线对人类和其他生物的伤害，使得人类和在地球上的各种生命能够生存、繁衍和发展。

臭氧层被破坏，主要是由氯氟烃（氟利昂）等化学物质造成的。氟利昂是 20 世纪 30 年代在美国首次制成的。由于具有无毒、无腐蚀性、无燃烧危害等一系列的优良性状，而且制造方便，价格低廉，因而随着人口的增加和人们消费水平的提高，它在工业生产上和日常生活中被广泛地用作制冷剂、发泡剂和洗涤剂。当大气中的氟利昂到达平流层时，就会在平流层强紫外线作用下分解成氯氧化物。氯氧化物气体具有强烈的催化作用，能促使 O_3 分解。由于氯氟烃的化学性质稳定，平均寿命达数百年，排入大气后不易分解，可长期蓄积在大气中，从而更加剧了臭氧层破坏的危险性。

臭氧层遭到破坏后，到达地面的短波紫外线增加，会使人类皮肤癌和白内障的发病率上升，人体的免疫力降低。十多年来，经科学家研究，大气中的臭氧每减少 1%，照射到地面的紫外线就增加 2%，人的皮肤癌就增加 3%。过量紫外线辐射会使植物生长和光合作用受到抑制，使农作物产量减少，品质下降。紫外线能穿透 10～20 m 深的海水。过量的紫外线会使浮游生物、鱼苗、虾、蟹幼体和贝类大量死亡，会造成某些生物灭绝。由于这些生物是海洋食物链的重要组成部分，因此这些生物的灭绝最终可引起海洋生态系统失衡，导致更多的海洋生物死亡，进而影响全球生态平衡。

自 1979 年以来，在南极大陆上空，大气中臭氧的含量减少了 40%～50%，臭氧层出现周期性变化，以每年 10 月最为显著，形成所谓"臭氧空洞"，此空洞正迅速向北、向赤道上空扩展。而且北半球上空大气中臭氧含量也在减少。欧洲和北美洲上空的臭氧层平均减少了 10%～15%，西伯利亚上空甚至减少了 35%。目前，臭氧空洞已达到 2930 万 km^2，已开始影响一部分人类居住区，如智利。科学家已发出警告：这种现象长期持续下去，到 21 世纪中叶，受损的臭氧层恐怕将难以恢复。

（六）温室效应

自工业革命以来，由于人类大量燃烧从地下开采出来的煤炭、石油、天然气等化石燃料，大气中 CO_2 的浓度不断增加；同时，地球上的植被破坏严重，森林面积缩减，植被进行光合作用吸收 CO_2 的数量减少，这一正一反的作用使大气中 CO_2 浓度明显增加。由于 CO_2 等温室气体并不妨碍太阳的入射热到达地球，而是减少反射热，这样就必然导致近地面层空气的温度升高，大气中 CO_2 等温室气体浓度越高，气温也就越高。CO_2 的这种增温作用与温室的玻璃或塑料薄膜的增温功能相似，称为温室效应。科学观测表明，1750 年以前，大气 CO_2 含量基本维持在 260~280 ppm，20 世纪中期达到 315 ppm，目前已上升到近 370 ppm，每年平均上升约 1.5 ppm，到 21 世纪中叶，世界能源消费格局若不发生根本性变化,大气中 CO_2 浓度将达到 560 ppm，整个地球的平均温度将会随之上升 1.5~4℃。

温室气体主要包括二氧化碳、甲烷、一氧化二氮、卤代烃等，它们对温室效应的贡献率分别是 60%、20%、6%、14%。

由于温室效应使全球气温上升，南极和北极冰雪融化、雪线抬高，海水受热膨胀，致使海平面上升。全世界约有 1/3 的人口生活在沿海岸线 60 km 的范围内，这意味着许多沿海人口密集、经济发达的大城市和海岛将沉入海底，人类将由此蒙受巨大损失，到那时，世界上的环境难民将是空前绝后的。同时，气候变暖还会使农作物减产，品质下降，使一些动植物来不及适应气候的变化而灭绝，并给人类的健康带来不利的影响。

在地质历史上，地球的气候曾发生过显著的变化。1 万年前，最后一次冰河期结束，地球的气候相对稳定在当前人类所适应的状态。近年来，世界各国出现了几百年来历史上最热的天气，也就是说，地球的气候正在迅速变暖。根据 100 年全球变化资料的系统分析，发现 20 世纪短短 100 年，全球平均温度已升高 0.3~0.6℃。尤其是近 10 年来的全球平均气温升温幅度之大，已创过去 110 年的最高纪录。据联合国环境规划署及世界气象组织的研究表明，21 世纪地球表面温度大约以每 10 年 0.3℃的速度上升，预计到 2100 年地球平均气温将升高 3℃，大大超过以往 1 万年的上升速度。

1997 年 12 月《联合国气候变化框架公约》第 3 次缔约方大会达成了《京都议定书》，要求所有发达国家的二氧化碳等 6 种温室气体排放量要比 1999 年减少 5.2%。2005 年 2 月 16 日该协议正式生效。2007 年 12 月，联合国在巴厘岛召开世界气候保护大会，经过激烈辩论和斗争最终达成了"巴厘岛路线图"，主要目的是在《京都议定书》终止后，全球如何继续实现温室气体减排的新任务和新目标，另一个是如何积极应对气候变暖问题，会议提出人类要主动适应气候变暖的趋势。2012 年 6 月，联合国可持续发展大会在巴西里约热内卢召开，提出三个目标和两个主题。2015 年 9 月，联合国可持续发展大会在纽约召开，主题是 17 个目标改变我们的世界。

（七）厄尔尼诺与拉尼娜

气候系统由大气、海洋、冰雪、陆地和生物圈等组成。近年来研究表明，海洋在气候形成与变化过程中处于主导地位。影响世界范围年际气候异常的最重要的海洋事件，是厄尔尼诺（El Niño）现象，它也是迄今发现的可预示大范围气候异常最强烈的信号，对气候的影响是全球性的。在赤道东太平洋的表层海水的温度距平（月平均水温与常年平均值的偏差）连续 6 个月超过 0.5℃时，气象学上就定义为一次厄尔尼诺现象。同样，把该区水温偏低距平连续 6 个月超过 0.5℃时，定义为一次拉尼娜（La Niña）事件。

厄尔尼诺现象是海洋中的自然现象，最早发现于 1567 年，它的发生发展有自身的自然规律，一般每隔 2~7 年就发生一次。每当厄尔尼诺现象形成时，由于赤道东风带减弱，太平洋赤道海平面会出现东高西低，赤道东太平洋海水增温，蒸发量大，出现暴雨增多现象；而赤道西太平洋地区干旱无雨。在 1982~1983 年，厄尔尼诺现象发生强烈，有 15 个国家受灾，造成 13 亿美元的损失。1997 年 3 月至 1998 年 6 月的厄尔尼诺现象，是近 150 年来最严重的，它使得东太平洋地区暴雨成灾，而处于西太平洋的印度尼西亚干旱无雨，发生大面积森林火灾，损失惨重。1998 年 7 月形成的拉尼娜现象，使我国雨带北移，热带风暴在沿海登陆增多，致使我国长江流域和松花江流域发生了百年不遇的特大洪水灾害。尽管通过军民的奋力抗洪抢险，保住了江堤，但洪水造成的损失仍是巨大的。2006 年 8 月形成的厄尔尼诺现象，持续到 2007 年 2 月才结束（关于 2006 年世界气候异常的相关资料可在网上搜索）。接着，2007 年 2 月在太平洋西岸水温开始下降，2007 年 6 月，拉尼娜事件又一次形成。2015 年 3~7 月的厄尔尼诺现象，给我国南方地区带来持续降雨，经济损失惨重。

四、农业生态学

农业生态学是应用生态学原理和方法研究作物与气候和土壤的关系，并结合相关学科，对农业生态系统和农业生产过程进行科学规划和管理的一门综合应用学科。目前，农业生态学的研究重点为农业资源潜力、生物生产力、养分循环与调控、能量投入与产出的效率、生态资源优化策略和农业现代化等生态学问题。

（一）农业生态系统的特点

农业生态系统是在人工管理下的生态系统，是对农业植被进行科学管理以获得高产为目的的生态系统。广义的农业生态系统应该包括林业和渔业生态系统。农业生态系统与自然生态系统的区别如下。

1）系统内植物和动物经受着人工选择，而不是自然选择。

2）系统内生产者的多样性极低，往往是单一的种类或品种以便于管理。而自然生态系统的生产者、消费者和还原者的多样性十分丰富。

3）农业生态系统是开放的系统。一方面，系统除了接受自然能量和物质的输入外，系统还接受了大量的人工辅助能量和物质的输入。另一方面，系统始终向人类社会提供物质和能量，由于人类从农业生态系统中收获植物产品，根据收获器官的性质不同，如种子、果实、块根、块茎、茎叶或整株，对土地肥力的消耗是不同的。

目前，我国部分地区将作物秸秆转变为建筑材料，或继续在焚烧秸秆，取而代之的是以化肥来补充地力，这些做法是不可取的。农业生态系统的健康发育，关键在于对土壤肥力的培育。俗话说："种地首先要养地。"秸秆还田的做法是对耕地地力进行有效保护的措施。对秸秆最科学的利用方式是多级综合利用，通过延长食物链，最终实现秸秆还田。

4）农业生态系统不是孤立的，它会受到周围的自然生态系统的影响，并在物质循环、能量流动和信息交流方面保持联系。

（二）生态农业

生态农业是将生态系统的原理应用在农业生产实践中的具体生产模式。同传统农业相比，生态农业在利用阳光、空间、土地、水体等资源方面，以及种植模式、管理模式和病虫害防治等，都需从生态学角度设计。生态农业的核心是在尽量延长能量传递链的同时，实现物质循环利用的新型生产模式。

我国南方传统的"桑基鱼塘"系统就属于生态农业，人们把栽桑、养蚕、养鱼紧密联系在一起，桑叶养蚕，蚕沙（蚕粪）喂鱼，鱼塘的塘泥作桑园的肥料，从而实现了物质循环和能量传递。

作物秸秆的多级利用是生态农业的主要特征，是物质和能量的多层分级利用新模式。例如，将秸秆粉碎后作饲料喂家畜，家畜的粪便灭菌后可接种食用菌，菌渣养蚯蚓，蚯蚓的粪便作农田肥料；或将粉碎后的秸秆接种食用菌，菌渣作饲料，家畜的粪便可生产沼气，沼气渣作肥料，这样能够更好地实现能量的逐级传递和物质循环。

生态农业的发展模式虽然各式各样，但是基本指导思想都是把阳光看成一种资源，不仅要科学地、经济地利用太阳能，而且对植物固定的太阳能要逐级利用，延长食物链，在伴随着物质循环的过程中实现能量的高效传递。在长期生产实践过程中，人民群众开展了一系列的创造活动，不断有新的生产模式被开发出来，像塑料大棚、高山蔬菜、地窖食用菌、立体种植和立体养殖等。

人们常说"靠山吃山，靠水吃水"。在我国诸多的湖岸滩涂区，岸区群众必须依靠湖泊来发展生产。因为湖泊的功能是多样的，主要包括：湿地的生物多样性保护；蓄洪、灌溉与运输；水产养殖与水生植物栽培；水体净化与调节气候。而过去的"围湖造田"农业模式直接会减少湖泊的容量，影响蓄洪；因改变了湖岸生境，影响生物多样性保护（图6-3左侧部分）。所以，传统的"围湖造田"的做法的确是不科学的，现在必须要实行"退耕还湖"。

根据湖泊水位变化的特点，依据生态学原理，我们可以采用"梳齿式"的湖岸滩涂开发利用新理念和新模式发展农业生产（图6-3右侧部分）。

为了保证不影响湖泊的容量，也不影响湖岸的生境，并且充分利用空间和资源，我们可以沿着湖泊的半径方向向外拓展水域和耕地空间。这就像江苏的兴化水网式

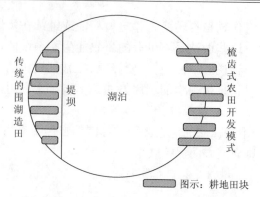

图 6-3　湖岸滩涂开发利用的 2 种模式对比示意图

的农田结构一样，我们称为"梳齿式"湖岸结构，可实现水陆交替，扩大湖岸长度，
实行种植和养殖相结合的生产模式（图 6-4）。

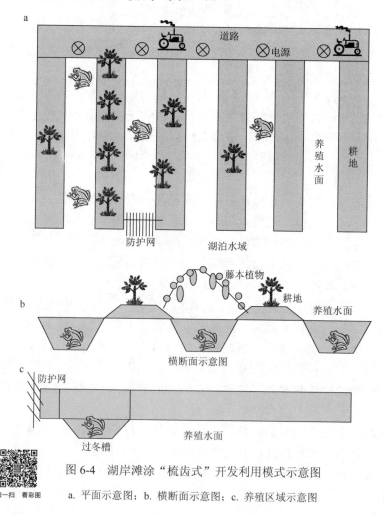

图 6-4　湖岸滩涂"梳齿式"开发利用模式示意图

a. 平面示意图；b. 横断面示意图；c. 养殖区域示意图

　　为了保护湿地，发展绿色有机农业，我们必须坚持科学发展观，利用生态学的原理与方法来指导湖岸滩涂的开发利用工作，真正实现可持续发展。在形似梳齿的"台地"上发展种植业，在两个"台地"之间的水沟里发展水产养殖业，并在水面上方搭设棚架，发展藤本作物。这种"梳齿式"的湖岸滩涂开发利用模式，虽然它的前期工程投入较大，但它是一项永续利用、荫及子孙的生态农业工程。

　　另外，在平原地区的农田和村庄周围建设防风林，也是生态农业的一项内容。防风林的建设，要结合防护林、经济林和用材林的建设，科学选择树种，要充分发挥防风林建设的效益，兼顾生态效益、经济效益和社会效益。根据经验和防风动力学研究，建设半透风的防风林是最理想的，防风效果最好。

（三）农业害虫防治

　　自从农业诞生以来，害虫一直陪伴着农业生产而生存。人类同农业害虫"战斗"了几千年，但害虫的数量和种类依然不减，甚至有越来越凶的兆头。早在公元前2500年，苏美尔人就曾使用硫化物防治农业害虫。公元前1500年，我国劳动人民就曾用烟熏法熏杀农业害虫。在农业发展的早期，由于种植规模不大，农民一般用手工捕捉害虫，像烟草青虫、玉米钻心虫等，农民在清晨下地亲自捕捉。后来，人们用土农药来防治害虫，如撒草木灰、楝树叶汁水等。到1867年，美国人用巴黎绿（砷化物）控制马铃薯甲虫，1882年法国人用波尔多液杀病菌，至此，标志着人类进入了化学防治农业害虫的新时代。

　　特别是在第二次世界大战结束后，随着有机磷和有机氯农药的大量问世，人们以为这时害虫问题被彻底解决了。可是，好景不长，化学防治的结果令人大失所望。据统计，在DDT问世10年后，有13科50余种的农业害虫不但没有减少，反而异常地增多了。美国农业部门统计了美国1904～1978年的害虫化学防治结果，在此期间，化学药品使用剂量增加了10倍，农药新品种增加了250余种，而农业害虫造成的损失由原来的7%上升到13%，还使得260多种害虫产生了抗药性。为什么会出现这样的结果？原因是农药在杀灭了害虫的同时，也消灭了害虫的天敌。曾有人做过研究，为什么有些农村的麻雀消失了，而城市里麻雀却增多了？通过研究发现，当麻雀接触了有机磷农药后，麻雀的胃口下降，最终被活活饿死。

　　由此可见，人类同农业害虫的"战斗"是多么的艰难，付出了多么沉重的代价。虽然新农药不断出现，但害虫的抵抗能力越来越强了。由于施用农药，农业生产成本不仅上升，而且带来了一系列环境问题。人与害虫之间的"战斗"何时可以结束呢？人们在深思，为什么人类想要消灭的害虫难以消灭，而人类不想消灭且加以保护的濒危物种往往却不知不觉地灭绝了。研究发现，要想消灭某种生物，只要破坏其栖息场所或破坏生存环境，就可能在较短时间内消灭该种生物。但是，农业害虫与天敌，甚至农业害虫与作物，是同一个生态系统中的组成成分。如果破坏了害虫的生存环境，对天敌和作物也必将产生巨大的影响。因此，对如何彻底消灭害虫的问题，人们不抱指望，但从生物多样性保护的角度看，彻底消灭害虫也是不妥的。而寻找一条如何控制害虫数量、减少危害程度的有效途径，看来还是比较实际的。

1. 害虫种群耐药性的发展

当一个新的农药品种问世后，无论它是广谱的，还是专一性的，对某些农业害虫的杀伤力可能是相当有效的。因为农业害虫未曾接触过这类新药，反应是敏感的。但是，害虫种群中可能有极少数个体，在遇到这种新药时，体内的生理生化机制发生了变化，能抵抗这种新药。当这种获得了抗药性的个体被保留下来以后，通过繁殖，可把这种抗药性本领遗传给下一代。如此经过多次选择，抗药性的种群不断扩大，抗药能力也不断得到强化。如此长期下去，这种新药便失去杀灭害虫的能力，只好放弃使用，再研制其他新药。

生产实践证明，害虫种群的耐药性会通过不断繁殖向着抗药性增强的方向发展，见图 6-5。

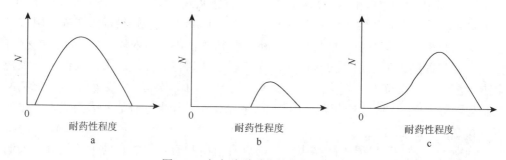

图 6-5　害虫种群耐药性的发展趋势

a. 喷药前；b. 喷药后；c. 种群恢复期

同样道理，人体的病原菌对抗生素的耐药性也在不断地适应与发展，逼着人们去研发新的药物。其主要原因之一是有些患者不听医生的叮嘱按疗程服药，而是稍感病愈便提早停药，这样就给体内残余病原菌提供一次对药物选择与适应的机会，逐渐产生了抗性。

2. 害虫种群的生物防治

生物防治是利用捕食者、寄生者和病原体等害虫的天敌来控制农业害虫密度的方法，同化学防治相比，降低了治虫成本又不会污染环境。生物防治一般是有目的有意识地保护天敌或人工释放天敌，增加自然界中农业害虫天敌的种群数量以达到动态地控制害虫的危害程度的目的。

另外，可以引进新天敌，改变当地昆虫的组成结构。例如，美国在 1872 年首次发现柑橘的害虫吹绵介壳虫，10 年后，虫害造成的损失巨大，到 1887 年，试用了当时几乎所有的农药都无济于事。后来，人们终于想到了从大洋洲引进澳洲瓢虫，只用了 1 年多的时间，害虫便得到了有效控制。这是利用生物防治害虫的一个典型成功范例。

利用生物防治害虫,有许多成功的经验,但也有不少失败的教训。经过多年实践,总结出以下几条经验:①坚持从害虫的原产地寻找并引进天敌;②天敌引入后要在小范围内试验,研究天敌对当地的动植物有无不利的影响,防止天敌释放后成为新的有害生物;③释放天敌要注意种群密度,随时观察害虫与天敌之间的种群密度变化;④生物防治不能消灭害虫,只能控制害虫密度,形成天敌与害虫共存的局面,从而使得害虫对作物不能构成大的危害。

3. 害虫种群的综合防治

人们通过防治害虫的长期实践,清醒地认识到了害虫问题的复杂性,害虫防治不仅仅是经济问题,也是一个生物学问题,确切地讲是一个生态学问题。通过单一的防治方法来防治害虫,往往效果不明显。1967 年,联合国粮食及农业组织在罗马召开了"有害生物综合防治"的专家会议,由此,害虫的综合防治问题被正式提出来了。

害虫的综合防治是从生态系统整体观点出发,按照有害生物的种群动态和与之相关的环境关系,本着安全、有效、经济、简易的原则,尽可能地从生物防治、农业防治、遗传防治、化学防治、生态防治、物理和机械防治等多途径和多方法入手,使有害生物的种群数量保持在经济危害水平以下,实际上它是一种害虫防治的管理系统。

害虫综合防治的原则,第一,要深入研究害虫的种群生态学,了解害虫的生存环境和其生理生态特性,是综合防治的理论基础。第二,通过研究,要确定害虫不产生经济危害的种群密度。因为综合防治害虫,目的是控制种群数量,不是消灭种群,要在治虫费用和害虫危害损失之间进行经济效益核算。第三,充分利用自然控制因素,协调各种防治措施,尽量减少化学药剂的使用量。第四,从生态系统角度防治害虫,消除害虫赖以生存的环境条件,是一种更有效的措施。例如,通过控制受水旱交替发生的湖边荒滩地面积,可有效控制东亚飞蝗使其不发生种群暴发。

4. 控制害虫种群数量

要消灭农业害虫是不现实的,只能控制害虫的密度。在害虫防治的实践中,人们发现有害动物具有较强的抵抗能力,种群的恢复与有害动物的繁殖力大小有关。我国在 1949 年后不久,开展了全国范围的"除四害"活动,经过这场"人民战争"之后,"四害"的种群数量很快又得以恢复。在 1976 年前后,青海省生态系统研究站对山鼠和中华鼢鼠的种群恢复问题进行了研究。他们发现山鼠比中华鼢鼠的繁殖力大,当用 2%氟乙酰胺灭鼠后,山鼠由原来的 58.66 只/hm² 下降到 1.88 只/hm²,灭鼠率达 97%,可 3 年后山鼠恢复到 165 只/hm²,比灭鼠前高出近 2 倍。而中华鼢鼠由灭鼠前的 26.14 只/hm² 下降到 9.63 只/hm²,灭鼠率为 63%,同样 3 年后,该种才恢复到 21.69 只/hm²。另外,有害动物的个体不是同样容易捕杀的,开始捕杀时,因密度高而容易捕杀,随着捕杀密度降低,越来越难捕了。同时,在捕杀过程中有害动物获得了经验,变得老练狡猾,警惕性高,致使有害动物种群不易被消灭。

　　但是，从种群生态学来看，根据害虫种群数量（N）、环境容纳量（K）、自然增长率（r）和最大持续产量（MSY）等因素，采取一定程度的去除率（H），或者采取去除数量（C），在理论上都是可以消灭害虫种群的。

　　1）采用去除率控制害虫种群。去除率也称捕捞率，是指捕获量占资源量的比例。当已知害虫种群的 K 和 r，以及 H 确定后，可求出所控制的种群大小（N）。

$$N = K - (KH/r)$$

　　当 $H = r/2$、$H < r/2$ 或 $r > H > r/2$ 时，种群趋于稳定。

　　只有当 $H = r$ 时，则 $N = 0$，种群走向灭绝的临界点。

　　而当 $H > r$ 时，种群在短时间内迅速消灭。

　　2）采用去除固定数量控制害虫种群。如果不采用捕捞率消灭种群，而是采用去除固定数量，也可以消灭种群。当已知种群的 K 和 r，以及 C 确定后，受控制的种群大小为

$$N = \frac{r + \sqrt{r^2 - 4Cr/K}}{2r/K}$$

　　当 C = 最大持续产量（MSY）= $rK/4$ 时，或 $C <$ MSY 时，种群趋向于稳定。

　　只有当 $C >$ MSY、$N < K/2$ 时，种群趋向于消灭。

　　注意，只有符合逻辑斯蒂增长的害虫种群，上述两种消灭害虫方法才会有效。在采用去除率消灭害虫种群时，必须使得去除率（H）大于自然增长率（r），H 越大，消灭得越快。在采用去除固定数量消灭害虫种群时，必须使得去除数量（C）大于 MSY，C 越大，消灭得越快。如果当去除率（H）低于自然增长率（r）时，或去除数量（C）低于 MSY 时，害虫种群便会稳定在某一水平上，去除值（H 或 C）越小，害虫种群稳定的水平越高。上述这些仅是生态学的理论情况，而实际实施过程中情况要比这复杂得多，因为害虫的许多生物学特性本身是复杂的，而且各种限制因素往往又是多变的。

五、可持续发展生态学

（一）可持续发展观念的形成过程

　　从全球的生态系统服务的域值判断，人类社会发展不可能是无限增长的。1972年，罗马俱乐部的报告《增长的极限》，引起了联合国的重视。在联合国发布的《我们共同的未来》中，可持续发展（sustainable development）的基本涵义，即指"既满足当代人的需要，又不损害后代人需要的发展"。

　　发展是事物依照客观规律而发生质的变化过程。人们对发展的认识与理解大体上经历了 5 个阶段。

　　第一阶段的发展观，是与经济增长完全相同的概念。经济增长指的是生产和消

费的增长，其基本衡量指标是国民生产总值的增长。更确切地说，这里的增长应是经济总量的增长。

第二阶段的发展观，强调了人均经济量的增长，它避免了由人口数量差异可能造成的经济总量增长与人民福利水平提高相背离的现象。同时，它也承认一个国家的经济总量增长，必然体现在综合国力的增长，因而在一定意义上反映了发展水平。

第三阶段的发展观，认为发展应是经济的全面发展，不仅包括经济的数量增长，还应包括经济的质量提高。例如，分配制度、产业结构、人力资源开发等内容。提出经济全面发展概念的原因，是人们注意到单纯的经济数量增长常常是无法持续的，只有经济的全面发展才能保证经济的持续增长。这实际上已经提出了经济发展系统内部的可持续性问题。以上三个阶段都认为发展就是经济的发展。

第四阶段的发展观，是协调发展观。它突破了只在经济系统内部讨论发展问题的框架，开始关注经济与其他社会因子之间的协调发展问题。这一阶段的发展观可被概括为社会经济协调发展或社会经济的全面发展。它强调了发展的根本目的是改善人们的生活条件，提高人们的生活质量。经济发展只为达到这一根本目的提供了可能性，但却没有提供必然保证。只有经济的发展，而没有相应的社会发展，就不能算是真正的发展。

第五阶段的发展观，是可持续发展观。在前述社会经济全面发展的基础之上又增添了可持续的限定。它强调发展不仅是经济数量的增长，还应该有经济质量的提高；不仅是经济的全面发展，还应该是经济社会的全面发展；不仅是当代人的发展，还应该是世世代代未来人的发展。

上述几种发展观，大体上代表了自工业革命以来人类对发展的认识过程。自然界和人类社会是不断发展的，人们对发展的认识也是不断进步的，因此对发展的看法和观点也有一个不断丰富和完善的过程。

（二）可持续发展的概念与内涵

可持续发展涉及可持续经济（是基础）、可持续生态（是条件）和可持续社会（是目的）三个方面的协调统一，要求人类在发展中讲究经济效益，维持生态平衡和追求社会公平，最终达到人类生活质量的提高。

1）经济的可持续发展：可持续发展十分强调经济增长的必要性，而不是以环境保护为名取消经济增长，因为经济发展是国家实力和社会财富的体现。只有经济发展了，才能掌握推进社会发展的物质手段，在现实中还没有经济不发展而社会发展的先例。但可持续发展不仅重视经济增长的数量，更关注经济发展的质量（经济结构、产业结构是否合理等）。可持续发展要求改变传统的以"高投入、高消耗、高污染"为特征的生产模式和消费模式，实行清洁生产和文明消费，以减少资源的浪费和环境的污染而提高经济活动的效益。中国是一个人口多、底子薄的发展中国家，只有保持较快的经济增长速度，才能不断地增强综合国力，尽快地消除贫困，改善人们的物质和文化生活，否则就会失去支撑和保证。因此，经济发展应当放在中心的位置。当前在我国要努力实现经济增长方式从粗放型到集约型的根本性转变，这是可持续发展在经济方面的必然要求。

2）社会的可持续发展：虽然经济发展是基础，生态发展是条件，但它们本身都不是目的。无论任何社会都不存在为经济而经济、为环境而环境的发展。人们从事经济活动和环境保护，归根结底是为了提高人们的生活质量和改善人们的生存环境。发展的根本目的是要建立高度物质文明和精神文明的社会，是为促进人的全面发展。因此，在人类可持续发展系统中，经济可持续是基础，生态可持续是条件，社会可持续才是目的。

3）生态的可持续发展：可持续发展要求经济发展要与自然承载能力相协调，发展的同时必须保护、改善和提高地球的资源再生能力和环境自净能力，保证以可持续的方式使用自然资源和环境成本，因为可持续的经济必须要有可持续的自然资源和环境的支撑。因此，可持续发展强调发展需要节制，没有节制的发展必然导致不可持续的结果。

可持续发展强调社会公平是发展的内在要素，是环境保护得以实现的机制。鉴于地球上不同国家和地区间的自然资源分配与环境代价分配的两极分化，严重影响着人类的可持续发展。因此，发展的本质应包括普遍改善人类的生活质量，提高人类的健康水平，创造一个保障人们平等、自由、教育、人权和免受暴力的全球社会环境。

（三）经济的可持续发展

为了实现经济可持续发展，目前，世界各国大力推行清洁生产，要求人们在生产和日常生活中遵循下列三个原则。

1）减量化原则（reduce）：减量化原则要求用较少的原料和能源投入来达到既定的经济目的或生活目的，从而在经济活动的源头就注意节约资源和减少污染。在生产过程中，减量化原则表现为要求产品体积小型化和产品质量轻型化，并要求产品的包装应该追求简单朴实而不是豪华浪费，从而达到在废弃时减少垃圾污染的目的。目前，在我国尚存在着产品的过度包装和超豪华包装问题，有些观点认为超豪华包装可带动包装产业，其实这是浪费资源、污染环境的行为，对提高人们生活质量没有任何益处。值得注意的是，减量化原则是在保质保量的前提下节约自然资源，这不能成为不法生产商在生产过程中原料"瘦身"、产品以次充好和工程偷工减料的借口。

2）再使用原则（reuse）：再使用原则要求制造产品和包装容器能够以初始的形式被多次使用和反复使用，而不是用过一次就了结。显然，现代工业社会一次性用品不加控制的泛滥与再使用原则是相抵触的。追求现代化的中国，大量使用一次性用品，既造成了极大的资源浪费，又导致了景观破坏和环境污染。再使用原则还要求制造商尽量延长产品的使用期，而不是像现在这样刺激产品非常快地更新换代。一些有可持续发展思想的制造商使计算机、电视机及其他电子器具设计成模块化的组合，在更新换代时只需方便快捷地置换其中的部件，而不是更换整个产品，实质上达到了产品的持续使用，也是再使用原则的具体体现。

3）再循环原则（recycle）：再循环原则就是使物品完成其使用功能后，重新变成可以利用的资源而不是不可回收和恢复的垃圾。在再循环原则之下，生产者的一个重要任务就是解决废弃物品的处理问题。按照可持续发展的思想，仅使一件产品诞生的生产设计只能算是完成了一半设计工作，关键的是要提供产品在寿终正寝后如何处理的设计。

由于以上三个原则的英文 reduce、reuse、recycle 都是以 r 开头，所以简称"3R"原则。

（四）社会的可持续发展

由于人是社会的主体与核心，所以可持续发展必须以人的生存权利和幸福感为终极目标。同时，人又是自然资源和社会财富的消费者。因此，实现社会的可持续发展所面临的关键问题在于要解决好人口这个大问题。

1. 世界人口问题

当今世界所面临的社会和发展问题，其核心问题是人口问题。例如，环境污染、资源枯竭、能源短缺和粮食不足等，都是由人口膨胀所衍生出来的。

根据历史资料分析，在公元初世界人口约 2.5 亿，到 1600 年才达到 5 亿，人口增长率为 0.04%，人口倍增时间用了 1600 年。在 1830 年，世界人口达到第一个 10 亿，人口增长率为 0.3%，人口倍增时间用了 230 年。1830~1930 年，世界人口由 10 亿增到 20 亿，人口增长率为 0.7%，人口倍增时间用了 100 年。在此之后，每增加 10 亿人口的时间从 100 年缩减到 30 年、15 年、12 年和 13 年。1975 年世界人口达 40 亿。1987 年 7 月 11 日，世界人口达到 50 亿。1999 年 10 月 12 日，世界人口达到 60 亿。2006 年 2 月 26 日，世界人口已达 65 亿。

目前，世界人口的增长率是 2%，大约 35 年世界人口就将翻倍。一方面，世界人口的基数在急剧地呈指数增长，另一方面，世界人口增长率居高不下，这就是人们所说的世界人口"爆炸"问题。

世界人口发展的历史表明，人口再生产有三种类型，即原始传统型、过渡型和现代型。原始传统型人口再生产与较为低下的生产力水平相适应，其特征表现为高出生率、高死亡率、低自然增长率；过渡型人口再生产的特征表现为高出生率、低死亡率、高自然增长率；现代型人口再生产与现代社会化大生产相适应，其特征表现为低出生率、低死亡率、低自然增长率，或零增长、负增长。目前，由于处在不同发展阶段，不同的国家和地区表现出不同的人口再生产类型，人口发展极不平衡。

世界人口发展的两种趋势，导致了两种不同的人口政策，一种是鼓励生育，扩大家庭人口数量的人口政策；另一种是控制生育，缩小家庭规模的人口政策。发达国家的人口增长都很缓慢，发展中国家的增长率却很高。例如，按 1976 年的增长率计算，人口倍增时间为：欧洲 116 年，北美洲 87 年，亚洲 36 年，非洲 27 年；英国 694 年，瑞典 174 年，美国 87 年，中国 41 年，印度 35 年，墨西哥 28 年，科威特 12 年。

世界人口的主要问题是增长太快，巨大的人口数量给就业、教育、医疗、资源、环境、社会保障等带来了一系列的困难与压力。另外，从世界人口发展趋势看，人口老龄化和人口城市化问题也比较突出，尤其是我国，在这两个方面都存在极大的问题。

根据人口的年龄组成，联合国把世界各国的人口组成分为 3 个类型：人口中 65 岁以上者占总人口数量 4%以下的，为年轻型人口；在 4%～7%的为壮年型人口；在 7%以上的为年老型人口。年老型人口类型是指 65 岁以上的人口数占总人口的比例，而人口老龄化是指由于死亡率下降，老年人比例增加，或由于出生率下降，青壮年比例减少，两者共同影响的结果。老龄化指数是指 65 岁以上的老人数与 14 岁以下的人数的百分比。

2. 中国人口问题

据历史资料记载，中国从明朝末开始人口增长加快，到 1849 年人口总数达 4.13 亿。到 1949 年时，人口总量为 5.416 亿。

1949 年，标志着一个新的历史时期的开始。长期战争状态结束了，开始了和平建设时期，发展生产，人民的生活水平显著提高，人口的出生率保持着较高的水平；同时，医疗卫生条件的改善，各种危害人民生命的急性传染病很快得到控制，人口的死亡率大幅度下降，因而人口的增长速度迅速加快。到 1954 年，人口突破了 6 亿；1964 年突破了 7 亿；1969 年突破了 8 亿；1974 年突破了 9 亿；1981 年突破了 10 亿。到 1986 年底，我国人口达 10.6 亿。与 1949 年相比，37 年使得我国人口几乎翻了一番。1949 年以后，在人口自然增长率方面，除了 1960 年的增长率是负值外，其他年份都是正值。1949～1959 年，我国人口的平均自然增长率是 19.48‰；而从 1962～1970 年，平均自然增长率是 27.49‰，其中最高的一年是 1963 年，为 33.33‰。在 1971～1980 年，由于我国实行了计划生育政策，平均自然增长率下降到 15.89‰。虽然我国的人口平均自然增长率得到了控制，但是，由于人口基数大，人口的净增长还是很快。到 1983 年，平均自然增长率降到了 11.54‰，达到了 1949 年以来最低水平。而到 1986 年，人口平均自然增长率又开始回升，达 20.77‰。1949 年以后我国人口发展的特点是：人口增长速度快，规模大，青少年比例增大，平均寿命大大延长。

到 2005 年 1 月 6 日，全国总人口已达 13 亿，56 年间增加了 7.6 亿，每年增加的人数达 1300 多万，速度之快是我国人口发展史上不曾有过的。尽管从 20 世纪 70 年代开始，我国全面开展了计划生育工作，人们的生育水平已大幅度下降，人口的增长速度显著减慢，人口再生产类型也由 1949 年的原始传统型转变为现代型。但由于人口基数大，每年净增人口仍以 800 万左右的速度在增加。庞大的人口规模和快速的增长速度已经给我国的社会经济发展以及资源利用和环境保护造成了巨大的压力，成为 1949 年以来我国面临的首要人口问题。根据预测，到 2033 年左右，我国人口将达到峰值 15 亿。中国人口的另一个问题是性别比失衡的问题（图 6-6），1981 年全国第 3 次人口普查的结果性别比是 108.47；1990 年全国第 4 次人口普查为 111.3；2000 年全国第 5 次普查为 116.9；2005 年全国 1%抽样调查，结果为 118.58；2010 年第六次全国人口普查为 118.06。由此看来，我国的性别比失衡越来越严重，这个问题应该引起我国政府的高度重视。另外，中国人口在未来十几年即将步入老龄化社会，我们要尽快建立完善的良好的社会保障制度，迎接老龄化社会的到来。

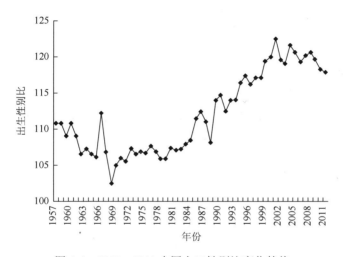

图 6-6　1957～2011 中国人口性别比变化趋势

人口是人类社会的主体。人口的数量与质量，以及发展速度与密度，对整个社会发展具有重大影响。中国人口问题是必须严格控制数量，同时努力提高人口质量。因为只有严格控制人口增长，才能有利于加速资金积累，扩大再生产，才能有利于提高劳动生产率和提高工资水平，才能有利于提高人民生活水平，才能有利于发展科学和教育事业。另外，只有通过提高人口质量，包括整体提高人口的身体素质和科学文化素质，才能够实现民族的振兴，实现我国的现代化建设宏伟目标与梦想。

（五）生态的可持续发展

可持续发展的本质告诉我们，环境持续是条件，经济持续是基础，社会持续是目的。所以，我们应该把环境的持续发展放在首位。目前，西方发达国家在工业化社会结束后，经过较长时期的治理，环境状况有了很大改善。而发展中国家却因处于工业化起步阶段，过度追求发展速度，资源压力太大，环境负荷太重。特别是我国，在资源浪费、生态系统退化和环境污染方面，形势相当严峻！随着我国的工业化和城镇化的进一步发展，环境问题会更加突出、更加复杂，需要高度重视。

由于不同国家或地区的资源蕴藏量不同，不仅单位面积耕地、草地、林地、建筑用地、海洋（水域）等相互之间的生态生产能力差异很大，单位面积同类生物不同生产面积类型的生态生产力也差异很大。因此，不同国家或地区同类生物生产面积类型的实际面积是不能进行直接对比的，需要对不同类型的面积进行标准化处理。近年来，评价可持续发展的指标主要使用生态足迹和生态承载力。

1. 生态足迹

生态足迹（ecological footprint）是指为一个特定的服务对象能够持续地提供资源或消纳废物的、具有生物生产力的地域空间。也就是说，要维持一个人、一个地区、一个国家的生存发展所需要的或者指能够容纳人类所排放废物的、具有生物生产力的地域面积，也称单位生态占用。生态足迹有不同的尺度，小到单个的消费者，大到一个国家或地区。同样是一个人，因生活质量和消费水平的提高，其生态足迹现在是 20 世纪中期一个人的几倍甚至 10 多倍。2004 年，世界自然基金会的《2004 地球生态报告》中开始使用生态足迹这一指标。

生态足迹的计算公式为

$$EF = N \cdot ef = N \cdot \sum (aa_i) = \sum (c_i/p_i) = \sum r_j A_i$$

式中，EF 为总的生态足迹；N 为人口数；ef 为人均生态足迹；aa_i 为人均 i 种交易商品折算的生物生产面积；i 为所消费商品和投入的类型；c_i 为 i 种商品的人均消费量；p_i 为 i 种消费商品的平均生产能力；A_i 为第 i 种消费项目折算的人均生态足迹分量（hm^2/人）；r_j 为均衡因子。

在计算生态足迹时，由于各种资源和能源消费项目需要折算为耕地、草场、林地、建筑用地、化石能源土地和海洋（水域）等 6 种生物生产面积类型，而对计算得到的各类生物生产面积需要乘以一个均衡因子（rk）。均衡因子的计算公式为

$$rk = d_k/D(k = 1, 2, 3, \cdots, 6)$$

式中，d_k 为全球第 k 类生物生产面积类型的平均生态生产力；D 为全球所有各类生物生产面积类型的平均生态生产力。

如果需要计算人均生态足迹分量，可根据公式

$$A_i = (P_i + I_i - E_i)/(Y_i \cdot N)(i = 1, 2, 3, \cdots, m)$$

式中，A_i 为第 i 种消费项目折算的人均生态足迹分量（hm^2/人）；P_i 为第 i 种消费项目的年生产量；I_i 为第 i 种消费项目年进口量；E_i 为第 i 种消费项目的年出口量；Y_i 为

生物生产土地生产第 i 种消费项目的年（世界）平均产量（kg/hm^2）；N 为人口数；m 为涉及的消费项目总数。

2. 生态承载力

在一定区域内，在不损害该区域环境的情况下，所能承载的人类最大负荷量，称为生态承载力（ecological carrying capacity）。生态承载力的内涵，即特定时间、特定生态系统的自我维持、自我调节的能力，资源与环境子系统对人类社会系统可持续发展的一种支持能力，以及生态系统所能持续支撑的一定发展程度的社会经济规模和具有一定生活水平的人口数量。

生态承载力（EC）的计算公式

$$EC = N \times ec = (1-12\%)N \times ec$$

式中，N 为人口数；ec 为人均生态承载力（hm^2/人），即 $ec = \sum (a_j \times r_j \times y_j)(j=1,2,3,\cdots,6)$，其中，$a_j$ 为人均生物生产面积，r_j 为均衡因子，y_j 为产量因子。按照世界自然基金会的做法，在计算生态承载力时应扣除 12% 的生物多样性保护面积。

不同国家或地区的某类生物生产面积类型所代表的局地产量与世界平均产量的差异可用产量因子表示。某个国家或地区某类土地的产量因子是其平均生产力与世界同类土地的平均生产力的比率。

如果区域生态足迹超过了区域所能提供的生态承载力，即为生态赤字，就是不可持续的。如果小于区域的生态承载力，则为生态盈余。

虽然生态足迹既能反映出个人或地区的资源消耗强度，又能反映出区域的资源供给能力和资源消耗总量，量化了人类生存和持续发展的生态阈值。但生态足迹只是一种基于历史和现状静态数据的分析方法，不能反映未来的发展趋势。生态足迹只能反映经济决策对环境的影响，只关注了经济产品和社会服务方面的耗费，而未注意生态产品和生态服务方面的耗费，以及对资源的间接消费等一些影响因素。

（六）生态文明建设

1. 什么是生态文明建设

生态文明建设是在面对人类社会的资源约束趋紧、环境污染严重、生态系统退化的严峻形势下，必须树立尊重自然、顺应自然、保护自然的生态文明理念，坚持走可持续发展道路的战略措施。

可持续发展，就是要在发展经济的同时，充分考虑环境、资源和生态的承受能力，保持人与自然的和谐发展，实现自然资源的永续利用，实现社会的永续发展。协调发展，就是要在发展中实现速度与结构、质量、效益的有机统一，促进发展的良性循环。全面发展包含着经济发展，也包含社会发展。生态文明建设既强调可持续发展，又重视协调发展和全面发展，其内涵包括人格文明、生态文明和产业文明的建设。尤其是人格文明，要求我们每个人做到绿色消费，简朴生活。什么是简朴生活呢？每件物品要使用到不能使用时为止，不要拥有一些不必要的东西。一句话，反对一切浪费行为和现象。因为浪费的不仅仅是你自己钱财的问题，而是全社会或全人类的宝贵资源的问题。

2. 我国为什么要走生态文明建设之路

当前，我国经济总量已跃升为全球第二位，人均 GDP 超过 8000 美元。但是由于经济增长的方式尚未实现根本性的转变，投入与产出的效率还不高，可持续发展的能力还不强，经济社会发展与人口、资源和环境之间的矛盾比较突出。目前，我们人均占有的耕地为世界人均水平的 40%，人均占有的淡水不足世界平均水平的30%，单位 GDP 的水耗是发达国家平均水平的 10 倍以上。近年来，我国生态环境总体恶化的趋势虽得到扭转，但经济增长所付出的资源与环境的代价太大。

社会发展中暴露出的这些矛盾，要求我们树立科学的发展观，把经济发展建立在控制人口数量和提高质量的基础上，建立在节约资源的基础上，建立在保护环境的基础上，建立在改善生态的基础上，促进经济效益、社会效益、生态效益的全面提高。发展是第一要务，是解决所有问题的关键。一方面发展是硬道理，另一方面发展要有新思路。树立正确的世界观、价值观、伦理观和科学的发展观，要根据时代的变化，更新发展的观念，丰富发展的内容，加深对发展规律的认识，更好地体现与时俱进的创新精神。要用新的观念、新的机制、新的办法促进发展。优化经济结构，改善经济增长的质量和效益，提高发展水平和保护生态环境，促进先进生产力的发展。

建设生态文明，是关系人民福祉、关乎民族未来的长远大计。其意义在于：①建设生态文明是实现中华民族伟大复兴的根本保障；②建设生态文明是发展中国特色社会主义的战略选择；③建设生态文明是推动经济社会科学发展的必由之路；④建设生态文明是顺应人民群众新期待的迫切需要。

3. 如何实施生态文明建设

通过优化国土空间开发格局、全面促进资源节约、加大自然生态系统和环境保护力度，加强生态文明制度建设等措施，大力推进绿色发展、循环发展和低碳发展模式，努力建设美丽中国，实现城乡永续发展，实现中华民族伟大复兴的中国梦。

当前，我国将生态文明建设与经济建设、政治建设、文化建设、社会建设相依靠，形成建设中国特色社会主义事业"五位一体"的总体布局，并且我国特色社会主义进入了新时代。

此外，要加强对广大干部，特别是领导干部的国情、国策、国法的教育，全面建设环保型和集约型的社会。向广大群众普及生态学知识，尤其是领导干部要学习和掌握生态学基本理论，用生态学原理和理论指导生态文明建设。

总而言之，走向富裕和摆脱贫困，是人类初步的梦想和追求。而发达的经济、和谐的社会、富裕的生活和美好的环境，是人类社会更高层次的梦想和追求。从地球村角度出发，根据全球生态学理论，实现人类与自然和谐相处的可持续发展一定需要全人类的共同努力。

六、生态规划与生态恢复

（一）生态规划

生态规划是指运用生态学原理和生态经济学知识及社会文化信息，为了协调人的社会经济活动与自然生态过程的关系，实现资源利用、环境保护和经济增长的良性循环，需要针对景观资源的利用和区域发展进行的科学决策。

区域是一个由人类活动的社会属性、经济属性和自然过程相互联系起来的"社会—经济—自然"复合生态系统。它可以划分为 3 个亚系统，即区域社会亚系统、区域经济亚系统和区域自然亚系统。

1. 生态规划的原则与内涵

生态规划的原则：整体优化原则；趋势开拓原则；协调共生原则；高效和谐原则；生态平衡原则；区域分异原则；可持续发展原则。

生态规划的内涵：①强调区域发展与区域自然的协调；②强调经济发展的高效和持续性；③强调区域发展的经济优势与区域内的社会经济功能及生态环境功能的协调与互补；④认识区域自然资源与自然环境的性能，以及自然生态过程的特征与人类活动的关系。

2. 生态规划的步骤

生态规划的完成过程包括生态调查、生态评价和生态决策分析三个方面。

（1）生态调查

1）确立生态规划的范围与目标。在生态规划过程中，必须首先掌握所规划区域内的各种资源的现状与历史、社会经济特征及其相互间的关系。生态调查的目的是通过调查收集区域内的自然、社会、人口与经济的资料与数据，为充分了解和认识规划区域内的生态过程、生态潜力与制约因素等提供科学基础。

根据生态规划的对象和目标的不同，生态调查所涉及的项目也不同，包括自然资源、环境、人口、文化、科技、经济、旅游、灾害等方面。在调查方法上，可采用实地调查、社会调查、历史资料的收集和先进的遥感技术的应用。

2）根据规划目标收集数据与信息。对于数据与资料的收集，不仅要关注现状，而且对于历史的资料要给予重视，特别是重点做好第一手资料的收集。另外，要充分利用遥感技术所获得的各种信息资源。

（2）生态评价

区域生态环境评价是最近几十年来国内外关注的一个热点问题。区域生态评价方法大致可以分为 4 类：①用于辅助政策宏观调控的评价方法，如生态承载力评价、生态过程评价、区域可持续发展评价等；②用于生态环境管理成效评估的生态评价方法；③用于生态功能区划分中的生态评价方法，如区域景观格局分析、生态敏感性评价、生态服务功能评价；④敏感及脆弱生态系统管理中的评价方法，如生态系统健康评价、生态系统完整性评价、区域生态风险评价、区域生态安全评价和能值分析等。虽然评价方法众多，而且这些方法的侧重点都不一样，但是都需要作进一步发展和完善。

1）区域自然环境与资源的生态分析与生态评价：我们要运用生态学、生态经济学及其他相关科学知识，对区域规划目标有关的自然环境与资源的性能、生态过程、生态敏感性、区域生态潜力和限制因素进行综合分析与评价。

生态过程分析是指对生态系统与景观生态功能的分析，关键是区域复合生态系统的能量流动和物质循环的分析。

生态潜力分析是指根据区域的光照、温度、降水、土壤等资源情况，分析单位面积土地上可能达到的初级生产力的水平。这个指标反映了区域的气候资源和土地资源状况，是区域农业和林业生产的基础。

生态格局分析是指对人类景观生态格局进行的研究，区域人类景观是指区域复合生态系统的空间结构。同自然生物群落相比，区域人类景观受到农田、林地、河道、道路、村庄、工厂和学校等要素的影响和制约。区域规划就是根据生态学原理，把上述的各个要素进行合理的安排与调控，实现和达到对区域土地资源科学利用的格局。

生态敏感性分析是指研究那些对人工干扰反应极其敏感的生态系统或生态要素，因为在区域复合生态系统中，各个成分抗干扰的能力是不同的。在分析出生态敏感性要素后，在规划中要给予更多的考虑，否则它将成为区域规划实施和功能发挥的限制性要素。

土地质量与区位评价是区域复合生态系统分析与评价的综合和归纳。土地质量的优和劣与区域气候条件、地理特点、土壤养分、水分有效性、植被类型和社会经济条件等都有关系。区位评价是为区域经济发展布局和城镇建设提供依据，涉及地形地貌、植被、土壤、河流水系、农业、交通、人口、卫生、教育和公共设施基础等。

2）区域社会经济特征的分析：运用经济学和生态经济学分析评价区域工业、农业及其他经济部门的结构，分析资源利用及投入与产出效益等，以及分析经济发展的地区特征，评价区域生态区划和生态经济区位，寻找出区域社会经济发展的潜力及社会经济问题的根源。

（3）生态决策分析

生态规划的最终目标是提供区域发展的具体方案与途径。根据区域发展要求与区域复合生态系统的资源、环境和社会经济条件，我们必须分析与选择出符合经济学和生态学原理的区域发展方案与措施。

1）生态适宜性分析。根据区域发展目标和资源要求，通过与区域资源现状的匹配分析，评价相关资源的生态适宜性，即生态适宜性分析。它是生态规划的核心，是根据区域自然资源与环境性能，再根据发展要求与资源利用要求，划分出资源与环境的适宜性等级。最后，综合各个单项资源的适宜性分析结果，分析区域发展或资源开发利用的综合生态适宜性空间分布图。

生态适宜性的分析方法有数学组合法、整体法、因子分析法和逻辑组合法。I. L. McHarg 在 1969 年发表的生态适宜性分析方法比较系统，可分为确定规划范围和规划目标；广泛收集规划区域内的自然与人文资料；根据规划目标综合分析，提取所需信息；对各主要因素及各种资源利用方式进行适宜度分析，确定适应性等级；综合适应性图的绘制等步骤。

2）制定区域发展与资源利用的规划方案。在完成了生态调查和生态评价以后，并且对生态适宜性进行了分析，就可制订出区域发展与资源利用的规划方案。区域规划方案要求促进区域社会经济的发展，改善生态环境条件，以及增强区域持续发展能力。

3）区域规划方案评价与选择。运用经济学和生态学知识和原理，对区域规划方案进行全面的综合评价。首先，评价规划方案与规划目标是否一致，从规划的发展潜力看，能否满足规划目标的要求；其次，进行成本-效益分析，因为每个规划方案的实施都需要资本的投入和资源的消耗，同时，它必将产生一定的经济效益、社会效益和环境效益。只有通过成本-效益分析后，才能够判断其方案的合理性和重要性；最后，评价对区域持续发展能力的影响，特别注意在评价方案时不能只看见正面效益，也要关注其负面的影响，尤其是对自然生态环境系统的不可逆性分析。所以，在最终选择规划方案时，一定要从社会的、环境的和经济的综合效益去评价。

在国内，生态规划的技术路线是由政府决策部门和规划与环保业务部门共同协作完成的。一般包括以下几个阶段：规划设计与筹备阶段；生态要素调查、评价和预测阶段（内容包括人口分布、资源利用、土地利用、地形地貌、气象水文、园林绿化、环境污染等）；规划设计阶段（包括规划目标，内容涉及社会的、生态的和经济的）；评审阶段；实施阶段。

在国外，生态规划的技术路线是由确定规划目标→资源数据清单和分析→区域适宜度分析→规划方案评价→规划方案选择→规划方案实施→规划执行这几个阶段组成的。

（二）生态恢复

生态恢复是指通过人工方法，按照自然规律和生态学原理，恢复天然生态系统的结构与功能，也称生态修复。生态恢复的含义比较广泛，既包括了对生态系统组成成分的修复，也包括了对生态系统某些功能的恢复，它不是简单地通过植树造林和兴修水利等，以改善小气候和保持水土为目的的活动。而是试图根据历史重新营造、人工定向引导或加速自然系统演化过程的一种手段或方法。严格地说，人类不可能去恢复真正的天然生态系统，但是我们可以在物质和能量方面去扶持和保护自然系统，为一定地域内的植物、动物和微生物提供基本的环境条件，然后让它们进行自然演化，最后实现生态系统的恢复。例如，当某地的地表水被污染后，可采取生态的方法加以控制和恢复；当土壤受到重金属污染后，可利用植物的富集作用进行修复。但是，并不是所有的生态系统破坏后都可进行恢复。例如，当地下水受到污染后，其生态恢复是相当困难的。

天然生态系统的恢复工程，其方法常见的有以下两种。

1. 群落基本框架法

这是指通过建立单种种群或多种种群，作为恢复生态系统的基本框架。这些物种通常是植物群落发育中的演替早期阶段（或称先锋植物）的物种或演替中期阶段的物种。这个方法的优点是工程量小，只靠一个（或少数几个）物种的人工种植，而生态系统的发育和演替主要依赖于当地的物种来维持，并最终增加群落的生物多样性。因此，这种方法最好是在距离现存天然生态系统附近的地方使用。例如，自然保护区的局部退化地区的恢复，或在现存天然植被斑块之间建立联系和通道时可采用。

2. 最大多样性法

这是一种尽可能地按照生态系统退化前的物种组成及多样性水平，通过大量种植各种生态位不同的植物进行生态恢复的方法，不仅需要大量种植群落的建群种，也要种植一些伴生种，甚至要考虑到林冠下的阴生植物和附生植物。这是按照群落演替成熟阶段的物种进行人工配置的，群落发育的先锋物种就被省略了。不过这种方法要求人们对当地的古植被、土壤和气候资料掌握得比较全面。这种方法适合于在小面积的高强度人工管理的地段实施。由于这种方法是直接营造出某个群落演替的早期成熟阶段，需要高强度和高难度的人工管理和维护，不仅许多物种生长缓慢，而且对生境的要求比较严格，因此，需要的人工投入比较大，成功的风险也比较大。

生态工程（ecological engineering）是应用生态系统中物种共生关系与物质循环原理，以及结构与功能协调的原则，结合系统分析的最优化方法，从大空间尺度设计出能够促进分层多级利用物质和能量的农林生产系统、水利防洪灌溉系统、环境保护与资源开发系统等大型工程。

【重要概念】

1）应用生态学——将理论生态学的基本原理与研究方法应用到各种生产实践活动中，或将理论生态学与其他应用学科相结合，从而形成的综合性或交叉性的应用学科。

2）再生性自然资源——主要是生物资源（如森林、草原、农作物、野生动植物等）和某些动态的非生物资源（土壤和地方性水资源）。

3）非再生性自然资源——主要是矿产资源。非再生性自然资源又可分为可回收和不可回收两种。

4）持久性有机污染物（persistent organic pollutant，POP）——一类具有长期残留性、生物蓄积性、半挥发性和高毒性，并能在大气环境中远距离迁移，降到地表层后，会对人类健康和环境具有极其严重危害的天然的或人工合成的有机污染物。

5）老龄化指数——一个地区或国家 65 岁以上的老年人口数与 14 岁以下的人口数的百分比，称为老龄化指数。

6）生物多样性——一定地域范围内的各种生物物种和其种下单位，以及生物栖息环境的多样化程度，称为生物多样性。一般来说，包括三个方面，即物种多样性、遗传多样性和生态系统多样性。

7）生态足迹——为特定的服务对象能够持续地提供资源或消纳废物的、具有生物生产力的地域空间，也称单位生态占用。

8）CDM 机制——CDM（cleaner development machinery），清洁发展机制，是世界银行生物碳基金会对全球造林再造林项目和减少温室气体项目给予经济补偿的一种发展策略。

9）温室气体——大气中的 CO_2 和 CH_4 等气体，对太阳辐射（短波辐射）是通透无阻的，但却能够吸收红外线而阻挡地球表面红外辐射（长波辐射）的通过，使近地面大气层的温度升高，这些气体称为温室气体。因此，大气中温室气体的浓度越高，气温也就越高。温室气体的这种作用与大棚温室的玻璃或塑料薄膜的增温功能相似，称为温室效应。

10）可持续发展（sustainable development）——在《我们共同的未来》一书中的定义：“既满足当代人的需要，又不损害后代人需要的发展。”人们对可持续发展的理解至少有两个基本含义：第一，可持续发展首先是强调发展，不发展就谈不上可持续发展。第二，可持续发展是突出“可持续性”，传统意义上的发展不一定是可持续的发展。

11）绿色 GDP（绿色国民账户）——在 GDP 核算中需要扣除由经济增长造成自然资源消耗和生态环境破坏的直接经济损失，以及为恢复生态平衡、挽回资源损失而必须支付的经济投资，这是一种新型的环境与经济综合核算体系。

12）生态文明建设——面对人类社会的资源约束趋紧、环境污染严重、生态系统退化的严峻形势，必须树立尊重自然、顺应自然、保护自然的生态文明理念，坚持走可持续发展战略道路。

13）土地荒漠化——包括沙漠化、岩漠化、盐碱化。沙漠化主要是在干旱、半干旱地区土壤受风蚀而形成的沙质荒漠化。岩漠化是在湿润、半湿润地区丘陵山地的土壤受水蚀的影响导致岩石暴露，而形成的岩质荒漠化（如戈壁滩，我国黄土高原土地荒漠化就属此类）。盐碱化是在干旱、半干旱地区用水管理不当而使盐分在土壤表层中沉积而形成的盐碱漠化。

【难点解疑】

当前，生态学与其他科学不断地交叉和渗透，形成了许多属于边缘学科的应用生态学。生态学与我们的日常生活和生产实践有着密切的联系，所以，普及生态学对于提高大众科学素养是有益的。本章所介绍的只是应用生态学的一部分，一般来说本章没有难点，希望读者通过其他途径了解更多的关于应用生态学的进展。因为生态学就在你的身边，下面谈谈与我们生活有关的和一些有争议的生态学问题。

1. 生态学与我们的生活

人不仅具有生物属性，是具有理性的动物，而且属于喜欢群居的社会性动物，具有丰富的情感、复杂的语言和独特的文化，所以，人属于社会人。此外，人属于生理人，因为人体细胞所处的内环境的稳态非常重要，像血液和组织液等，一旦内环境失衡，人就要生病，严重时会危及生命。另外，人属于生态人。

从生态人的角度看，我们的"衣食住行"都离不开生态学。首先，衣服，如换季穿衣要坚持"春捂"和"秋冻"原则，这就是根据生态学的适应与驯化的原理。其次，食物，如一日三餐不仅要吃得好，吃得科学，营养合理，还要注意食品安全，因为病从口入。从营养和健康的角度看，人们应尽量食用时令蔬菜和瓜果，在挑选瓜果和蔬菜时应警惕所选食物的"早、大、艳、奇（畸）"。再者，住所，即为环境，环境对人来说太重要了，除了阳光、空气和水，以及交通、地形地貌、绿化和植被外，还有来自听觉和视觉方面的环境因子。

说到人体的环境，我们应该关注人体的外表面和内表面两个环境。一般的人只会想到体外环境，而忽略体内肠道具有的复杂的生态环境。由于人体胚胎在发育早期经过了双胚层阶段，就像是一个双层的套筒或无底的双层茶杯一样。首先，外胚层形成了我们的皮肤和毛发，用于接触体表的外环境，皮肤结构复杂，并且不断更新。皮肤上有游离脂肪酸，具抗微生物的作用，还有一些正常微生物分泌异株克生物质可抑制外来微生物的入侵，所以，皮肤是我们人体的第一道保护屏障。其次，内胚层发育为呼吸器官和消化道，组成体表的内环境。除了呼吸器官是由内胚层发育的外，消化道也是内胚层发育的。自口到肛门，整个消化道表面都是由上皮细胞组成的，有的具保护功能，有的具吸收功能。有意思的是，附在消化道上的肌肉是由中胚层发育而来的，除了口和肛门两处存在骨骼肌外，其余都是由平滑肌组成的，由它们支撑着体内黏膜上皮组织。从生态学角度看，整个消化道内环境的稳定和微生物群落（口腔和胃肠道的有益微生物和有害微生物）的平衡对人体健康来说极其重要。像一些环境激素主要通过内环境对人体产生影响，它们是外源性干扰生物体内分泌的化学物质。环境激素种类众多，如壬基酚、双酚 A、二乙基人造雌性激素等约 300 种，存在范围广。例如，在农药、除草剂、洗涤剂、发泡剂、塑料、废电池、装修材料和垃圾等中都存在大量环境激素。因此，大力保护生态环境显得多么重要！

最后谈一下行的问题，行包括日常外出活动和旅行，其中旅行更需要生态学知识。例如，在一天当中，或不同的季节里，什么时间外出活动对身体是最有益的。再如，出远门需要看天气，考虑是否需要带雨具和防寒的衣服；对于在旅行沿途所见植被类型和地貌景观，都可从生态学的角度进行观察和欣赏。

因此，学习生态学不仅可提高科学素养和环境保护意识，而且可丰富人们的生活知识和提升身心健康水平。

2. 中草药的种植和采收与环境和物候期的关系

中国的中医中药源远流长，药材质量直接影响中医的疗效。在中医界特别强调地道药材，如亳州的芍药、铜陵的丹皮、四川的黄连等。同人工栽培的药材相比，为什么地道药材的药效会更好呢？这是因为生态环境会影响药材的质量。不仅如此，药材采收的物候期也很重要，对于以块根、块茎或鳞茎入药的药材，需要在寒露或霜降前后采收，如果太早，有效成分尚未全部输送到储藏器官，影响药效。野生天麻需在立夏前后采收，不能太迟，否则天麻抽箭开花后营养被消耗，失去药用价值。因此，生态学理论在指导中草药的种植和采收、确保中药材质量方面，具有十分重要的价值。

3. 转基因的生态安全与危险的终止子技术

近些年来，关于转基因的争论一直未消停过。有人认为"转基因"一词翻译得不妥，便提出使用"遗传修饰生物体"（genetically modified organism，GMO）代替转基因。问题不在于转基因术语和技术本身，而是社会大众对转基因概念缺乏科学认识，以及科学家如何利用这项技术和政府如何监管转基因技术的问题。当下，人们对待转基因技术的态度，成了一个简单的"挺转与反转"的问题，即"Yes 或 No"的对立面问题，这两者都不是科学的态度。实事求是地说，转基因作为一种生物技术手段，该技术的发明与发展首先应得到肯定，为人类社会进步将会做出贡献。但是，生物技术也是一把双刃剑，必须科学合理地利用它。

转基因与杂交既有相似之处，又有明显区别。转基因是将一种生物的一个或少数几个基因（目的基因）的功能单位，转入另一种生物的基因组之中，这两种生物之间的亲缘关系或近或远。而杂交则是利用有性生殖时减数分裂形成的单倍体生殖细胞进行组合，杂交的父本和母本各提供一整套染色体组（指二倍体亲本，如为多倍体亲本则为一半染色体数），在杂合子中再次实现染色体数量的恢复或加倍。杂交的父本和母本一定要有亲缘关系，关系越近，杂交越容易，一般杂交成功率是品种间杂交＞种间杂交＞属间杂交＞科间杂交。同天然杂交和人工杂交相比，转基因是人们根据需要随心所欲地选择目的基因，是一种人为的创造生物新品种的手段，属于"微杂交"。在自然界，"微杂交"也是常见的，称为基因的水平转移。而人工杂交是半天然地改造生物物种。因为谁与谁杂交是受人为选择的，而杂交的两套染色体组是在自然界里天然形成的，如果两组染色体间差异过大，则无法杂交。如果强行杂交成功，则杂种不育，像马和驴杂交产生的骡子不育。在自然界中，有相当多的物种都是通过天然杂交形成的，自然选择对杂交结果的安全性和有效性负责。

关于转基因技术的产品到底是否安全这个问题，要取决于转什么基因？如果将某种生物的某个形态、结构或习性的基因，转入其近缘种的基因组中，一般来说是安全的，风险小或无风险。例如，人们将甘蔗的高秆习性基因转入水稻中，增加水稻的抗倒伏能力，这种转基因风险小或无风险。可是，如果将一种生物的某种毒蛋白质或剧毒次生物质的基因，强行转入另一种近缘或远缘的生物体中，那肯定是有一定风险和代价的。因为这种剧毒物质的基因在原来的生物体内，细胞代谢已经进化出针对该基因表达的完整通路，以及将该毒物质降解的代谢途径。而该基因被强行转入另一种生物体中，等于在原有的细胞代谢网络中插入一个不协调的也是不需要的（指自然界）外来毒蛋白质或剧毒次生物质，一方面，会打乱细胞原有的代谢平衡，引起能量和物质的重新分配；另一方面，细胞会对外来剧毒物质产生新的诱导抗性作用。由于细胞具有全能性，新的外来基因会在生物体的每一个细胞中进行表达。如果转入的是某种剧毒物质的基因，根据食物网理论，该基因所带来的安全风险将会对整个生态系统中的同资源种团所有物种构成威胁。例如，农业害虫、家禽、家畜和我们人类就是一个同资源种团，大家都是以农作物为食物。道理很简单，通过向农作物中转入可表达出剧毒物质的基因来对付农业害虫，这与使用剧毒农药杀灭农业害虫，会对人类自身和自然生态系统造成破坏的道理是一样的。

转基因的生态安全问题，主要担心以下两个方面。

（1）对人类和动物健康的风险

1）转了有毒蛋白质基因的食物，会对人类和动物产生毒性；因为毒蛋白质往往比较稳定，难以降解，如蓝藻毒素、河豚毒素、蛇毒素等。蛋白质有一级结构、二级结构和三级结构。毒蛋白质一级结构的分解与储藏蛋白质的水解过程是相同的。但是，毒蛋白质的二级和三级结构的打开（分解）都需要特定的蛋白质酶，就像人们所形容的"一把钥匙开一把锁"。假如人们把河豚毒素的基因转入鳙鱼基因组中，或把见血封喉（桑科植物）有效成分的基因转入玉米基因组中，试想像这样转基因的鳙鱼或玉米还能够食用吗？

2）转了特殊成分的蛋白质基因的食物，会使部分人群和动物产生过敏反应；因为新表达出来的毒蛋白质可能成为一种过敏原。

3）食物中的蛋白质是非活性蛋白质，包括糊粉粒（植物）和肌蛋白（动物），人体和动物依靠蛋白质水解酶将它们降解为氨基酸。而毒蛋白质目的基因的转入是否会产生其他一些影响，将成为营养安全问题。由于细胞代谢网络是非常复杂的，新基因可能会引起代谢途径的改变，所形成的"副产品"（如因诱导抗性所产生新的次生物质），对人类和动物是否存在潜在的或滞后的影响。

4）人体和动物通过摄食含有转基因表达药物的食物，导致体内病原微生物产生抗药性。

（2）对大农业和生态环境的风险

1）转毒蛋白质基因的作物会危害非目标生物，因为毒蛋白质本来是针对具体害虫的，由于细胞具有全能性，转基因作物整株都会产生毒蛋白质，在降解过程中，将对土壤生物产生危害；

2）一些作物转基因后由于生命力和繁殖能力增强，寿命延长，可逃逸成为超级杂草；

3）转基因作物的目的基因可通过水平转座使得近缘种发生变异成为杂草；

4）在野外，转基因作物的目的基因可能会通过多种途径产生新的病毒或疾病；

5）随意的大量的转基因生物将会对生物多样性、生态系统和生态过程构成威胁或影响。

值得一提的是终止子技术的危险性，它是美国专利局在 1998 年 3 月受理的一项转基因专利技术。该技术通过在作物中插入由 3 个基因组成的"终止子基因"，可得到该转基因作物的种子。随后，由种子公司采用一种诱导剂对转基因种子进行处理后再出售。转基因作物生长后期在诱导剂的作用下，终止子基因开始表达，在种子的胚乳发育后期产生一种毒素，杀死后期发育中的胚。当作物成熟后，得到的只是含有胚乳的不育种子。这项专利不仅导致技术和种子市场的垄断，而且是一项多么可怕的技术！这与杂交育种完全不同，杂交所育优良作物的种子是可育的，自留种只会导致来年的产量较低，因为 F_1 代自交导致衰退，所以杂交种一般需要年年买种。而通过终止子技术育种，要求农民必须年年买种。如果遇到战争或突发性自然灾害，导致育种失败或种子丢失，人类将遭到灭顶之灾。

因此，先进的转基因技术在应用上应该是"有所为，有所不为"，严格加强第三方的监管和评价，科学家不能为所欲为，要敬畏自然，尊重生命。

4. 简朴生活与绿色消费理念

在可持续发展生态学部分中，我们提到"3R"原则。为了人类社会的可持续发展，作为每个消费者个人，提倡简朴生活是必要的，应该成为一种自觉的行为和品格。简朴生活要坚持两个原则：第一个原则是"东西用到坏为止"；第二个原则是"不要拥有一些不需要的东西"。同时，我们要坚持绿色消费理念，倡导低碳生活方式，意在保护环境，节约资源，为子孙后代着想。奢华起于攀比，简朴源于自信。正如李商隐所赋"历览前贤国与家，成由勤俭败由奢"。我们学习生态学，不能仅为了学习知识，而要培养爱惜大自然的情怀，树立新的绿色生态文明价值观。

5. 如何看待大型生态工程的利与弊

天然生态系统是经过大的历史时间尺度演化的，生物群落与环境之间达到协调与平衡。而大型生态工程都是为了地方经济和社会发展，带有明显的人为目的对天然生态系统进行改造，人们在充分利用生态系统的某一项功能的同时往往会忽视或降低了其他生态功能。因为在改造天然生态系统时，必将使得诸多环境因子发生改变，破坏了原有生态系统的组成和结构。纵观国内外的各种大型生态工程（如埃及的阿斯旺大坝、苏伊士运河和美国的科罗拉多河大坝等），尽管这些大型工程都曾经过严格的科学论证，但最终经实践证明，几乎没有哪一个工程不是或多或少地带来一些负面的生态环境问题，这似乎是必然的。笔者曾于 1999 年 3 月 6 日在《安徽日报》（第 7 版）刊发了"巢湖治污须'三管'齐下"一文，其中首次提出了"引江济巢"治污的新思路。但时隔近 20 年后的今天，笔者已放弃这个主张。因为这种指望利用长江水来稀释巢湖污染物的思路，若从中国东部整个地区乃至全国的更大尺度来看，其治理思路则是不科学的，只是一种变相的转移污染物的做法。

【试题精选】

一、名词解释

1. 放射污染	2. 温室效应	3. 臭氧空洞
4. 酸雨	5. 厄尔尼诺	6. 自然资源
7. 生物资源	8. 生态农业	9. 最大持续产量
10. 老龄化指数	11. 遗传多样性	12. 生态伦理学
13. 生态价值观	14. 可持续发展	15. 生态工程
16. 生态恢复	17. POP	18. 背景灭绝
19. 生态评价	20. 终止子技术	21. 自然保护区
22. 荒漠化	23. 水土流失	24. 生物富集
25. 盖雅假说	26. 生态文明建设	27. 生境破碎
28. 光化学烟雾	29. BOD	30. 水质本底
31. 生态足迹	32. 生态承载力	

二、问答题

1. 自然资源是如何进行分类的？
2. 我国土地资源的主要特点是什么？
3. 我国在土地资源利用方面存在的主要问题是什么？
4. 保护生物多样性有何意义？应该采取哪些保护措施？
5. 当前，我国的水资源状况如何？
6. 生物资源的保护和合理利用的对策是什么？
7. 农业生态系统的特点是什么？
8. 生态农业的主要特征是什么？
9. 我国生态农业的主要类型有哪些？
10. 近代世界人口增长的趋势如何？
11. 20 世纪我国人口增长的动态及特点是什么？

12. 简述我国人口老龄化问题的现状。为了积极应对这种现状需采取什么措施？

13. 我国森林资源现状如何？为什么要大力开展植树造林活动？

14. 我国十大森林防护林系统工程分别是什么？

15. 在 20 世纪 30～70 年代，世界上曾发生的八大污染公害事件是什么？

16. 可持续发展的内涵是什么？我国为什么要走生态文明建设之路？

17. 什么是生态规划？生态规划的原则是什么？

18. 简述生态规划的工作程序与主要内容。

19. 什么是生态风险评估？生态风险评估的过程包括哪些步骤？有哪些评估方法？

20. 生态系统的人工修复和自然恢复有什么不同？

三、综合思考题

1. 为什么人们对 POP 污染给予了极高度的重视？

2. 近些年来，我国近海的赤潮现象频繁发生，分析其主要原因。

3. 目前，人工混合饲料（添加鱼粉和骨粉等），广泛用在畜牧业、家禽养殖和水产养殖方面，甚至用来喂牛、羊，请问这种做法符合生态学规律吗？

4. 植物生长调节剂，如 2，4-D、催熟剂、增红剂、促壮剂、保花素、膨大素等，越来越广泛地用于粮食、水果和蔬菜生产。与激素不同，由于大多数植物生长调节剂对植物和动物都会产生生理效应，从生态学的角度看，滥用植物生长调节剂将会产生哪些负面影响？

5. 林木生物质——直接由植物体经过转化产生能量的物质，是一种新型的能源物质。林木生物质包括 5 个类型：植物油脂转化为生物柴油；纤维素分解为糖再转化为乙醇；木质素碳化为固体燃料；木质素转化为气体燃料；植物体燃烧发电。据报道，我国在未来几年里，可能会大规模地发展和开发林木生物质，你对此有何看法？

6. 发展沼气，利国利民。为什么我国目前在推广沼气产业方面，效果不太理想。分析其主要原因是什么。

7. 近些年来，我国各地自然灾害频繁发生，在汛期只要遇到降特大暴雨，就会立即出现洪涝灾害，以及泥石流和山体滑坡等自然灾害。试分析其主要原因是什么。

8. "梅雨"季节是发生在江淮地区或淮河流域长时间降雨的气候，因正值梅子成熟而得名。例如，1999 年安徽发生的特大洪水，但近些年来，安徽的"梅雨"季节不明显了，而"梅雨"季节的洪水常出现在我国北方或南方。试分析淮河流域"脱梅"现象形成的主要原因。

9. 我国的"南水北调"工程是什么？你是如何评价这项伟大工程的？从景观生态学和区域生态学看，我国"南水北调"工程实施后，是否会产生某些负面影响？

10. 目前，我国到处都在发展生态旅游产业。从生态学角度，请给生态旅游下一个确切的定义。

11. 从生态系统物质循环的特点和规律进行分析，目前我国各城镇在治理生活污水方面都寄希望于大规模地建设生活污水处理厂。你认为这是否符合生态学规律？为什么？

12. 在生态学上，为什么把城市形象地称作"热岛""雨岛""雾岛"和"辐射岛"？

13. 在沙漠地区抽取地下水灌溉人工营造的森林，最终却出现"活了人工林，死了天然林"的情况。在沙漠地区植树造林，是否符合生态学原理？如何有效地治理沙漠，你有什么更好的办法和措施？

14. 长期以来，我国在治理"三湖"和"三河"方面，已投入大量的财力和人力，但其效果甚微，有些地方污染仍在持续。请分析我国治理"三湖"和"三河"的工作难度在哪里？你有什么更好的建议？

15. 一些生态环境敏感地区（如草原），或自然资源极其丰富的地区，地方政府常实施"边开发，边保护"的政策，即实行开发与保护相结合的做法。你是怎样理解或看待自然资源保护与开发两者之间关系的？

16. 请看江西省鄱阳湖的两张照片（图6-7a），大约在1995年，有专家曾建议，可在鄱阳湖蓄洪区植树造林，所以，挖掘机开进湖区挖沟植树。然而，在10年后，即2005年，当一望无际的一排排生长旺盛的杨树林呈现在人们的眼前时（图6-7b），国家有关部门却下发了要彻底清除鄱阳湖杨树林的通知。从生态学的角度看，你如何看待鄱阳湖蓄洪区这个造林事件？

a　　　　　　　　　　　　　　　　　b

扫一扫 看彩图

图6-7　江西省鄱阳湖不同年份的景观

a. 当年开发湖滩的场景；b. 湖滩上的杨树林

17. 唐代《岭表录异》——"新泷等州，山田拣荒平处锄为町，伺春雨丘山聚水，即先买鲩鱼子，散于田内。一二年后，鱼儿长大，食草根并尽。既为熟田，又收鱼利；及种稻，且无稗草。"根据生态学理论，谈谈这个生产模式的科学道理。

18. 我国对目前的蚕桑业发展提出了"东桑西移"这一新的发展战略（即在我国西北和西南地区大量发展蚕桑业），你认为在实施"东桑西移"工程中应该注意些什么问题？

19. 目前，世界范围内的台风和飓风发生频率在逐年上升，并且强度越来越大。但对此现象的成因说法不一，对此，你的看法是什么？

20. 在2007年初，世界野生动物基金会有报告称："到本世纪中期，世界上几条著名的大河都将面临枯竭的威胁，其中包括我国的长江。"你认为在未来影响世界大江大河水资源安全的不利因素有哪些？

21. 据报道，我国某地有位农民为了提高鸡和鸡蛋的质量，他用牛奶在网箱里饲养苍蝇，再用苍蝇的蛆喂鸡，以获得优质的蛋和鸡肉。请你谈谈这种做法符合生态学原理吗？

22. 在我国农村，过去，农民喜欢在田里焚烧作物秸秆，为了保护环境，有关部门出台相关规定严禁燃烧作物秸秆。目前，我国某些农村在极力推广作物秸秆燃烧发电，或压制板材或制作建房的楼板。你对这种将作物秸秆变废为宝的开发利用新途径有什么看法？

23. 何谓CDM发展机制？该发展机制在我国的实施情况如何？请举例说明。

24. 2007年据中央电视台第7套节目农业频道报道，山东一位农民用牛奶作营养液给苹果树"吊水"，在苹果树干上钻洞，使用吊针给树干滴加鲜牛奶，认为这样做可以给苹果补钙，所收获的苹果比较耐储藏（近年来，陆续出现用鲜牛奶喷洒蔬菜，用鲜牛奶给西瓜施肥，在移栽大树时给树吊营养液等现象）。你认为这种做法有科学道理吗？

25. 海洋是"蓝色的国土"，这种提法现已经被人们所接受。对此你是如何理解的？

26. 在大洋深渊有热渗口和冷渗口，请问热渗口和冷渗口的环境有何不同？它们是属于什么类型的生态系统？

27. 生态农业的理论基础是什么？作物秸秆的多级利用有哪些发展模式？

28. 什么是有机农业？有机农业具有哪些优点？

29. 菜市场里现有两份青菜。一份青菜因施用过农药，故品相极佳；另一份青菜从未施用过农药，所以叶片上布满被虫啃食的空洞。请问你乐意购买哪一份青菜呢？说说你的选择有什么道理？

30. 在我国北方流行建塑料大棚或玻璃温室，以发展高效生态农业。从生态学角度进行思考，在哪些方面可以进行科学设计，以获得最大经济效益。

31. 农民在使用农药杀灭害虫时，为了防止害虫产生耐药性，往往采用两种措施比较有效。一是用两种不同农药轮番使用；二是使用同一种农药，但在间隔一段较长时间后再重复使用，即不要连续使用同一种农药。请问这是什么道理？

32. 植物生长调节剂的应用越来越广。近年来，保花素已经用于黄瓜和丝瓜，使得花朵常开不谢，但已经导致果实的畸形发育（图 6-8）。带有花的果实可给消费者以更好的视觉享受。你对蔬菜使用保花素的现象有何看法？

a　　　　　　　　　　　　　　　　b

图 6-8　黄瓜果脐的形态比较

a. 正常的果脐；b. 保花素处理的果脐

扫一扫　看彩图

33. 在 20 世纪末，曾引起我国黄河断流的主要原因是什么？我国治理黄河断流的有效措施是什么？

34. 想一想，当今我们所面临的生态安全问题应该包括哪些方面？从生态学角度进行分析，人类应该采取哪些有效措施以降低或消除生态安全的威胁？

35. 我国城市绿化全部依靠购买树苗进行栽植，形成了巨大的苗木产业，带动了地方经济的发展。而对于生长在机关单位、公园和居民小区内各种野生的小树苗（是由大树的果实或种子萌发的实生苗），无论大小，当作杂草一律清除。你对此现象有何看法？你曾亲自动手移栽过这样的小树苗吗？

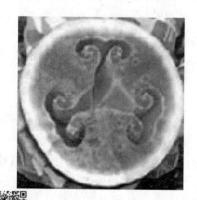

图 6-9　不正常的西瓜横切面

扫一扫　看彩图

36. 在 2005 年 7 月，北京市的一位市民买了一个西瓜，切开后发现瓜瓤空心，形状像玉如意模样（图 6-9），只吃了几口就感觉有问题，水分不足，口感也极差。请分析这样的西瓜是如何形成的，并从植物学角度谈谈其发育机理。

37. 近些年，广东大力发展桉树林作为造纸原料，从国外引进一些速生树种。结果有些桉树不适应当地气候条件，当遇到大风天气时，桉树树干经常被大风折断，树干断面非常整齐（图6-10）。但在原产地大洋洲却不会出现这种情况，为什么在我国广东会发生这种现象呢？

图 6-10 桉树树干非常整齐地被大风折断
（中国科学技术大学吴青林摄于 2007 年）

扫一扫 看彩图

38. 何谓环境激素？其对人类健康的危害是什么？

39. 什么是生物安全？有些转基因生物是否存在安全风险？理由是什么？

40. 当今的动物养殖和植物栽培，过分追求产量和生长速度，运用一系列先进的科技手段实现其目标。你对此有何看法？

41. 现代文明社会的生产活动要提倡坚持"3R"原则，其意义是什么？

42. 垃圾分类处理和垃圾资源化利用，是人类可持续发展所必须要解决的问题。这是为什么？

43. 城市与农村之间的物质循环应该是双向的。在我国大力发展城镇化建设过程中，我们更应该注意一些什么问题？

44. 水资源危机已经成为世界性问题。除了改进海水淡化工艺外，我们还有哪些途径可解决水资源问题？

45. 何谓生物入侵？人类在解决生物入侵灾害方面投入巨大，但效果甚微。其原因何在？预计在未来 50～100 年，世界各地又会暴发新一轮更大的生物入侵灾害。你对此有何看法？

46. 绿色能源包括太阳能、风能和潮汐能等。图 6-11 是风力发电场，风力电机一排排巨大的 3 片风叶迎着风向不停地转动，将风能转化为电能。从生态学角度来考虑，如果在某一地区大面积发展风力发电，会对生态环境带来负面影响吗？为什么？

a   b

图 6-11 绿色能源风力发电

扫一扫 看彩图

a. 风力发电机；b. 风力电机对风场的影响（引自艾莱风能网）

【参考答案】

一、名词解释

（答案大部分略）

12. 生态伦理学（ecological ethics）——是关于人类如何对待地球上动物、植物、微生物和自然环境的态度、行为和道德规范等方面的研究。它是以生态道德为研究对象，属于伦理学的一个重要组成部分。

25. 盖雅假说（Gaia hypothesis）——是由英国大气学家拉伍洛克（James Lovelock）在 20 世纪 60 年代末提出的。第一，地球上的各种生物可有效地调节着大气的温度和化学组成。第二，地球上的各种生物积极地影响着环境，而环境又反过来影响生物的进化过程，两者共同进化。第三，各种生物与自然界之间主要由负反馈环相联系，从而维持地球生态环境的稳定性。第四，各种生物可改善其物质环境，以便创造出更加适宜的生存环境。地球上的生命和其物质环境，包括大气、海洋和地表岩石是紧密联系在一起的进化系统。第五，大气之所以能保持稳定状态，不仅取决于生物圈的作用，在某种意义上又是为了生物圈。

28. 光化学烟雾——是由强太阳光引起的大气中存在的碳氢化合物和氮氧化合物之间的化学反应而产生的有害气体。一般指汽车尾气所排放的废气在光照条件下，生成 O_3、CO_2、醛类等化合物，它们同水蒸气在一起形成带刺激性的浅蓝色烟雾。

29. BOD——生化需氧量，是在 20℃条件下，通过微生物分解水中有机物所需要氧的毫克数，用 mg/m^3 表示（BOD_{15} 是 15 d 分解所需氧气的量，BOD_5 是 5 d 分解所需氧气的量）。COD——化学需氧量，是指在酸性条件下，用高锰酸钾或重铬酸钾氧化水中有机物所需氧气，用 mg/m^3 表示（COD_{Mn} 是用高锰酸钾氧化的结果，COD_{Cr} 是用重铬酸钾氧化的结果）。BOD 或 COD 指标表示水体有机污染物的污染程度，它们是环境保护部门常用的环境分析指标。

二、问答题

（答案与提示大部分略）

3. 主要表现在以下几个方面：①土地资源的浪费，特别是在我国沿海经济发达地区；②土地资源的无序大量占用；③只种地，不养地，肥力下降，土壤动物和微生物区系减少；④土地污染现象严重。

三、综合思考题

（答案与提示大部分略）

1. POP 污染是持久性有机污染物引起的污染。特点是毒性大、分解慢、生物放大效应明显、污染食物链，对生态系统污染危害程度大。主要包括三类物质：①有机氯——化学性质稳定；脂溶性强；扩散途径多；广谱性。毒性强度大的有氯丹（500）（括号里的数字表示毒性大小，以参照 DDT 的毒性为 1）、七氯（400）、艾氏剂（300）、狄氏剂（50）、DDT（1）、六六六、六氯代苯。②有机磷——毒性强度大的有特普、八甲磷、久效磷、甲拌磷、敌敌畏、双硫磷、对硫磷、乐果、敌克松。低毒性的有敌百虫、马拉硫磷、倍硫磷。③有机汞——赛力散、富民隆（磺胺汞）等。另外，环境中的无机汞，如医院的废水和某些重工业的废水等，进入水体和土壤后被植物吸收可转变为有机汞，污染食物链。

2. 海洋赤潮现象的发生越来越普遍，目前，除了南极和北极大陆沿岸外，世界其他各大洲的沿海或近海都出现了赤潮现象。发生严重赤潮的海域有两个特点：一是靠近江河的入海口；二是沿岸的人口稠密，经济发达。从这两点可以看出，赤潮主要是由陆地排入大海的有机质污染造成的。

3. 我们将驯养的动物分为食草性、食肉性和杂食性三类。对于食草性动物，不能够喂养人工混合饲料或人工添加饲料（含有动物尸体成分的），因为它们的消化道中缺乏分解动物蛋白质的酶。对于食肉性和杂食性动物，可以喂养人工混合饲料或人工添加饲料。如果滥用人工混合饲料或人工添加饲料及激素，尽管创造了一些自然界所没有的快速的生物发育周期和巨大产量，却违反了生态学规律，会给家禽和家畜等饲养动物带来潜在的健康危害，最终殃及人类。人类要健康，动物先保健，道理就在于此。

4. 植物激素和植物生长调节剂是不同的概念，前者是由植物产生的，后者是人工合成的。植物激素对动物不起作用，同样，动物激素对植物也不起作用。而植物生长调节剂则不同，有的对动物和植物都有作用。所以，过量使用植物生长调节剂，其残留部分可能沿着食物链影响人体健康和发育，以及代谢平衡。如果我们追求农产品的品质和树立健康第一的思想，就应该放弃对其产量、外观和成熟期的要求，完全可以不使用植物生长调节剂，如生长素、膨大素、催熟剂、增红素、保花素和保鲜剂等，这样可确保农产品具有"原生态"或纯天然的质量与本色。人们在日常生活中，在选择瓜果与蔬菜时，应该警惕"早、大、艳、奇（畸形）"给消费者所带来的不良诱惑，甚至是对身体的伤害。

5. 由于我国是个人口大国，又是土地和森林资源不足的国家，这就决定了在我国不能大规模发展林木生物质，因为它必将与农业和林业争土地。国家发展与改革委员会于 2006 年 12 月底发出通知，禁止各地审批和新建用玉米生产乙醇的工程项目，进一步防止汽车与人和家畜争口粮。这个通知和决定是非常正确的，也是非常及时的。

6. 在农村和城郊发展沼气生产，的确是利国利民的大好事。无论从生态学，还是经济学来看，沼气产业是具有良好发展前景的。但是，我国目前在推广沼气生产方面，效果仍不太理想，主要是气候问题，很多地方只能够在夏季使用沼气，而秋、冬、春季因发酵温度低，影响产气量。我们应该将太阳能的利用与沼气开发相结合，利用太阳能给沼气池加热，也许就可解决这个问题。

8. 答案请参考附录模拟试题 10 最后 1 题。

9. 关于我国的"南水北调"工程，笔者认为：东线调水是科学之举（在不影响上海市用水的条件下）；中线调水是顾全大局（只牺牲了湖北省的利益）；西线调水要慎重行事，后果难以预料（主要是对三江并流世界自然文化遗产保护地，以及对境外河流水资源的影响）。

11. 生活污水处理厂是利用物理的、化学的和生物的方法，把生活污水进行降解和分离，最后得到"中水"和底泥。但是，"中水"中的 N 和 P 的含量仍是超标的。根据物质不灭定律，污水处理厂在运行过程中除了对一部分的 NH_3、N_2、CH_4、CO_2、H_2S 等少量气体可通过大气循环进行气体交换释放到环境中以外，对像 P、Mg、Fe、Zn、Ca 等元素无法实现物质再循环。然而，P 和 N 是导致水体富营养化的关键元素。从局部看，污水处理厂获得了中水和底泥，治污似乎有了效果；但从大范围或整个流域看，由于底泥没有运出城市，或堆在郊区，在雨水的搬运作用下，底泥和"中水"在江河或湖泊里又混合在一起了。所以说，从大尺度的空间来看，污水处理厂在治理生活污水过程中没有发挥出真正的和有效的作用，因为它根本没有解决好有机物质的最终归宿问题。

如何有效地治理城市生活污水呢？我们不能学习那些人口稀少的发达国家的做法，而是要学习人口稠密的欧洲的许多发达国家的高明之举。比如，德国是世界上出售污水处理技术与设备的大国之一，但是他们自己却十分重视城乡物质的循环问题。目前，德国人大力推行生活污水中有机质返回农田的做法，依靠农业植被来消耗城市有机物。他们在城郊建了一排排的发酵池，每个直径约 30 m，利用专用的高级的车辆运输城市的化粪池底泥到池中进行发酵，让农民免费使用有机肥。这一点非常值得我们效仿，应引起有关部门的重视。

我国有着 13 亿人口，食物消费量惊人。一方面，由于目前正在加速城市化进程，大量的人口不断涌向城市，如果不彻底解决好城市生活污水（包括粪便和有机垃圾）的归宿问题，必将对我国江、河、湖泊及近海构成严重的生态威胁。另一方面，我国又是个农业大国，肥料的需求量巨大，每年还要进口大量化肥。所以，我们必须通过农业植被来解决城市污水的归宿问题，即城市有机物返回农田，这是一个极其重要的、非常迫切的问题，也是最科学、最有效的治污办法，是标本兼治的措施。

12. "热岛"是由于城市里工厂密布、汽车尾气、空调机散热等影响；"雨岛"是由于高楼林立，气团容易垂直上升，绝热冷却后容易降地形雨；"雾岛"是由于居民生活、工厂生产、建筑施工等形成大量烟雾与粉尘；"辐射岛"是由于各种各样的信号发射塔、发射中转站和各种无线电子通信设备所产生的辐射等。

13. 在沙漠地区植树造林是不符合生态学规律的。一个地区能否造林，是由当地的水和热两个条件所决定的。另外，要根据当地的古代植被类型，决定能否造林。凭借抽取地下水来灌溉所营造的林木，是不可取的做法。

14. 治理"三湖"的困难关键在于对湖泊周边城市污染源和农业污染源的治理问题，因为这些湖泊都成了周边城市工业废水、废渣、农田退水和居民生活污水的纳污池，特别是城市人口的聚增，远远超过了湖泊净化功能的阈值。而治理"三河"的困难关键在于河流的流域面积是跨省区的，上游污染，下游遭殃。当地政府都是各自为政从自己的利益出发，地方保护主义思想严重。另外，在管理的制度上和处罚的力度上明显不足，执法监管不严且不能持之以恒，污染企业的违法成本远远低于守法成本。只有把环境成本计算到生产成本中去，我们才能够主动地积极地实行绿色生产和绿色消费，才不会愚蠢地以牺牲环境为代价发展经济。

16.（提示）从充分利用湖岸的阳光和空间资源的角度，与湖泊的蓄洪和航运功能的角度，对湖滩植树造林问题会持不同的态度。

17.（提示）先做田，后养田，再种田。利用了食物链进行除草肥田。

19. 主要原因在于：温室效应改变了世界大气环流的格局，而温室效应是由 CO_2 等温室气体超标排放所致；另外，海洋污染的后果不可低估，因为海水温度上升会对大气温度产生严重影响。据研究，在 20 世纪末的 25 年里，地球大气的温度上升了 0.4℃，而 1999 年测试，海水的表层温度却上升了 0.8℃（Stern et al., 2003）。海洋污染来自陆地，一方面，人类的母亲——耕地，越来越贫瘠；另一方面，生命的摇篮——海洋，越来越浑浊。在大自然面前，我们是否应该说，全世界的人们都在进行着不同程度的犯罪活动。目前，世界上绝大多数的河流都是垃圾沟，可以形象地说，世界上所有的抽水马桶都是直接地或间接地通向海洋的。这样，海洋就全部承担了 65 亿人口的生活污染物和工业废物的纳污和净化功能，真是不堪重负。

33. 建议阅读材料：网上查阅"减少黄河中上游灌溉用水"一文（作者：沈显生，原文摘自《光明日报》1999 年 1 月 26 日第五版《科技周刊》）。

36. 西瓜幼果可能被使用了膨大素和催红素。西瓜为侧膜胎座，胎座的隆起，向瓜的中央生长膨大，把子房室填满后，再凭借反作用力，会进一步加速幼果向外扩增，最终西瓜长得又大又圆，并是实心的（当细看时具有互为 120°的 3 条缝线，即子房室消失的痕迹）。由于膨大素被涂抹在西瓜幼果表面，瓜皮的生长速度过快，瓜瓤的生长速度跟不上，导致这种畸形瓜瓤的形成。

37. 这种桉树原生长于澳大利亚内陆地区，是耐旱型树种，可生长成大树。当其被引种到广东种植时，由于常年多湿多雨，雨水沿树干向下流淌，遇到枯死的枝丫，雨水便从死的腐烂的枝丫处浸入树干内部，导致木质部的边材组织坏死。随着坏死组织不断扩大，遇到强风来袭，便从枝节处整齐地被折断，因为坏死的导管和纤维细胞没有韧性了，所以树干断面平截整齐。

主要参考文献

埃尔温·薛定谔. 2015. 自然与希腊人 科学与人文主义. 张卜天, 译. 北京: 商务印书馆

爱德华 O. 威尔逊. 2008. 社会生物学—新的综合. 毛盛贤, 等译. 北京: 北京理工大学出版社

巴顿 N. H. 2010. 进化. 宿兵, 等译. 北京: 科学出版社

比毕 T. J. C. 2009. 分子生态学. 张丽军, 等译. 广州: 中山大学出版社

蔡晓明. 2000. 生态系统生态学. 北京: 科学出版社

陈昌笃. 1993. 持续发展与生态学. 北京: 中国科学技术出版社

陈蓉霞. 2006. 科学名著赏析(生物卷). 太原: 山西科学技术出版社

池振明. 2010. 现代微生物生态学. 2 版. 北京: 科学出版社

丹尼斯·奥利威. 2010. 设计还是机遇. 冯宇, 译. 昆明: 云南出版集团

恩斯特·迈尔. 2009. 进化是什么. 田洺, 译. 上海: 上海科学技术出版社

戈峰. 2003. 现代生态学. 北京: 科学出版社

庚镇城. 2009. 达尔文新考. 上海: 上海科学技术出版社

庚镇城. 2014. 李森科时代前俄罗斯遗传学者的成就. 上海: 上海科学教育出版社

庚镇城. 2016. 进化着的进化学. 上海: 上海科学技术出版社

古尔德 S. J. 1997. 自达尔文以来—自然史沉思录. 田洺, 译. 上海: 生活·读书·新知三联书店

古尔德 S. J. 2008. 熊猫的拇指. 田洺, 译. 海口: 海南出版社

郝瑞, 陈慧都. 2012. 生物自主进化论. 大连: 大连出版社

杰里 A. 科因. 2009. 为什么要相信达尔文. 叶盛, 译. 北京: 科学出版社

卡尔·齐默. 2011. 演化: 跨越 40 亿年的生命记录. 唐嘉慧, 译. 上海: 上海世纪出版集团; 上海
    人民出版社

李昆峰. 1985. 新的综合: 社会生物学. 成都: 四川人民出版社

李难. 2005. 进化生物学基础. 北京: 高等教育出版社

李树美, 沈显生, 俞斐, 等. 2004. 布氏轮藻生殖器官环境扫描电镜观察. 微体古生物学报, 21(3):
    342~345

李振基, 陈小麟, 郑海雷. 2004. 生态学. 北京: 科学出版社

理查德·道金斯. 2012. 自私的基因. 卢允中, 等译. 北京: 中信出版社

理查德·道金斯. 2013. 地球上最伟大的表演. 李虎, 等译. 北京: 中信出版社

理查德·道金斯. 2014. 盲眼钟表匠. 王道环, 译. 北京: 中信出版社

丽莎·扬特. 2008. 现代海洋科学. 郭红霞, 译. 上海: 上海科学技术文献出版社

刘量衡. 2004. 物质·信息·生命. 广州: 中山大学出版社

刘平. 2009. 生物主动进化论. 济南: 山东大学出版社

刘小明. 2013. 生物演化理论十大误区. 北京: 清华大学出版社

刘永烈, 刘永诺, 刘永焰. 2007. 生物进化双向选择原理. 广州: 广东科学技术出版社

路德维希·冯·贝塔朗菲. 1999. 生命问题——现代生物学思想评价. 吴晓江, 译. 北京: 商务印书馆

罗宾·汉伯里-特里森. 2015. 伟大的探险家. 王晨, 译. 北京: 商务印书馆

罗伯特·赫胥黎. 2015. 伟大的博物学家. 王晨, 译. 北京: 商务印书馆

洛伊斯 N. 玛格纳. 2012. 生命科学史. 刘学礼，主译. 上海：上海人民出版社

麦肯齐 A.，鲍尔 A. S.，弗迪 S. R. 2000. 生态学. 孙儒泳，等译. 北京：科学出版社

乔治·威廉斯. 2012. 谁是造物主：自然界计划和目的新识. 2 版. 谢德秋，译. 上海：上海科学技术出版社

尚玉昌，蔡晓明. 1992. 普通生态学. 北京：北京大学出版社

沈国英，施并章. 2010. 海洋生态学. 3 版. 北京：科学出版社

沈显生. 2003. 植物生物学实验. 合肥：中国科学技术大学出版社

沈显生. 2007. 生命科学概论. 北京：科学出版社

沈显生. 2008. 生态学. 北京：科学出版社

沈显生. 2012. 生态学简明教程. 合肥：中国科学技术大学出版社

沈显生，尹路明，周忠泽. 2010. 植物生物学实验. 2 版. 合肥：中国科学技术大学出版社

沈佐锐. 2009. 昆虫生态学及害虫防治的生态学原理. 北京：中国农业大学出版社

史蒂文·琼斯. 2004. 达尔文的幽灵. 李若溪，译. 北京：中国社会科学出版社

孙关龙，宋正海. 2006. 自然国学. 北京：学苑出版社

孙鸿烈. 2009. 生态系统综合研究. 北京：科学出版社

孙儒泳，李庆芬，牛翠娟，等. 2002. 基础生态学. 北京：高等教育出版社

孙儒泳. 1992. 动物生态学原理. 北京：北京师范大学出版社

托马斯·赫胥黎. 2007. 天演论. 严复旧译，杨和强，胡天寿白话今译. 北京：人民日报出版社

威尔逊 E. O. 2007. 昆虫的社会. 重庆：重庆出版社

位梦华. 2001. 从宇宙到生命. 北京：知识出版社

谢鸿宇，王羚郦，陈贤生，等. 2005. 生态足迹评价模型的改进与应用. 北京：化学工业出版社

雍伟东，种康，许智宏，等. 2000. 高等植物开花时间决定的基因调控研究. 科学通报，45（5）：455~465

曾北危，姜平. 2005. 环境激素. 北京：化学工业出版社

詹腓力. 2006. "审判"达尔文. 2 版. 钱锟，潘柏滔，李志航，等译. 北京：中央编译出版社

张金屯. 2003. 应用生态学. 北京：科学出版社

郑师章，吴千红，王海波. 1994. 普通生态学. 上海：复旦大学出版社

周长发. 2012. 进化论的产生与发展. 北京：科学出版社

祝廷成，钟章成，李建东. 1991. 植物生态学. 北京：高等教育出版社

Barry Cox C. 2009. 生物地理学. 赵铁桥，译. 北京：高等教育出版社

Carpenter S. R.，Ketchell J. F.，Hodgson J. R. 1985. Cascading tropic interaction and lake productivity. Bioscience，35：634~639

Krebs C. J. 2003. Ecology. 5th ed. 北京：科学出版社

Lecun Y.，Bengio Y.，Hinton G. 2015. Deep learning. Nature，517：436~444

Lever M. A.，Rouxel O.，Alt J. C.，et al. 2013. Evidence for microbial carbon and sulfur cycling in deeply buried ridge flank basalt. Science，339（6125）：1305~1308

Ricklefs R. E. 2004. 生态学. 5 版. 孙儒泳，等译. 北京：高等教育出版社

Starr C. 1994. Biology. 2nd ed. San Francisco：Wadsworth Publishing Company

Stern K. R. 1997. Introductory Plant Biology. New York：Wm. C. Brown Publishers

Stern K. R. 2004. Introductory Plant Biology. 9th ed. 北京：高等教育出版社

Vogel S.，Müller-Doblies U. 2011. Desert geophytes under dew and fog：The "curly-whirlies" of Namaqualand（South Africa）. Flora，206：3~31

William K. P. 1992. Life—the Science of Biology. New York：Sinauer Associates，Inc. and W. H. Freeman Company

附录 生态学模拟试题汇编

模拟试题 1

一、名词解释

1. 生活型与生态型：

2. 腐殖质与有机质：

3. 负竞争与生态位：

4. 温周期与物候：

5. 集合种群与姊妹物种：

二、填空题

1. 生态型的分化程度与物种（或种群）的地理分布范围大小呈_____相关。

2. 原产地位于南方的植物，其光照生态型一般属于_____日照类型。

3. 在一定的空间内，由某几个物种所形成的群体，称为_____。

4. 在逻辑斯蒂方程中，环境阻力的表达式为_____。

5. 两个物种竞争时，当 $\alpha > K_1/K_2$，同时 $\beta < K_2/K_1$ 时，物种_____被排斥，而物种_____取胜。

6. 由大气对流层、水圈和地球表面风化壳组成的总和，称为_____。

7. 如果太阳的辐射量计为 100%，能够到达地面的辐射热量大约是_____。

8. 太阳高度角越小，太阳辐射经过大气层射到地面的射程越_____。

9. 某一地点的夏至日长减去冬至日长，其差值称为_____。

10. 在北半球，日照长度的变化规律是：夏半年，_____；冬半年，则_____。

11. 已有实验研究证明,光周期诱导植物开花的决定性的关键生态因子是_____。

12. 在植物引种工作中，其原则是_____。

13. 某一类植物群落的演替，实际上也是整个_____的演替过程。

三、判断是非题（对的划"√"，错的划"×"）

1. 在各类食物链中，各营养级之间的能量有效转化率都是 10%。（   ）

2. 在判断群落生物量生产时，当 $P_g/R = 1$ 时，$0 < P_n < 1$。（   ）

3. 群丛是根据乔灌草各层优势种进行命名的。（   ）

4. 植被类型的分布沿着纬度和高度方向的变化构成了垂直地带性。（   ）

5. 在逻辑斯蒂方程的公式中，没有表示种群大小的起始状态这个变量。（　　　）

6. 在资源数量少时，种群的生态位常发生特化。（　　　）

7. 在相邻接的个体之间常出现相互促进的作用，称为邻接效应。（　　　）

8. 生态型是不同的物种对相同环境条件趋异适应的结果。（　　　）

9. 当土壤温度低、湿度大、通气不良时，微生物活动以腐殖化过程为主。（　　　）

10. 腐殖质是有机体在微生物的作用下分解的物质。（　　　）

四、单项选择题

1. 低温对植物的伤害按其程度大小排列是：

　　A. 寒害＜霜害＜冻害　　　　　　　　B. 霜害＜冻害＜寒害

　　C. 霜害＞冻害＞寒害　　　　　　　　D. 冻害＞霜害＜寒害

2. 播种冬小麦的农谚"过了九月九，下种要跟菊花走"，菊花是冬小麦作物的：

　　A. 预报植物　　　　B. 指示植物　　　　C. 监测植物　　　　D. 伴生植物

3. 在我国用候温划分季节，下列划分标准正确的是：

　　A. 10℃以下为冬季　　　　　　　　　B. 10℃以上为秋季

　　C. 20℃以上为夏季　　　　　　　　　D. 22℃以下为春季

4. 在土壤中存在的一些腐殖质，下列哪项不是？

　　A. 富里酸　　　　　B. 腐殖酸　　　　　C. 胡敏酸　　　　　D. 氨基酸

5. 经过长期的生产实践总结，引种驯化的基本原则是：

　　A. 气候相似原则　　　　　　　　　　B. 物候相似原则

　　C. 竞争排斥原则　　　　　　　　　　D. 生态位相同原则

6. 在热带雨林中，下列哪一类植物的茎干通常是扁的？

　　A. 乔木植物　　　　B. 一年生植物　　　C. 棕榈植物　　　　D. 藤本植物

7. 植物具有抗旱特性的重要特征为：

　　A. 叶片变大　　　　B. 细胞变小　　　　C. 细胞渗透压低　　D. 叶绿体发达

8. 土壤肥力因素不包括下列哪一项？

　　A. 水分　　　　　　B. 阳光　　　　　　C. 养分　　　　　　D. 空气

9. 红薯（山芋）的生活型属于：

　　A. 地上芽植物　　　B. 地面芽植物　　　C. 地下芽植物　　　D. 一年生植物

10. 频度定律的公式表述为：

　　A. $A>B>C\leqslant D>E$　　　　　　B. $A>B<C=D<E$

　　C. $A>B>C\leqslant$或$>D<E$　　　　D. $A<B<C\geqslant D<E$

五、填表格（根据有关数据进行计算，请将结果填在表中空格处）

1. 某一个生态系统的能量分析见附表-1。

附表-1　各营养级的能量值 （单位：kcal）

营养级	P_g 和 P_n	R	P_n/P_g
生产者	$P_g = 200$	160	
第一级消费者	$P_g = 30$		
	$P_n = 10$		

2. 大麦和燕麦的物种竞争实验结果见附表-2。

附表-2　播种和收获时的种粒数对比

播种/(粒/m²)			收获/(粒/m²)		
大麦	燕麦	输入比	大麦	燕麦	输出比
40	60		360		0.8

3. 某一个群落的 3 个物种的重要值计算见附表-3。

附表-3　野外样方调查数据

名称	数量	频度	胸高面积/cm²	重要值/%
黄山松	15	100	1500	
化香	20	60	2000	
香樟	10	40	500	18.2

六、问答题

1. 农谚说"黑夜下雨白天晴，收的粮食没处盛"，为什么？
2. 植被的垂直分布和水平分布各有何特点？两者之间存在什么联系？
3. 你是如何理解生态平衡这个概念的？
4. 种群的基本特征是什么？其数量特征应该包括哪些内容？
5. 为什么说生物进化的基本单位是种群而不是物种？
6. 光周期现象对动物的生活节律有哪些影响？
7. 动物的集群生活有什么生态学意义？
8. 什么是寒流？寒流侵袭我国南方的路径有哪些？

七、思考题

1. 当成年的果树生长过于茂盛时，根深叶茂，但往往不结果实，或只开花不结果，出现了"花而不实"的现象，这是为什么？农民可通过"审树"的方法，在休眠期往树干上砍几刀，到了第二年果树就开始结果了，这又是为什么？附图-1是湖北神农架林区的一位农民对他家门前的一棵核桃树进行的"审树"方法，并有了明显效果。请问他的这种做法有什么不科学的地方吗？

a　　　　　　　　　　　　　　b

扫一扫　看彩图

附图-1　被"审"的核桃树

a. 树干（沈显生于2002年摄于神农架）；b. 果枝

2. 为什么广盐性洄游鱼类既可以生活在海水中又可生活在淡水里？

3. 在热带、温带或寒带里，请问具有冬眠习性的动物在哪个气候带分布数量最多？为什么？

4. 我们可通过"封山育林"或"人工造林"两种手段提高植物群落的发育速度。请你运用生态学理论，谈谈这两种措施的生态学效果。

5. 请举例说明环境条件对生物的形态结构有什么影响。

模拟试题 2

一、名词解释

1. 生态因子与生态幅：

2. 存在度与频度：

3. 生物学零度与露点温度：

4. 有效积温与候温：

5. 层片与生态位：

二、填空题

1. 20 世纪初，植物群落学研究形成的四大学派分别是_____、_____、_____和_____。

2. 植物开花时对日照长度的反应有_____、_____、_____和_____4 类。

3. 液态水可以划分为_____、_____、_____和_____4 种形态。

4. 陆生植物对水的适应分为_____、_____和_____三大类型。

5. 异龄级种群中的个体发育阶段可分为_____、_____和_____3 个生态时期。

6. 种群的分布格局有_____、_____和_____3 个类型。

7. 种间关系有_____、_____、_____、_____、_____和_____6 种形式。

8. 覆盖整个地球陆地表面上全部_____的总和，称为_____。

三、判断是非题（对的划"√"，错的划"×"）

1. 种群是物种多样性进化的基本单位。（　　　）

2. 自然选择与人工选择的目的与机制是不同的。（　　　）

3. 在北半球，南坡的太阳辐射量、气温和土温要比北坡高。（　　　）

4. 一片高粱地里的所有高粱植株的总和称为种群。（　　　）

5. 空气中实际的水汽压与同温条件下饱和水汽压之比，称为绝对水汽压。（　　　）

6. 化能自养微生物是介于自养微生物和异养微生物之间的过渡类型。（　　　）

7. 在逻辑斯蒂方程中，K 为环境阻力。（　　　）

8. 群落中的优势种仅指那种植物的数量最多的物种。（　　　）

9. 群落调查中，频度大的物种的密度一定也大。（　　　）

10. 恒有度是某种植物出现的群落数占总群数的百分比。（　　　）

四、单项选择题

1. 在种群生态学中，籼稻和粳稻是属于不同的：
   A. 物种　　　　　　B. 生态型　　　　　　C. 生活型　　　　　　D. 季相

2. 当生态系统发育处于正过渡状态时，其正确叙述是：
   A. $P_g/P_n = 1$　　　B. $P_g/R > 1$　　　C. $P_g/R < 1$　　　D. $P_g/P_n = 1$

3. "蓬生麻中，不扶也直"，蓬草形态的改变是由下列哪个因素造成的？
   A. 驯化　　　　　　B. 拟态　　　　　　C. 趋同适应　　　　　　D. 竞争

4. 生物进化的基本单位是：

    A. 变种　　　　　　B. 群丛　　　　　　C. 种群　　　　　　D. 物种

5. 多年生草本植物的存活曲线属于：

    A. A 型（凹）　　　　　　　　　　B. B 型

    C. C 型（凸）　　　　　　　　　　D. 没有固定的类型

6. 种群的指数式增长的数学模型是：

    A. $N_t = r_4 N_0$　　　　B. $dN/dt = r_4 N$　　　　C. $N_t = N_0 r_4 t$　　　　D. $N_t = N_0 e^t$

7. 光的生态功能是多方面的。下列哪种光能够抑制植物节间的伸长？

    A. 蓝光　　　　　　B. 红光　　　　　　C. 紫外光　　　　　　D. 远红光

8. 产于新疆和兰州的瓜类，其甜度一般都较高，其原因是：

    A. 环境干燥　　　　B. 气温日较差大　　C. 气温高　　　　　D. 日照变幅大

9. 喜温的作物或常绿果树如果引种到山区，应种植在哪里？

    A. 山顶　　　　　　B. 山腰　　　　　　C. 山脚　　　　　　D. 山谷底

10. 在生态系统物质循环中，氮元素的循环不需要氧（即厌氧环境）参与的是哪个类型？

    A. 硝化作用　　　B. 氨化作用　　　　C. 反硝化作用　　　D. 固氮作用

五、简答题

1. 你是如何理解生态位与竞争的关系的？

2. 生态系统中的物质循环和能量流动各有什么特点？

3. 温度对昆虫的繁殖有什么影响？

4. 节律性变温对植物生长发育有什么好处？

5. 何谓积温？如何计算有效积温？它有何生态学意义？

6. 根据邻接效应和产量衡值法则，谈谈农业上合理密植的生态学意义。

7. 生物的有性生殖比无性生殖偿付更多的代价是什么？

六、分析思考题

1. 为什么说生活型和生态型都是生物对环境适应的结果？请举例说明。

2. 陆生动物对水分代谢有哪些适应性特征？

3. 食草动物的门齿一般比较发达，像马的门齿是上下两排，非常整齐，便于把禾草的茎秆切断（附图-2a）。而鹿是专吃树叶的，在鹿取食树叶的长期进化过程中，鹿的上门齿退化了，下门齿发达，并且下门齿不是垂直着生在牙床上，而是略向外斜伸，形成了"外飘牙"（附图-2b）。请问鹿的门牙为何要选择退化上门牙的策略？这在进化上有什么适应意义？

扫一扫　看彩图

附图-2　马和鹿的门牙结构示意图

4. 生态锥体有 3 种，它们都只能是正金字塔形吗？为什么？请举例说明。

5. 全球气候变暖会对生物多样性产生哪些不利影响？

模拟试题 3

一、名词解释

1. 生态阈值与生态平衡：

2. 效应浓度与生物富集：

3. 草原与草甸：

4. 拟寄生与捕食：

5. 矿质化与腐殖化：

二、填空题

1. 地表的光照强度在空间上随_____、_____和_____而变化。

2. 美国的霍普金斯生物气候律指出，在北美洲温带地区，其他条件相同，每向北移动_____、向西移动_____、向上升高_____，相同植物的发育阶段在_____季将各延迟_____d。

3. 植物群落的发育时期可分_____、_____和_____三个阶段。

4. 中国植被分类的单位是_____、_____和_____。

5. 根据植物开花对光照所需时间,将植物分为_____、_____、_____和_____4 个生态类型。

6. 种群的繁殖力大小与该种群的_____和_____有关。

三、判断是非题（对的划"√",错的划"×"）

1. 生态学是一门研究生物栖息地的学科。（　　）

2. 地球外部的太阳辐射能只有近一半能到达地表。（　　）

3. 由赤道向极地,随着纬度的增大,太阳高度角逐渐减小。（　　）

4. 当大黄鳝饥饿时会吃掉小黄鳝,这属于捕食。（　　）

5. 进化是偶然性与必然性的组合,变异具偶然性,而选择呈必然性。（　　）

6. 逻辑斯蒂方程的含义是,种群增长率 = 种群可能有的最大增长率×最大实现程度。（　　）

7. 群落中的建群种不一定都是优势种。（　　）

8. 群丛是植物群落分类的基本单位。（　　）

9. 常绿阔叶林指的是一种植被型组。（　　）

10. 食物链并不都是由绿色植物开始的。（　　）

四、单项选择题

1. 关于植被类型,下列哪个是属于地带性植被?
   A. 草原　　　　　B. 草甸　　　　　C. 草地　　　　　D. 草丛

2. 在秋季,落叶木本植物的叶片内花青素的形成与下列哪个因素无关?
   A. 温度　　　　　B. 土壤　　　　　C. 水分　　　　　D. 光照

3. "安徽黄山共有种子植物 2050 种",这句话是描述该山区的:
   A. 植物多样性　　B. 植物种群　　　C. 植物区系　　　D. 植物总数

4. "黄淮海平原栽培植物区",其命名的单位是:
   A. 植物区系　　　B. 植被区　　　　C. 植被型　　　　D. 植被小区

5. 黑暗时间小于临界暗期时,下列植物开花的是:
   A. 短日照植物　　B. 长日照植物　　C. 芝麻　　　　　D. 绿豆

6. 描述雌雄异体种群的性别比,当雌性:雄性 = 100:115 时,下列性别比正确的是:
   A. 85　　　　　　B. 115　　　　　　C. 1.15　　　　　D. 0.87

7. 某一研究小组共做样方 40 个,其中乔木样方 20 个,草本样方 20 个;黄山栎出现的样方数为 10,其中有 2 个样方仅各有 1 株黄山栎,黄山栎的频率是:
   A. 20%　　　　　B. 25%　　　　　C. 40%　　　　　D. 50%

8. 某种多年生植物成株 10 株,单株结籽数为 150,种子萌发率为 80%,幼苗成活率为 70%,成株花后成活率为 90%,通过有性繁殖一代后该种群共有植株数为:
   A. 1000　　　　　B. 840　　　　　C. 859　　　　　D. 849

9. 空气的实际水汽压为 500 Pa，同温下饱和水汽压为 1000 Pa，则相对水汽压为 50%，其中"E"是多少？

　　A. 500　　　　　B. 50　　　　　C. 1000　　　　　D. 2

10. 在亚热带地区调查木本植物群落时，乔木层的样方面积应该是：

　　A. 500 m^2　　　B. 100 m^2　　　C. 50 m^2　　　D. 16 m^2

五、简答题

1. 引种工作的原理和原则是什么？取得了什么经验？

2. 食物链有哪些类型？在生态系统中有什么作用？

3. 通过生态型和生活型概念如何理解生物与环境的协同进化？

4. 影响植被分布的因素有哪些？

5. 有效积温法则有什么应用价值？

6. 动物对低温的主动适应有哪些规律？

7. 恒温动物的双亲抚育行为包括哪些方面？

六、分析思考题

1. 运用生态学原理，联系实际，试分析目前大气变暖的温室效应现象的成因，应采取什么措施来缓解这种现象？

2. 按照食物的组分划分，动物的食性分化有哪些类型？各具何生物学意义？

3. 在北美洲有一种斑蜥，它有三个变型，即橙色斑蜥、黄色斑蜥和蓝色斑蜥。橙色雄斑蜥比较凶猛，但寿命短，它可随意驱赶蓝色雄斑蜥；黄色雄斑蜥善于伪装，特别会模仿雌性斑蜥；蓝色雄斑蜥比较警觉，善于观察，很容易识别雌性个体。有趣的是在野外种群中，每一个变型斑蜥在竞争中都会被另一个变型斑蜥所取代，结果橙色斑蜥、黄色斑蜥和蓝色斑蜥的 3 个变型呈现出周期式的数量变动（附图-3），这是为什么？

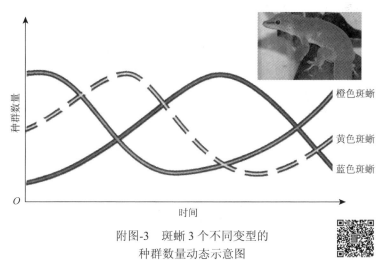

附图-3　斑蜥 3 个不同变型的
种群数量动态示意图

扫一扫　看彩图

模拟试题 4

一、名词解释

1. 群落演替与群落结构：
2. 生物学零度与活动积温：
3. 季相与层片：
4. 冬眠与滞育：
5. 自然选择与人工选择：

二、填空题

1. 我国农历历法中的二十四节气，长期以来对农业生产具体重要的指示作用。请问你能够依次写出它们的名称吗？（从立春开始）

_____、_____、_____、_____、_____、_____、
_____、_____、_____、_____、_____、_____、
_____、_____、_____、_____、_____、_____、
_____、_____、_____。

2. 低温对植物的伤害分为_____、_____和_____3 类。
3. Raunkiaer 分类系统将植物生活型分为_____、_____、_____、_____和_____5 类。
4. 生态系统的组成有_____、_____、_____和_____4 个部分。
5. 一般来说，群落中物种的重要值计算是与_____、_____和_____3 个要素有关。
6. 在单位时间内，出生率与死亡率之差为_____。

三、判断是非题（对的划 "√"，错的划 "×"）

1. 在初霜到终霜之间的时间总称霜期。（　　）
2. 生物的进化可分为微进化和宏进化。（　　）
3. 生物的进化没有方向性，而自然选择是有方向性的。（　　）
4. 冬性越强的作物，春化阶段所需要的温度越低。（　　）
5. 生物的进化和自然选择都是没有方向性的。（　　）
6. 在逻辑斯蒂方程中，r 为种群的潜在增长率。（　　）
7. 群系是植物群落分类的高级单位。（　　）
8. 在植物群落分类中，针叶林指的是一种植被型。（　　）
9. 任何一种植物的存在度总是大于恒有度的。（　　）
10. 在生态系统各个营养级上的能量是逐级降低的。（　　）

四、单项选择题

1. 现有某一群落被命名为："黄山松—杜鹃—黄背草××"，其命名的单位是：
   A. 群落　　　　　　B. 群丛　　　　　　C. 群系　　　　　　D. 植被
2. 当黑暗时间超过临界暗期时，下列哪种植物能够开花？
   A. 长日照植物　　B. 短日照植物　　C. 小麦　　　　　　D. 油菜
3. 在全球范围内，年平均气温最高的地区在：
   A. 赤道　　　　　　B. 北纬 10°　　　　C. 北回归线　　　　D. 南回归线
4. 雷、雨、风等自然现象都发生在大气圈的哪一层？
   A. 平流层　　　　　B. 对流层　　　　　C. 中间层　　　　　D. 电离层
5. 两个种群生活在一起，物种甲受到抑制，而物种乙则无影响，其种间关系是：
   A. 寄生作用　　　　B. 偏害作用　　　　C. 偏利作用　　　　D. 中性作用
6. 生于北极的狐狸的耳朵特别小，这个现象符合哪个定律？
   A. 艾伦律　　　　　　　　　　　　　　B. 贝格曼律
   C. 乔丹律　　　　　　　　　　　　　　D. 利比希最小因子定律
7. 在北半球，由于受哈得来环流圈的影响形成固定方向的风带有几个带？
   A. 2　　　　　　　　B. 3　　　　　　　　C. 5　　　　　　　　D. 6
8. 土壤中含水量超过某一数值时，因缺少空气而发生涝灾，这个临界数值是：
   A. 15%　　　　　　B. 20%　　　　　　C. 35%　　　　　　D. 45%
9. 在植物群落内部，植物物种数量随季节变化最大的植被类型是：
   A. 热带雨林　　　　B. 寒带针叶林　　　C. 温带草原　　　　D. 温带落叶林
10. 我国土壤的酸碱性指标分为 5 级，其中的中性土壤 pH 指标为：
   A. pH6.5　　　　　B. pH6.5~7.5　　　C. pH7~7.5　　　　D. pH7.5~8.5

五、简答题

1. 高温对植物的伤害有哪些方面？各有什么特点？
2. 什么是图解生命表，有什么特点及应用范围？
3. 如何解释 Raunkiaer 频度定律的含义？
4. 符合逻辑斯蒂增长模型的种群，其最大产量和维持最大产量的种群密度是如何计算的？
5. 频度、存在度和恒有度三个概念有什么区别，它们之间又有什么联系？
6. 捕食者和猎物在协同进化过程中具有明显的不对称性，为什么？
7. 我国的植被区域是如何划分的？

六、分析思考题

1. 为什么在地窖里总是感觉到冬暖夏凉？动物是如何利用土壤温度这个变化规律的？

2. 请用生态学的知识谈谈农谚"瑞雪兆丰年"的科学道理。

3. 植物的生殖对策是多样的，有一年生的和多年生的。在多年生的植物中，有多次性结实的和一次性结实的。最常见的多年生一次性结实的植物是竹子。请看龙舌兰（附图-4a）和中华山蓼（附图-4b），它们也是多年生一次性结实的植物。请问多年生一次性结实植物生殖对策的生物学意义是什么？

a　　　　　　　　　　　b

附图-4　龙舌兰（a）和中华山蓼（b）

4. 用生态学原理分析农谚"肥田生瘪稻"（土壤过肥会出现瘪稻，即稻粒不饱满或空的）是何道理。

模拟试题 5

一、名词解释

1. 趋同适应与趋异适应：

2. 同资源种团与食物网：

3. 原始森林与原始次生林：

4. 初级生产与次级生产：

5. 冷血动物与内温动物：

二、填空题

1. 关于大环境的概念，按研究对象的尺度可分为_____、_____和_____3个层次。

2. 雨按其成因可分为_____、_____、_____和_____4类。

3. 积温有_____和_____两种计算方法。

4. 旱生条件下的植物群落原生演替系列可由_____、_____、_____和_____4个阶段组成。

5. 在北半球湿润气候条件下,由南到北,植被类型由_____、_____、_____、_____和_____依次更替。

6. 在中国植被区划中，植被区域有_____、_____、_____、_____、_____、_____和_____。

7. 群丛的学名,一般由_____、_____、_____3个部分组成。

三、判断是非题（对的划"√"，错的划"×"）

1. 同源器官是相同祖先遗留下来的残余器官，与分类学无关。（　　）

2. 在北半球同一地点和同一时刻，太阳高度角在夏天最高，而在冬天最低。（　　）

3. 根据亲缘系数的计算公式计算，你和你外婆的亲缘系数是 0.125。（　　）

4. 民间谚语"枣发芽种棉花"，枣树称为预报植物。（　　）

5. 一天内的昼夜气温变化称为节律性变温。（　　）

6. 饱和水汽压随温度升高而降低，随温度降低而升高。（　　）

7. 同功器官是因自然选择，不同生物在进化中获得表面相似的结构，与分类学有关。（　　）

8. 土壤有机质主要来自绿色植物，其次是土壤中的动物和微生物。（　　）

9. 生长于同一地方的各种植物的生物学零度各不相同。（　　）

10. 富营养化是水体中含有大量的 N 和 P，使浮游生物大量繁殖，消耗水体中的氧气,使有机物在厌氧条件下分解,放出氨和甲烷等,致使水中生物窒息死亡。（　　）

四、单项选择题

1. 在逻辑斯蒂增长模型中，种群增长的环境阻力是：

A. $1-N/K$　　　　B. r/KN　　　　C. $(N-K)/K$　　　　D. $K/(K-N)$

2. 在一定范围内，海拔每升高 100 m，干燥空气的气温会下降：

　　A. 1℃　　　　　　B. 0.5℃　　　　　　C. 0.1℃　　　　　　D. 10℃

3. 下列哪个群落类型不属于地带性群落？

　　A. 冻原　　　　　　B. 草原　　　　　　C. 草甸　　　　　　D. 针叶林

4. 我国东部森林区自南向北可划分为几个植被带？

　　A. 3　　　　　　　B. 4　　　　　　　C. 5　　　　　　　D. 6

5. 根据我国植被水平分布规律判断，安徽黄山的基带植被是：

　　A. 季雨林　　　　B. 常绿阔叶林　　　C. 夏绿林　　　　　D. 针叶林

6. 我国的四季划分，其夏季的标准是：

　　A. 日平均温 22℃以上　　　　　　　　B. 候温 22℃以上

　　C. 月平均温 22℃以上　　　　　　　　D. 候温 18℃以上

7. 下列哪项关于植物群落生活型谱的描述是正确的？

　　A. 海南岛的生活型谱是以地上芽植物为主

　　B. 西双版纳的生活型谱是以高位芽植物为主

　　C. 大兴安岭的生活型谱是以高位芽植物为主

　　D. 北极地区的生活型谱是以一年生植物为主

8. 病毒在生态系统的食物链中属于：

　　A. 基位种　　　　　B. 顶位种　　　　　C. 营养物种　　　　D. 中位种

9. 裸子植物杉木对土壤 pH 因子的适应属于：

　　A. 碱性土植物　　　B. 酸性土植物　　　C. 中性土植物　　　D. 盐碱土植物

10. 植物群落原生演替系列的初级（先锋）阶段是：

　　A. 地衣植物阶段　　　　　　　　B. 苔藓植物阶段

　　C. 蕨类植物阶段　　　　　　　　D. 藻类植物阶段

五、简答题

1. 在生态学中何谓黑霜？黑霜为什么比白霜对作物的危害更大？
2. 为什么说团粒结构土壤是最理想的农业高产土壤类型？
3. 群落的空间结构层次与层片有什么区别？
4. 频度定律是什么？为什么越是发育成熟的天然群落往往越符合频度定律？
5. 动物的广食性和狭食性习性各有何优点和缺点？
6. 霍普金斯生物气候律是什么？我国可以参照使用该定律吗？为什么？
7. 何谓生态系统的稳定性？它与生态平衡有什么区别？

六、分析思考题

1. 在自然界中，捕食者和猎物之间会始终保持一定的密度比例，很少见到某个捕食者把它的猎物捕杀绝灭的。这是为什么？然而，人类的过度捕杀，却已经使得许多动物绝灭了，这又是为什么？

2. 在河南、湖北和河北三省，关于播种冬小麦农时的农谚有 3 个：

1）"白露早、寒露迟，秋分种麦正当时"；

2）"寒露到霜降，种麦日夜忙"；

3）"霜降到立冬，种麦莫放松"。

这 3 个农谚各是属于哪个省的？为什么同一种作物的播种期在 3 个省份会有 3 个农谚，分析其原因。

3. 根据在野外观察具有羽状复叶的植物幼苗发育过程，发现草本植物落花生的幼苗，其第一片真叶就已经是复叶，整个幼苗发育过程中没有出现单叶的情况。而木本植物枫杨和刺槐的幼苗，第一片真叶却都是单叶，第二或第三片单叶上具缺刻，到了第四片叶才是具小叶的真正复叶（附图-5）。请问这是什么原因。

附图-5　枫杨的幼苗发育过程（引自沈显生，2003）

4. 在人工养殖蜜蜂生产过程中，经常会出现"分箱"现象，它是指随着蜂箱中蜜蜂数量增加，会出现一群蜜蜂出逃的现象，养蜂人发现后会立即用一只新的蜂箱，并撒上糖水收回蜜蜂群。请用生态学相关知识解释蜜蜂"分箱"现象发生的原因。

模拟试题 6

一、名词解释

1. 二律背反：

2. 贝格曼律：

3. 建立者效应：

4. 霍普金斯生物气候律：

5. 频度定律：

6. 生态系统：

7. 生物入侵：

8. 利他行为：

9. 生物多样性：

10. 生态金字塔：

二、判断是非题（对的划"√"，错的划"×"）

1. Vegetation type 是根据生活型来划分的。（　　）

2. 我国植被分类的单位有 3 级。（　　）

3. Raunkiaer 频度定律是 $A>B>C<D>E$。（　　）

4. 在我国亚热带地区，野外最常见的一个群系是：Form. *Pinus stewardii—Lonicera japonica—Indicago canadaensis*（黄山松—忍冬——枝黄花）。（　　）

5. 在饲养的家禽中，有芦花鸡、来杭鸡、红原鸡和印度鸡等，这属于生物多样性中的物种多样性。（　　）

6. 在草原生态系统中，羊吃草比马吃草对草原植被的破坏力更大一些。（　　）

7. 有一种蚂蚁，专门生活在牛角相思树（或金合欢）膨大的托叶刺中，蚁群整天巡游在枝叶上，小叶泌出的蜜腺为蚁群提供食物，而蚁群也分泌一种有毒物质，使得其他昆虫逃之夭夭。这种现象是典型的互利共生。（　　）

8. 黄山梅（*Kirengeshoma palmata*）在全世界只有安徽黄山和日本有分布，这说明黄山梅只有一个群丛。（　　）

9. 将一株甘薯（山芋）的茎蔓截成三段，然后分别移植在海拔 100 m、1000 m、3000 m 不同高度的环境中，结果发现它们的生长速度不同，其产量最高的是位于海拔 100 m 处的甘薯。（　　）

10. 在 4 月，将一株甘薯（山芋）苗的茎蔓截成 3 段，然后分别移植在北纬 10°、30°和 50°的不同地区（同一海拔），新生的茎蔓最短的是北纬 50°的甘薯苗。（　　）

11. 某生物科技小组在 1999 年 6 月上旬在校园捕获了 20 只白鹭，在翅膀上进行标记后，又放回环境中。在 6 月下旬，他们又在同一地方捕获 50 只白鹭，结果发现在这 50 只中具标记的有 5 只，通过计算，他们认为这群白鹭的种群数量共有 200 只。（　　）

12. 遗传漂变是指基因频率在较大的种群里发生随机增减的现象。（　　）

13. 在种群的生殖对策方面，对于出生率高、寿命短、个体小的物种，一般选择 r-对策；而对于出生率低、寿命长、个体大的物种，常选择 K-对策。（　　）

14. 针叶树的叶面积大于阔叶树。（　　）

15. 在热带季雨林中是没有季相交替的。（   ）

16. 在我国东部森林植被区中，有 4 个植被带。（   ）

17. 群落的外貌取决于群落的种类组成和层次结构。（   ）

18. 群落的优势种一定是建群种。（   ）

19. 根据贝格曼律，东北的狐狸比华南的狐狸大。（   ）

20. 棉花的种子在 15℃时 4 d 发芽；而在 10℃时，则要 8 d 才能发芽，由此可知棉花的生物学零度是 5℃。（   ）

三、简答题

1. 生态因子的三要素是什么？在分析生态因子的作用时一般要坚持哪些原则？

2. 什么是团粒结构土壤？该类型土壤是如何保持 4 项土壤肥力要素优良特性的？

3. 种群的增长有几种模型？逻辑斯蒂方程的公式是什么？

4. 食物链有几种类型？请举例说明。

5. 什么是积温？有几种类型？在生产实践中有哪些方面的应用价值？

6. 什么是物候学？影响我国物候的主要因素是什么？

7. 20 世纪中期，我国农业"八字宪法"的内容是什么？它对于指导现代农业生产仍有意义吗？

四、分析思考题

1. 甘薯（山芋）一般是利用块根进行营养繁殖，很少见到它们开花结果。但是，在特殊环境条件下或特定的栽培条件下，有时它们会开花。①在山区，当把甘薯栽培在地势低洼、四周有山崤环抱的小盆地中时，可以见到它们开花；而栽培在坡地上的山芋很少开花。这是为什么？②在平原地区，把甘薯栽培在垅坝上（将土地整出一排排的垅和沟，两沟之间的窄畦称为垅坝），则很少开花；但甘薯栽培在平地里（无垅坝），时常也会见到开花。这又是为什么？

2. 应用所学的生态学知识分析江淮地区农谚"六月秋样样丢，七月秋样样收"。意思是说，在农历六月立秋，秋季庄稼可能收成不好；而在七月立秋，则秋季庄稼会大丰收。为什么？

3. 蓼科植物塔黄，其花序上的苞片变得宽大，并成黄色，下垂，把小花盖在里面（附图-6，b 是花序纵切示意图）。这样的特征对于塔黄适应高山环境有什么益处？请判断它的生境特点。

  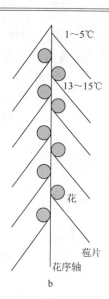

附图-6　塔黄花序上的苞片（引自 http://www.cgris.net）

4. 最大持续产量理论对于指导水产养殖具有什么意义？

模拟试题 7

一、名词解释

1. 生殖价：
2. 最大持续增长量（MSY）：
3. 萨王纳植被：
4. 生物地球化学循环：
5. 活动积温：
6. 红皇后效应：
7. 动态生命表：
8. 失汇现象：
9. 非腐殖质：
10. 内禀增长率：

二、填空题

1. 种群数量的种内自动调节理论有_____、_____、_____3 个学说。
2. 种群统计学的数量指标分为_____、_____、_____3 类。
3. 生物地球地学循环分为_____、_____、_____3 个类型。

4. 腐殖质的基本成分是_____。

5. 符合哈迪-温伯格定律的种群具备的 5 个条件是_____、_____、_____、_____、_____。

6. 氮在生态系统中循环的途径有_____作用、_____作用、_____作用和_____作用。

7. 一些昆虫的卵或幼虫发育的暂时中断，通常与休眠期相结合，叫_____。

三、判断是非题（对的划"√"，错的划"×"）

1. 基因库是指一个物种所有的基因总和。（   ）

2. 绿色植物全部是自养的，所以，它们都是生产者。（   ）

3. 土壤的肥力指标有温度、空气、颜色、有机质 4 个方面。（   ）

4. 在北半球的冬季，太阳高度角随纬度的增加而变小。（   ）

5. 层片不是群落的空间结构，而是群落的生态结构。（   ）

6. 碳循环与水循环相似，也是靠太阳能驱动。（   ）

7. 从热力学角度看，水的蒸发和凝结的方式类似于光合作用和呼吸作用。（   ）

8. 陆地生态系统和水域生态系统中养分的更新过程是相同的。（   ）

9. 在高等植物和脊椎动物中，减数分裂的生物学意义和功能是完全相同的。（   ）

10. 利比希最小因子定律只能严格地适用于那些单独影响消费者的资源。（   ）

四、单项选择题

1. 长期以来，我国利用候温来划分四季，下列正确的是：
   A. 10℃以下为冬季　　　　　　　B. 10℃以上为秋季
   C. 20℃以上为夏季　　　　　　　D. 22℃以下为春季

2. 植物群落的结构具有多种类型，下列哪项不是？
   A. 生态结构　　　B. 营养结构　　　C. 物理结构　　　D. 物候结构

3. 像豌豆和油菜都是二年生作物，在我国华东和华北地区广泛种植。在秋季这些二年生作物的播种时间顺序是：
   A. 自南向北　　　　　　B. 自北向南　　　　　　C. 南北相同时间播种

4. 某一植被命名为"黄山松—杜鹃 + 胡枝子—黄背草××"，其命名的单位是：
   A. 群落　　　B. 群丛　　　C. 群系　　　D. 植被

5. 下列哪一项表示种群的群体增长速率？
   A. R_0　　　B. r_m　　　C. dP/dt　　　D. dN/dt

6. 在群落演替中，控制演替过程的因素有 3 个，下列哪个不是控制因素？
   A. 促进　　　B. 反馈　　　C. 抑制　　　D. 耐受

7. 热带地区的植物多样性不是由下列哪个因素决定的？

　　A. 环境均匀性　　　　　　　　　　B. 竞争、环境扰动与林窗的作用

　　C. 食植动物和病原体对稀有物种的选择优势　　D. 环境异质性

8. 在动物地理区划上，华莱士线是哪两个地理区的界线？

　　A. 古热带区与东洋区　　　　　　　B. 东洋区与古北区

　　C. 东洋区与澳大利亚区　　　　　　D. 东洋区与新北区

9. 在生态学上，同资源种团是一个重要的概念。下列哪项属于这个概念？

　　A. 水草、草鱼、人　　　　　　　　B. 蔬菜、鸡、蝗虫、螳螂

　　C. 水藻、鳙鱼、鳜鱼、鹰　　　　　D. 农作物、人、鸡、猪

10. 动物在遇到不利的环境时需要采用一些极端行为，下列哪一项不属于这种行为？

　　A. 迁移　　　　　B. 休眠　　　　　C. 降低出生率　　　　D. 储存食物或能量

五、问答题

1. 捕食者和猎物之间的协同进化具有哪些特征？

2. 逻辑斯蒂增长曲线呈"S"形，请解释各段曲线形成的原因。

3. 食物链有哪些类型？在生态系统中各有什么作用？

4. 热带雨林植被具有哪些主要的特点？

5. 有哪些因素可以减弱捕食者-猎物周期的波动幅度？

6. 生态学家将可再生资源划分为哪些类型？

7. 动物出生率的高低会受到哪些因素的影响？

六、思考题

1. 请分析焚风是如何形成的，它对植物的危害是什么。

2. 豆科植物锦鸡儿（*Caragana* sp.）的荚果里常有一种象甲，估计是开花时昆虫把卵产在子房里，幼虫以发育的种子子叶为食，蛹就生长在种皮里面，其外形与正常种子无异。

荚果成熟开裂时，含有象甲的种子和其他种子一起散落地上，能滚动或跳跃，最终进入岩石缝隙中准备越冬。象甲蛹就躲在种子里，依靠种子的外形可避开小型食虫蜥蜴的捕食。另有一种寄生蜂寄生于象甲蛹，可能起到抑制象甲种群的作用。虽然锦鸡儿的整个受精机理尚不清楚，但通过套袋实验证明了锦鸡儿自交不育。估计，在象甲寄生的同时帮助了锦鸡儿进行传粉。

锦鸡儿经常处于水分胁迫和氮素缺乏的生境里，导致地上部分生长量少和较小的叶面积。锦鸡儿有根瘤，其根瘤菌具有高固氮活性，并且发现根瘤菌有超乎寻常的脱氢酶活性，可以回收因根瘤拟菌体固氮酶放氢所不可避免要浪费的同化能量。

像这样由一种植物、一种固氮细菌、一种传粉昆虫和一种寄生物相互共生，并与缺水、缺氮的贫瘠环境所组成的相互适应的功能单位，在生态学上应该属于什么？请画出能量流动图（虚线表示）和物质循环图（实线表示）。

七、应用题

1. 北方的苹果南移有三点主要矛盾：一是南北方的气候条件的矛盾；二是根系生长的矛盾，因为南方夏季高温，在 30～35℃时苹果根系停止生长，而南方冬季气温比北方高，根系不能进入休眠；三是降水的矛盾，南方雨多，其分布与北方不同，春季雨多影响授粉，或引起落花落果，夏季酷热干旱影响果实膨大，秋雨偏多又会引起发秋梢或狂花。目前，经过科技工作者的努力，我国基本实现了可在浙江、福建和上海栽培苹果的目标。

请分析，他们是如何解决苹果南移的三个关键问题的？

2. 引种是根据气候相似性的原则。我国科技人员在分析了云南元江和非洲的加纳两地的气候条件后，成功地引种了木本植物牛油果（鳄梨，属樟科植物）。引种成功后，当继续扩大引种范围时，却遇到了困难。

同样，在分析了北京和朝鲜（原产北非）的气候条件后，成功地从朝鲜引种草本植物大粒油莎豆（莎草科植物，收获地下球形块茎）。随后，科技人员继续向南引种，在河北的新滦、山东的肥城、湖北、四川、海南岛等地均获得了成功。后来发现，只要夏季温度高于 25℃，相对湿度在 70%以上，能够满足 140～165 d 的生育期要求时，就能达到丰产。

请分析，牛油果仅在局部地区引种成功，而大粒油莎豆不仅引种成功而且扩大了引种范围，这两个事实说明了什么问题？

3. 菊花一般在 10 月开花，从光周期类型看，它应属于哪一类植物？如果想把其花期推迟到当年 12 月或第二年的 1 月，可以采取哪些措施？

4. 在北方地区，毛白杨是常见的绿化树种。到了深秋季节，毛白杨落叶时，会伴随着许多小枝条也自动脱落下来。仔细观察这些脱落的枝条，其基部非常光滑且栓质化。请问毛白杨为何会出现自动脱落小枝条的现象。

模拟试题 8

一、名词解释

1. 协同进化：

2. 广温性动物：

3. 关键种：

4. 隐域植被：

5. 似昼夜节律：

6. 瞬时增长率：

7. 适合度：

8. 新生产力：

9. 遗传漂变：

10. 哈迪-温伯格定律：

二、填空题

1. 海洋环境梯度具有 3 个方向的变化，即_____、_____、_____。

2. 土壤酸度包括_____和_____两个方面。

3. 自然种群具有_____、_____、_____3 个基本特征。

4. 种群的次级参数有_____、_____、_____。

5. 竞争有_____和_____两种方式。

6. 表型的自然选择有_____、_____、_____3 类。

7. 按照生物的栖息环境和生殖的能量投入，生殖对策分为_____和_____。

8. 反硝化作用的第一步是把_____还原为_____，释放 NO。

三、判断是非题（对的划"√"，错的划"×"）

1. 在各种生态系统中，湖泊湿地的初级生产量是最高的。（　　　）

2. 自然生态系统都属于开放系统。（　　　）

3. 在群落中优势种一定也是建群种。（　　　）

4. 物种个体的大小与寿命呈负相关。（　　　）

5. 一个种群内所有的基因总和叫基因库。（　　　）

6. 物种是生态系统中的功能单位。（　　　）

7. 集群分布是种群的 3 种分布格局中最常见的一种。（　　　）

8. 土壤是由固体、气体、液体和温度组成的四相系统。（　　　）

9. 在湖水水温的季节变化中，每年发生上下湖水对流两次。（　　　）

10. 影响植被分布的最主要因子是降雨量。（　　　）

四、问答题

1. 世界热带雨林和我国的热带雨林分别分布在哪些地方？

2. 在分析生态因子的作用时，应该注意哪些原则？

3. 在海水和淡水之间的洄游性鱼类，是如何调节体内水分平衡的？

4. 单个种群增长的逻辑斯蒂微分方程是什么？两个种群竞争增长时的逻辑斯蒂微分方程又是什么？

5. 植物群落分类的 3 个单位是根据什么特征划分的?

6. 在物种形成过程中产生生殖隔离的因素有哪些?

7. 同动物种群相比,植物种群具有哪些重要的固有特征?

五、分析思考题

1. 竹子是起源于南方的木本植物。如果向北方引种栽培,主要需要解决哪些矛盾? 应采取什么措施?

2. 在温带草原,当一块牧场被长期禁止放牧活动时,其植被的发育趋势是什么?

3. 在北极冻原群落中,为什么木本植物非常低矮,贴近地面生长? 为什么北极的柳树(*Salix* sp.)(北极垫柳, 见附图-7a)和桦树(*Betula* sp.)(北极矮桦, 见附图-7b)都是常绿植物?

a　　　　　　　　　　　　　　　　b

附图-7　北极垫柳（a）和北极矮桦（b）

扫一扫　看彩图

4. 关键种对生物群落的结构与发育有什么作用? 在野外实验中,如何验证关键种的生态作用?

模拟试题 9

一、名词解释

1. −3/2 幂定律:

2. 瓶颈效应:

3. 性状替换:

4. 生活型谱：

5. 两面下注理论：

6. 他感作用：

7. 最小可存活种群（MVP）：

8. 构件生物：

9. 阿索夫规则（Aschoff's rule）：

10. 性二型现象：

二、判断是非题（对的划"√"，错的划"×"）

1. 在有竞争者和捕食者存在时，种群能够持续利用的资源范围，叫实际生态位。（　　　）

2. 一个物种的遗传因子多样化的程度，叫遗传多样性。（　　　）

3. 在竞争个体之间直接对抗的相互作用，叫干扰。（　　　）

4. 优势种就是对于群落组成具有主要影响的一个物种。（　　　）

5. 迁入和迁出是种群数量统计的次级参数。（　　　）

6. 在海水中生活的微生物都能够抵抗高渗透压。（　　　）

7. 着色细菌、红螺细菌和硫化杆菌都属于光合细菌。（　　　）

8. 水循环的过程是消耗能量的。（　　　）

9. 食肉动物的同化效率要比食植动物高。（　　　）

10. 在冬季的湖泊，上层水和深层水之间有个温度变化较大的斜温层。（　　　）

三、简答题

1. 何谓 Raunkiaer 频度定律？你是如何解释这个定律的？

2. 氮在自然界的循环中，有微生物参加的代谢过程有哪些反应类型？

3. 土壤肥力有哪些因素？你如何理解各要素的生态作用？

4. 在耐受性定律（law of tolerance）提出以后，生态学家又做了哪些发展？

5. 自然资源是如何分类的？

6. 初级生产量的测定方法有哪些？

7. Grime 的 CSR 生活史和生境分类法是什么？

四、思考题

1. 温度会对昆虫寿命产生影响。在不同连续梯度温度下的种群数量为什么会呈"M"形曲线？

2. 在北极，像卷耳（*Cerastium* sp.）（北极卷耳，见附图-8a）和虎耳草（*Saxifraga* sp.）（北极虎耳草，见附图-8b）都是常绿的草本植物。在北极冻原区为什么没有一年生植物？

附图-8　北极卷耳（a）和北极虎耳草（b）

扫一扫　看彩图

3. 竞争排斥原理对于水产养殖业具有什么指导作用？请举例说明。

4. 有些果树的"大小年"现象非常明显。果树为什么会出现第一年结果多时第二年结果则少（甚至不结果）的相互交替的现象？

5. 西瓜是不能够重茬（在同一块地连续种植）栽培的，因为西瓜具有种内自毒作用。如果你想连续重茬种植西瓜，应该采取哪些措施？

6. 何谓驯化？驯化的理论依据是什么？它对于动植物引种有何生态学意义？

模拟试题 10

一、名词解释

1. 内稳态：

2. 进化稳定对策：

3. 竞争排斥原理：

4. 哈得来环流圈（Hadley cycle）：

5. Coolidge 效应：

6. 范托夫定律：

7. 热中性区：

8. β-多样性：

9. 绝对湿度：

10. 原生演替：

二、单项选择题

1. 在生态系统的物质循环中，下列哪种物质属于半循环类型？
   A. C　　　　　　　B. P　　　　　　　C. N　　　　　　　D. S

2. 在生态对策类型中，C-对策的生物主要将能量用于下列哪项生态对策？
   A. 竞争　　　　　B. 生长　　　　　C. 生殖　　　　　D. 信息联系

3. 遗传漂变通常发生在下列哪种情况下？
   A. 小种群　　　　B. 大种群　　　　C. 隔离的大种群　　D. 顶级群落

4. 利他行为属于：
   A. 种内行为　　　　　　　　　　　B. 种间行为
   C. 既是种内行为又是种间行为　　　D. 亲代与子代行为

5. 在生殖策略中，具有 r-对策的种群，其生态学特征是：
   A. 高 r 高 K　　　B. 高 r 低 K　　　C. 低 r 低 K　　　D. 低 r 高 K

6. 在热带雨林中，捕食者通常属于：
   A. 营养生态位较宽的特化种　　　B. 营养生态位较窄的特化种
   C. 营养生态位较宽的泛化种　　　D. 营养生态位较窄的泛化种

7. 在淡水湖泊中，存在着绿藻、轮虫、鳙、鹰食物链，鳙属于：
   A. 生产者　　　B. 初级消费者　　　C. 次级消费者　　　D. 杂食性消费者

8. 两个物种间的竞争结局有 4 种可能的结果，物种 1 获胜的条件是：
   A. $K_1 < K_2/\beta$，$K_2 > K_1/\alpha$　　　B. $K_1 > K_2/\beta$，$K_2 < K_1/\alpha$
   C. $K_1 < K_2/\beta$，$K_2 < K_1/\alpha$　　　D. $K_1 > K_2/\beta$，$K_2 > K_1/\alpha$

9. 生物群落的动态变化有 3 个方面，下列哪项不属于群落的动态？
   A. 季节变化　　　B. 年际间变化　　　C. 群落演替　　　D. 纬度地带性

10. 种群增长模型 $N_{t+1} = N_t\lambda$ 所描述的是：
    A. 环境资源无限，世代连续的种群
    B. 环境资源无限，世代不连续的种群
    C. 环境资源有限，世代连续的种群
    D. 环境资源有限，世代不连续的种群

三、问答题

1. 土壤结构的类型分为几种？哪一类型的土壤是农业上最理想的高产土壤类型？为什么？

2. 在地球上，限制生物分布的最主要因素是什么？作用机制又是什么？

3. 动物对环境温度的适应分为主动适应和被动适应，两者的区别是什么？

4. 猎物和捕食者的协同进化是对称的吗？为什么？

5. 温度因子对于较喜欢干旱环境的昆虫，在其寿命、发育速度、生育力和死亡率方面会有什么影响？

6. 何谓等候线？物候学有什么应用价值？

7. 水的物理性质对水生动物的生态适应有什么作用或影响？

8. 物种灭绝和种群灭绝的概念有什么不同？导致它们灭绝的因素分别是什么？

9. 在世界海洋中，中低纬度地区的大陆西海岸比大陆东海岸的初级生产力要高得多，为什么？

10. 影响陆地生物群落初级生产力的因素有哪些？哪些因素可能成为其限制因子？

四、观察与分析思考题

1. 2000 年，在中国科学技术大学西区图书馆对面的校车停靠点旁边生长着附图-9a 中的雪松（*Cedrus deodara*）（常绿裸子植物），当时发现这棵雪松的茎中部曾经被人用铁丝捆扎了，出现了两匝深深的环形沟，见附图-9b。铁丝导致该树上部树冠开出许多雄花序（雄株），并且枝条逐渐开始死亡。而就在捆扎处下方的一个侧枝逐渐加速生长代替了主枝干。后来，园林工人把死去的主干部分锯掉。如今（2014 年）这棵雪松还活着，并且每年都未见开花（即性仍未成熟），见附图-9c。

a　　　　　　　　　　b　　　　　　　　　　c

附图-9　中国科学技术大学西区校园的雪松（沈显生摄）

扫一扫　看彩图

a. 主干枝性成熟，处于半死不活状态；基部一侧枝正常发育，性未成熟（2000 年）；
b. 侧枝与主干交界放大，示铁丝捆绑部位（2000 年）；c. 主干截断后，侧枝代替主干继续发育（2014 年）

请问：①雪松被铁丝所捆后上部树冠提前开花的原因是什么？②铁丝最终导致上部树冠死亡的原因是什么？

2. 在 2005 年，安徽省合肥市环城公园湖边的几株柳树，到了冬至时节（12 月23 日）后还未落叶，叶片呈螺旋状卷曲。请问：①这种植物在该落叶时却不落叶，在生态学上是何原因？②请分析，它的树叶为何呈螺旋状卷曲？③此时，柳树叶片还能进行光合作用吗？

五、应用题

1. 在上海市的一棵日本珊瑚树（*Verblium odoratissimum* var. *awabuki*）的树干上生长了一个圆形树瘤（附图-10a）；当剥下树瘤后，发现树干的伤口上部生长有不定根（附图-10b）；再把树瘤锯开，发现里面有许多黄粉虫幼虫（附图-10c）。请问：①这个树瘤是如何生长的？②为什么会在伤口的上部边缘生长出不定根？

附图-10　日本珊瑚树上的树瘤（上海实验中学陈景红摄于 2004 年）

a. 树干上的树瘤外观；b. 除去树瘤后的树干；c. 剥落下的完整树瘤

2. "锄禾日当午，汗滴禾下土。"从生态学角度进行分析，农民通过锄地除草对庄稼有哪些益处？

3. 根据逻辑斯蒂方程，当种群数量分别在 $K/4$ 和 $3K/4$ 时，种群会获得相等的增长速率，为什么？请举例说明。

4. 请分析我国江淮地区每年在春末夏初出现"梅雨"季节（低温且持续降雨，因恰与梅子成熟而得名）的原因是什么？它对农业生产有什么影响？然而，近些年来，我国江淮地区又时常出现"脱梅"现象（即梅雨季节不明显），这又是为什么？

生态学模拟试题部分参考答案与提示

模拟试题 1

三、判断是非题

1. ×；2. ×；3. √；4. ×；5. √；6. ×；7. ×；8. ×；9. √；10. ×。

四、单项选择题

1. A；2. B；3. A；4. D；5. A；6. D；7. B；8. B；9. C；10. C。

六、问答题

1.（提示）白天进行光合作用，夜晚提供水分，在时间上解决了降雨与光合作用的矛盾；另外，白天温度高，夜晚温度低，较大的温差减少了呼吸消耗量，提高了植物的净生产量。

七、思考题

1. ①植物的输导组织过于通畅，导致叶片的光合产物向下运输供根系生长，根吸收水分和无机盐向上供叶片所需，使得营养不能够在树冠积累，就影响花芽分化；或出现营养生长与花和幼果争夺营养的现象。②"审树"的原理是阻断韧皮部的通道，一般是用刀砍树干，如果树皮脆硬，应该用刀背敲砸。③此照片上有两点不可取之处：一是砍的刀数太多，由于刀口是沿纵向分布，根据维管束分布特点，照片上每一纵列伤口的效果等同于一刀伤口的效果，即每个纵列只需一刀即可。二是伤口太宽太深，木质部外露，伤口不容易愈合。正确的方法是用薄刀砍或进行弧状深切。

2.（提示）这种鱼类具有了双重调节能力，具有良好的水盐代谢和渗透压调节机能。

3.（提示）温带。因为这里四季分明，夏天和冬天的温差大，即年较差大。

5. 环境条件对生物的形态结构产生的影响，不胜枚举。例如，水葫芦在我国南方是常见的外来入侵物种，因其叶柄膨大似葫芦而得名。但是，随着水葫芦的密度增加，叶柄膨大的程度会逐渐减小，甚至会变成普通的"秆状"叶柄（附图-11）。

a   b

c

附图-11　水葫芦的叶柄形态会随种群的密度大小而变化

扫一扫　看彩图

a. 极其拥挤的密度下；b. 中等密度下；c. 极其稀疏的密度下

模拟试题 2

三、判断是非题

1. √；2. √；3. √；4. √；5. ×；6. √；7. ×；8. ×；9. ×；10. ×。

四、单项选择题

1. B；2. B；3. C；4. C；5. B；6. B；7. C；8. B；9. B；10. A。

五、简答题

3. （提示）根据积温法则，温度对昆虫的发育速度有影响。另外，温度对昆虫的寿命有影响。从繁殖方面看，温度影响昆虫的性成熟和交配活动；影响产卵数量；影响卵的孵化率。

六、分析思考题

2. （提示）陆生动物对水分代谢的适应性特征包括：①通过消化道吸收水分；②减少体表和呼吸道表面失水；③减少排泄失水和粪便失水；④利用生化代谢水；⑤通过体表吸收水。

3. ①鹿不吃树枝和嫩枝，因枝条内有维管束，需要两排门牙对切。当鹿不食用枝条时，就对树冠进行有效保护，留下顶芽，可持续利用叶片。②鹿长期专吃树叶，因叶片太薄，若上下门牙对咬时对牙的磨损太大，所以就没必要需要双排门齿。③上门齿退化后，仅利用下门齿和上唇撕切叶片(柄)。通过抬头动作，依靠与树干(枝)"拔河"的形式很容易将叶片撕切下来。如果是下门齿退化，则要依靠上门齿与下唇配合，必须通过低头动作来撕切叶片，由于叶片和叶柄具韧性，每吃一片叶，树枝就会下弯，枝条将抽打在鹿的额头上，这样每吃一片叶就会挨一次打。④利用下门牙通过抬头撕切叶片（或柄），可保护腋芽，不影响腋芽的发育。如果是通过低头利用上门牙撕切叶片，由于绿色叶片还没有在叶柄基部形成离层，必然会撕破叶柄基部节上的组织，使得腋芽外侧被破坏或伤口流出汁液，影响腋芽和枝条的发育，甚至死亡。⑤下门齿外斜着生，当抬头时，牙齿与叶片或叶柄就正好处于垂直状态，撕切十分得力。

5. （提示）影响生物的形态特征和生理活动；影响生物分布格局和迁徙路线；影响植物传粉和生殖效率；影响作物产量；影响像由温度决定性别的那些生物的性别比例或性别平衡；提高生物的基础代谢率，消耗更多的能量；甚至会导致有些生物灭绝。

模拟试题 3

三、判断是非题

1. ×；2. √；3. √；4. ×；5. √；6. ×；7. √；8. √；9. ×；10. √。

四、单项选择题

1. A；2. B；3. C；4. B；5. B；6. B；7. D；8. D；9. C；10. B。

六、分析思考题

3. 由于橙色斑蝽、黄色斑蝽和蓝色斑蝽之间形成了相互制约的生态机制，从而保证了橙色斑蝽、黄色斑蝽和蓝色斑蝽各个种群数量的周期波动。当橙色斑蝽数量处于优势时，对蓝色斑蝽的种群数量进行了控制，但是，黄色斑蝽由于善于伪装，混进了橙色斑蝽中进行交配，不久，黄色斑蝽就成了优势种群。由于橙色斑蝽的数量下降，对蓝色斑蝽的控制力削弱，再加上它的警觉性高，善于伪装的黄色雄斑蝽就容易被识破，所以，蓝色斑蝽很快成为优势群体。一旦黄色斑蝽数量下降，橙色斑蝽又会重新控制蓝色斑蝽。如此循环下去，三个种群呈现周期波动。

模拟试题 4

三、判断是非题

1. √；2. √；3. √；4. √；5. ×；6. ×；7. ×；8. ×；9. √；10. √。

四、单项选择题

1. B；2. B；3. B；4. B；5. B；6. A；7. B；8. C；9. D；10. B。

五、简答题

1.（提示）一是直接伤害，导致蛋白质变性，出现脂溶现象。二是间接伤害，导致蛋白质的破坏、高温下的强光饥饿、代谢毒物的生成及高温下的旱害。

3. 这个定律只适合多优势种的种群，不符合单优势或少数优势种的群落。因为 A 级和 B 级是频率值很低的物种，这两项的比例高，说明群落的丰富度高。E 级高必然是多个种是优势种，因为该级的频率值在 80%～100%。C 级和 D 级是伴生种，由于不能出现"喧宾夺主"，所以，比例一定要比 E 级低。

5. 频度、存在度和恒有度都是对某种植物出现的概率进行统计和比较的特征。频度属于数量特征，而存在度和恒有度属于综合特征。频度是以样方为单元统计的结果。存在度是以样地记录为依据的统计，忽略了样地面积的差异。恒有度则是以相同面积的样地之间进行比较的，其要求更高。

六、分析思考题

2. 大雪对二年生作物有着十分重要的生态学意义。①大雪覆盖着植物免遭冻害，雪的表层因融雪形成了密度较大的硬壳，雪的内部因植物呼吸放热形成了良好的小环境；②雪的融化是缓慢过程，可持续提供水分；③雪水中含有氮素等，为植物提供了营养。

3. 营养生长缓慢而持续的时间比较长，需要几年甚至几十年。等待营养积累充分以后，还需要等待风调雨顺的好年份才进行生殖生长。一旦进行有性生殖，就"全身心"地投入，把所有多年积累的营养集中在繁殖上，形成了数量巨大的花和果，成熟后，营养耗尽，整株死亡。

模拟试题 5

三、判断是非题

1. ×；2. √；3. ×；4. ×；5. √；6. ×；7. ×；8. ×；9. √；10. √。

四、单项选择题

1. D；2. B；3. C；4. B；5. B；6. B；7. B；8. B；9. B；10. A。

五、简答题

1. 白霜是在空气比较潮湿寒冷的夜晚，当气温下降到冰点温度时，水汽在植物体表面凝结成冰花，由于凝结过程释放了凝结热，便缓解了气温的进一步下降。而黑霜是指空气相对干燥，当寒冷的夜晚气温下降到冰点时，由于没有水汽凝结，也就没有凝结热的释放，所以，气温将进一步下降到冰点以下，使得植物幼嫩部分的组织结冰，形成了冻害。所以，黑霜比白霜对作物的危害更大。

2. 团粒结构土壤是指由胡敏酸和富里酸将土壤颗粒粘结成直径 3～5 mm 或以上的球形土粒。这种土粒遇水不散，保证了土粒间的空隙，解决了土壤中水与气的矛盾。在土粒形成过程中，一方面形成了许多毛细管，另一方面将有机质包入粒中。这样，好氧性微生物在土粒表面活动，而嫌气性微生物在毛细管中活动，解决快速供肥与持续供肥的问题。由于毛细管对水的保持时间长，又因水的比热容大，土壤不仅耐旱，土温变化也小。具有植物激素作用的胡敏酸和富里酸在土壤中分解慢，持续低速释放营养对植物生长有促进作用。团粒结构土壤能够满足"水、肥、气、热"4 项肥力指标，所以是最理想的农业高产土壤类型。

六、分析思考题

1. （提示）在捕食者和猎物之间的协同进化是不对称的，大自然"偏爱"了猎物。而人类对动物的捕杀，在强度、方法和技巧方面都高于自然界的捕食者，特别是不分季节时间和老幼的捕杀方式，甚至捕杀处于繁殖期的雌性个体，最可怕的是破坏了猎物的栖息地环境。

2. （提示）①河北，②河南，③湖北。因为自北向南，在秋冬季节土温越来越低，对于冬小麦，如果不适时播种，将影响出苗，也影响低温春化作用。如果播种过早，因气温高，生长过快，会提前返青拔节，必将遭受冻害。

3. 草本植物落花生的种子具有两枚肥大的子叶，储备的营养丰富，足够幼苗发育使用，所以，第一片真叶就是复叶，整个幼苗发育过程中没有出现单叶的情况。木本植物枫杨和刺槐的种子因数量太多，种子较小，子叶中所储备的营养不能满足将幼苗生长出的第一片叶发育为复叶，必须通过幼苗自身发育，将第一片真叶发育为单叶；第二或第三片的叶面积逐渐增加，并出现缺刻；到了第四片叶时，自身的光合能力较强了，才能够发育出真正的复叶。

模拟试题 6

二、判断是非题

1. √; 2. √; 3. ×; 4. ×; 5. ×; 6. √; 7. √; 8. ×; 9. √; 10. √; 11. √; 12. ×; 13. √; 14. √; 15. ×; 16. √; 17. √; 18. ×; 19. √; 20. √。

四、分析思考题

1. ①四周有山崎环抱的小盆地，在夜晚因冷空气下沉形成了"冷湖"，山芋可减少呼吸消耗，节约的能量可用于开花；②平地的土壤容易板结，山芋的块根生长需要较大的空间，随着山芋块根膨大，土壤产生的阻力越来越大，会影响营养物质向下运输，过剩的营养促进地上部分开花。

2. （提示）立秋的迟与早，直接决定了在立秋和霜降之间的活动积温或有效积温的大小，对于秋季庄稼来说，获得较高的积温是有利的。

3. （提示）通过宽大的苞片反折，以彩色苞片吸收更多的能量，保护苞片下方的花朵，下垂的船形的苞片可营造一个温暖、温差小、无风的小环境。环境特点是：高海拔，阳光充足，温差大，风大。

模拟试题 7

三、判断是非题

1. ×; 2. ×; 3. ×; 4. √; 5. √; 6. √; 7. √; 8. ×; 9. ×; 10. √。

四、单项选择题

1. A; 2. D; 3. B; 4. B; 5. D; 6. B; 7. A; 8. C; 9. D; 10. C。

六、思考题

1. 焚风是指空气特别干燥的热气团。至少有两种情况形成焚风：在气团沿山坡向上运行中降温而失水，到达山顶后形成干燥的冷气团。在夏季干旱季节，因地面无水蒸发，形成了干燥的热气团。当焚风吹过植物群落时，会从叶片上强行掠夺水分，造成植物快速脱水。单子叶植物可通过卷起叶片以保护水分。

2. （提示）属于生态系统。

七、应用题

1. 引种到山区的北坡，温度低。或选择地下水位低、排水良好的坡地种植，避免因雨水过多影响根系生长。控制氮肥，多施钾肥和磷肥，使得地下根系和地上枝冠生长相协调。开挖沟槽，雨季排水。加强修枝管理，春季轻剪，夏季和秋季都要重剪；选择适宜的品种，选择早熟、耐高温多湿、抗病性强的品种。

2. （提示）草本植物明显地比木本植物容易引种成功。草本植物的耐受幅度较大，适应性较强，生活周期较短。

3. （提示）属于短日照植物。可采取延长光照的方法推迟开花期。为了节约能源，也可采用夜晚闪光的方法。

模拟试题 8

三、判断是非题

1.×；2.√；3.×；4.×；5.√；6.×；7.√；8.×；9.√；10.×。

五、分析思考题

1.（提示）毛竹有"四喜四怕"：喜温暖怕风寒，喜湿润怕干旱，喜肥沃怕瘠薄，喜酸性土怕碱性土。通过人工灌溉；栽培在山区的南坡，以防寒；引种在山区，不要引种到平原；竹子的石细胞组织发达，应多施硅肥。

2.（提示）当地处温带的一块牧场长期禁止放牧活动时，植被的发育趋势是有利于双子叶植物的生长，以及木本植物的生长，单子叶植物会逐渐减少，最终牧场质量退化，丧失放牧功能。

3.北极风大、温度低，植物贴近地面以免遭风吹，同时，利用地面辐射增温。由于北极的生长季节特别短暂，如果冬季落叶，在生长季节来临时要花费较长时间用于幼叶生长，这样就不能快速积累营养进行开花繁殖。所以，在雪下保持叶片常绿，夏季到来时可立即进行光合作用，这是一种主动适应的策略。

模拟试题 9

二、判断是非题

1.√；2.√；3.×；4.×；5.×；6.√；7.×；8.√；9.√；10.×。

四、思考题

2.在北极冻原地区，植物在每年夏季只有三个多月的有效生长期，这对于一年生植物来说，从种子发芽到新种子成熟是无法完成生活史的。所以，草本植物都是多年生的。由于生长期短，草本植物只有保持常绿状态，雪融化后立即进行光合作用，所生产的有机物才能够保证草本植物每年开花结果。

4.（提示）有些果树是采取一年结实而另一年进行营养生长的能量利用方式，在生殖生长和营养生长之间进行能量的权衡。

模拟试题 10

二、单项选择题

1.B；2.A；3.A；4.A；5.B；6.B；7.D；8.B；9.D；10.B。

四、观察与分析思考题

1.①雪松上部树冠提前开花的原因是受铁丝捆扎后，韧皮部受阻，叶片光合作用产物向下运输被阻，改变了树冠的C/N比，促进性成熟。②所捆铁丝最终导致上部树冠死亡的原因是，由于侧枝的生长缓解了根系的营养不足，根系和侧枝逐渐地形成新的运输通道；同时，上部树冠提前开花消耗了大量营养，新的侧枝又无法向树冠提供营养，最终导致营养枯竭而死亡。

2.①从大范围的环境特点看，近年来暖冬现象较普遍，秋冬季的气温下降的速度慢；另外，植物位于湖边，会受到水体温度的影响，水体温度的下降一般要滞后于气温；②柳树的叶片是异面叶，因降温蒸发脱水后，海绵组织和栅栏组织收缩的程度不同，结果叶片呈螺旋状卷曲；由于叶柄尚没有形成离层就已经干枯，因此不会落叶；③因为温度太低，不能够进行光合作用。

五、应用题

1.①当初，树干上出现小伤口时，黄粉虫就产卵于此。由于虫卵的刺激，植物组织加速分裂而增大。由于不断得到由上部树冠送来的营养，昆虫在树瘤内一代代发育，树瘤的愈伤组织也不断增多，由开始的伤口处向两边扩展，截留的营养会越来越多。随着树干的生长，树瘤几乎围抱了整个树干。一旦树瘤将树干全部包围，树冠的光合营养全部被截留，根系发育将受到伤害，植株也将随之枯死。②在树瘤内部，因有虫的粪便和雨水冲刷的尘土，可作为土壤基质，诱导伤口上方的愈伤组织产生不定根，发育为新根系，可向上部枝叶提供矿物营养，这个过程与空中压条技术非常类似。

2. 农民通过锄地除草，对庄稼生长有许多益处：①防止土壤板结，使得土壤疏松透气，有利于根的呼吸；②土壤透气可抑制反硝化作用，保护土壤中的氮素；③锄地破坏土壤毛细管，减少水分蒸发，有利于耕地保墒；④锄地后，土壤透气好，水分蒸发慢，减少土温的昼夜温差；⑤除去杂草，免除与作物的竞争。

4. 因南北冷热两种不同性质的气团在江淮地区上空相遇并对峙，南方的热气团较轻并向上爬坡，北方冷气团较重并下沉形成下垫面，导致热气团绝热降温而凝结水汽，形成了大范围的持续时间长的锋面雨。这种阴冷多雨气候对小麦后期生长不利，对早稻育苗也有影响。近年来，由于世界气候异常，我国上空大气环流也发生了变化，如果冷气团增强，使梅雨带南移，将导致华东或华南等地出现洪涝灾害。如果南方气团增强，使得梅雨带北移，将导致华北或东北等地出现洪涝灾害。